FRIEDRICH MÜLLN

SOKO TIERSCHUTZ

Wie ich undercover gegen den Wahnsinn
der Massentierhaltung kämpfe

Besuchen Sie uns im Internet:
www.droemer.de

Aus Verantwortung für die Umwelt hat sich die Verlagsgruppe
Droemer Knaur zu einer nachhaltigen Buchproduktion verpflichtet.
Der bewusste Umgang mit unseren Ressourcen, der Schutz unseres Klimas und
der Natur gehören zu unseren obersten Unternehmenszielen.
Gemeinsam mit unseren Partnern und Lieferanten setzen wir uns für
eine klimaneutrale Buchproduktion ein, die den Erwerb von Klimazertifikaten
zur Kompensation des CO_2-Ausstoßes einschließt.
Weitere Informationen finden Sie unter: www.klimaneutralerverlag.de

Originalausgabe März 2021
Droemer Verlag
© 2021 Droemer Verlag
Ein Imprint der Verlagsgruppe
Droemer Knaur GmbH & Co. KG, München
Alle Rechte vorbehalten. Das Werk darf – auch teilweise – nur mit
Genehmigung des Verlags wiedergegeben werden.
Redaktion: Dr. Ulrike Strerath-Bolz, Friedberg
Covergestaltung: ZERO Werbeagentur, München
Coverabbildung: Archiv des Autors
Satz: Adobe InDesign im Verlag
Druck und Bindung: CPI books GmbH, Leck
ISBN 978-3-426-27860-4

2   4   5   3

Inhalt

Wie alles begann

Ich stehe als Sechzehnjähriger in der Dunkelheit, ein ziegelsteingroßes Funkgerät in der Hand, und starre in die Finsternis. Hinter mir quietschen Hunderte Pelztiere in Käfigen. Ich zittere, nicht vor Kälte, sondern davor, dass ich gleich Alarm in das Funkgerät sagen muss, wenn der Pelztierzüchter mit seinem Auto angerast kommt.

So fängt meine Geschichte an. Eigentlich hat sie aber schon früher begonnen, in Kroatien mit der Familie im Urlaub. Damals verteilte ich meine ersten auf der Schreibmaschine meines Vaters getippten Flugblätter an Touristen. Ich wollte die beim Schnorcheln lieb gewonnenen Tiere retten: die Kugelfische, die sich panisch aufblasen und dann mit heißem Sand gefüllt werden, um als Mobile irgendwann an einem Wohnzimmerfenster zu baumeln. Die Seesterne und die Korallen.

Oder nein, noch früher: Eigentlich begann es mit meinem Opa. Mit dem ging ich, bevor mich meine Eltern aus beruflichen Gründen nach Bayern verschleppten, viel im Schwarzwald spazieren. Er ließ mich die Natur entdecken, kleine Wunder wie schmackhafte Morcheln im sanften Moos, Kaulquappen im Tümpel und glitzernde Kristalle auf der alten Abraumhalde.

Damals war mir noch nicht klar, dass auch der Beruf meines Vaters als Industrieberater der Fleisch- und Fischbranche in argen Konflikt mit meiner Liebe zur Natur geraten sollte. Fast jeden Tag lag bei uns ein Schnitzel auf dem Teller, und ich empfand es nicht als Widerspruch, Tiere und die Natur zu lieben und trotzdem Lebewesen zu essen. Bis ich herausfand, dass meine hoch geschätzten Meerestiere, die ich nahezu täglich zwischen Nintendo und meiner stets total vernachlässigten und mit Desinteresse

gestraften Schule in Sachbüchern studierte, an mein Lieblings-
essen, das zukünftige Putenschnitzel, verfüttert wurden.

Damals fuhr ich mit dem Fahrrad in ein kleines bayerisches
Dorf namens Schönram, und was ich dort bei meiner ersten Pu-
tenmastanlage auf Zehenspitzen stehend sehen musste, brauste
durch meine Jugendwelt wie ein Orkan. Die geschundenen Puten, diese armen, leidenden Tiere mit den verstümmelten Schnä-
beln, von denen ich vorher nicht einmal wusste, wie sie aussehen, machten plötzlich alles andere nebensächlich: den 8. Palast
in Zelda 2, die Deklination von *filius* in Latein und auch meine
Hobbys wie das Ausgraben von uralten Haifischzähnen oder das
Schnorcheln im Mittelmeer.

Ich musste mich neu orientieren, und wie das so ist, wenn
man ein Teenager ist, denkt man radikal. Ich besorgte mir Literatur über Tierrechte, ich sog Artikel über Aktionen und Anschläge gegen Tierlabore und Pelzgeschäfte in England in mich
auf und gewann neue Freunde, mit denen ich bald des Öfteren
nachts verschwand, um zu sehen, wie es Tieren geht, die für den
Menschen ausgebeutet werden. Und auch, um einigen dieser
Tiere die Freiheit zu schenken.

Natürlich wurde ich auch vegan, sozusagen über Nacht. Dabei
half sicher, dass ich Käse immer schon eklig fand. Ein Flyer von
einem Infostand in der Münchner Fußgängerzone war der Trop-
fen, der das Fass endgültig zum Überlaufen brachte, denn dort
erfuhr ich, dass zum Beispiel für die Produktion eines einzigen
Hühnereis 200 Liter Wasser vergeudet wurden, und viele andere
erschreckende Fakten.

Für mich als Naturfreund und Umweltschützer war diese
Kehrtwende ganz folgerichtig. Meine Eltern hingegen dachten
erst einmal, ich wäre einer Sekte anheimgefallen, und versuchten
den frischgebackenen Veganer erst mit dem Lieblingslachs-
schinken, dann mit Reiswaffeln ohne alles als Pausenbrot zurück
in die Normalität zu führen. Sie merkten aber schnell, dass mein
Abschied vom zerlegten Tier endgültig war, und sie machten das

Beste daraus, denn immerhin hatte ich mir gemäß dem Motto der strengen Veganer auch die Lebensweise *Straight edge,* also den Totalverzicht auf Drogen, auf die Fahnen geschrieben.

In den nächsten Monaten lernten fast alle Bewohner von Laufen, der kleinen hübschen Stadt im Chiemgau, den frischgebackenen Tierschützer persönlich kennen. Ich klingelte an jeder Tür und sammelte Unterschriften gegen Tierquälerei. Bei meinem ersten, kleinen Infostand, den ich gemeinsam mit meiner Schulfreundin und Mathenachhilfe Flavia aufbaute, kam es dann zu einer weiteren Begegnung, die alles verändern sollte. Ich geriet beim Thema Käfighühner an einen Legebatterienbesitzer, der mich mit seinen Argumenten ernsthaft in die Ecke drängte und mit dessen aggressiver Sprache ich nicht fertigwurde. Danach schwor ich mir, dass so was nicht wieder passieren darf, und lernte alles, was ich wissen musste, um nie wieder in einer Diskussion mit *einem von denen* den Kürzeren zu ziehen.

Ich begann auch schnell, meine alten Hobbys mit dem neuen Kampf für die Tiere zu verbinden. So wurde der berüchtigte Umweltschützer – böse Zungen bezeichnen ihn als Ökoterroristen – Paul Watson mein Vorbild. Während ich eigentlich für Mathe lernen sollte, träumte ich davon, mit der *Sea Shepherd* Treibnetzfischer zu rammen und Walfänger zu versenken.

Große Pläne

Als mein bester Kumpel eines Tages von der Polizei festgenommen wurde, war das ein Bruch für mich. Er hatte Buttersäure in ein Pelzgeschäft gespritzt und sich mit der riesigen Spritze in der Hand erwischen lassen. Mein Freundeskreis schrumpfte, denn auch Georg, meine zweite Bezugsperson im neuen Leben als Tierrechtler, saß plötzlich in U-Haft. Die Polizei räumte das Büro der Tierschutzgruppe leer, und ich blieb allein übrig. Meine Mitschüler, die mich ohnehin mobbten – rote Haare, Sommersprossen, Hochdeutsch und bleiche Haut! – und mir heimlich stinkende Wurstsemmeln unter die Schulbank legten, fragten am nächsten Tag höhnisch, ob die Polizei mich auch hopsgenommen hätte. Mein Bezugskreis hatte sich in Luft aufgelöst. Wer sollte jetzt in Pelzfarmen filmen und damit öffentlichen Druck erzeugen, wer sollte den Leuten zeigen, wie es in Legebatterien zugeht, und so manchem Käfighuhn die Freiheit schenken? War Gewalt gegen Sachen wirklich der Weg, mit dem man die Qual der Tiere beenden konnte, oder gab es bessere Methoden?

Schon ein paar Jahre zuvor hatte mein Vater mir ein Nachtsichtgerät zu Weihnachten geschenkt, ein Relikt des Kalten Krieges, gefunden auf einem Flohmarkt und jetzt doch irgendwie ein Zeichen, wohin meine Reise gehen könnte. Funkgeräte, ein verschlissener Bundeswehrparka, meine erste vernünftige Fotokamera und eine gewaltige Stabtaschenlampe vervollständigten über mehrere Geburtstage hinweg meine Ausrüstung.

Zum Glück hatte ich Eltern, die mich respektierten und nicht verbiegen wollten. Mein Vater dachte im Zweifel immer, wenn der Junge schon was macht, dann soll er es so machen, dass es nicht schiefgeht. Seine Geschäftspartner in Ungarn bekamen meinen ersten Besuch als Undercover-Tierschützer, und er half mit – auch und gerade weil er wusste, dass in der Fleischindustrie vieles völlig außer Kontrolle geraten war.

Bald gab es auch die ersten Anrufe – heute nenne ich sie Informantenanrufe –, die mir von verwahrlosten Tieren, Hühnerfarmen voller Ratten und auch einer kleinen Nerzfarm berichteten. Es war eines meiner ersten großen Projekte, um die Pelzindustrie mit ihren Käfigbatterien zumindest in Süddeutschland zu Fall zu bringen. »Der Biolehrer mit dem Todeskäfig« titelte die *Bild*-Zeitung. Die Kampagne gegen den Lehrer an einer Klosterschule im Voralpenland sollte Jahre dauern. Erste Erfolge stellten sich ein, der Pelztierlehrer gab auf, und die Bilder von Rindern, die beim Schlachten brüllen, erschütterten die Menschen.

Ein friedlicher, aber wirkungsvoller Weg

Ich hatte mich also entschlossen, einen anderen Weg als andere Tierschützer zu gehen: friedlich, mit der Kamera, nicht mit der Brechstange oder Buttersäurespritze. Mit dieser Entscheidung hatte ich mein Leben entscheidend verändert. Sie brachte mich in fast alle Winkel der Erde, nur mit Kameras bewaffnet.

Eigentlich hat sich seit den Anfängen auch nicht viel verändert. Aus den Diskussionen am Schulhof und dem ersten Artikel in der *Südostbayerischen Rundschau* wurden Live-Diskussionen bei *Stern TV* und weltweite Medienberichterstattung. Ich scheitere immer noch am 8. Palast in Zelda 2, ich sammle meine Pilze nach wie vor selber, gehe glitzernde Steine suchen, und ich jage Tierquäler. Nicht als Hobby, sondern als Lebensinhalt. Dieses Buch erzählt von meinen härtesten und gefährlichsten Einsätzen für die Tiere rund um die Welt.

Das Indien-Desaster

Im Jahr 2000, als ich gerade mit der Schule fertig war, erreichte mich die Anfrage einer großen internationalen Tierschutzorganisation aus den USA, die mich überraschte, aber auch sehr reizte. Durch den Schweinemastskandal, über den ein späteres Kapitel berichtet, waren solche Tierschutzorganisationen endgültig auf mich aufmerksam geworden. Sie fragten mich, ob ich nicht Lust hätte, nach Indien zu fahren, um dort undercover in der Lederindustrie zu ermitteln. Denn große Mengen des Leders, das in Deutschland verarbeitet wird, kommt von indischen Kühen – obwohl diese Tiere auf dem Subkontinent heilig sind.

Man musste mich nicht lange überreden. Ich war so begeistert, dass ich sogar sehr schlecht über das Honorar verhandelte, das ich bekommen sollte. Viel Zeit blieb nicht, weder um zu überlegen noch für die Vorbereitung. Es sollte möglichst sofort losgehen, tatsächlich brach ich so schnell auf, dass ich nicht mal Zeit hatte, die notwendigen Impfungen zu machen. Meine Mitschüler gingen zur Abi-Feier, ich fuhr beladen mit Ausrüstung zum Flughafen, Ziel Mumbai.

Dort wurde ich am Flughafen von einem Fahrer abgeholt, den mir die Organisation stellte. Schon im ersten Augenblick war ich wie vor den Kopf geschlagen. Auf Indien war ich nicht vorbereitet. Ich kannte Kroatien, England und Italien, und so war Indien ein echter Kulturschock für mich. Überall lagen Menschen auf der Straße, und ich fragte mich, ob die alle tot seien. Aber tatsächlich schliefen sie nur; sie legten sich einfach irgendwohin und schliefen ein. Für mich sah es jedoch so aus, als ob dort gerade eine Seuche grassierte. Und so roch es übrigens auch.

Ich war zwar in einem Luxushotel einquartiert, aber das lag

inmitten von Slums. Als ich mir die Umgebung des Hotels anschaute, war ich wie erschlagen. Ich hatte mir so etwas einfach nicht vorstellen können. Der Strand war knietief bedeckt mit Plastik, Kinder mit zerfetzten Kleidern verfolgten mich auf Schritt und Tritt und bettelten. Da ich mir anders nicht zu helfen wusste, verteilte ich ein paar Dollarscheine.

Es war laut und heiß, und wir wurden dauernd angesprochen und angestarrt. Die Menschen schienen das, was Fotografen Nahabstandsgrenze nennen, nicht zu kennen. Beim Fotografieren und Filmen wird in so einem Fall nur das Bild unscharf. Im wirklichen Leben wird der Umgang einfach unerträglich. Auch sonst waren die Umstände für meine Recherchen nicht gerade günstig, denn in Indien herrschte damals gerade Wahlkampf, und das bedeutete, dass es jederzeit zu Unruhen und Ausschreitungen kommen konnte. Einmal durfte ich drei Tage lang nicht das Hotel verlassen, weil der Anführer einer Sekte verhaftet worden war und die Sicherheitsbehörden Unruhen und Jagd auf Ausländer befürchteten.

Im Büro der Organisation in Mumbai bekam ich eine Karte in die Hand gedrückt, die ich heute noch besitze, weil sie einfach so unglaublich ist. Es handelte sich um eine schwarz-weiße Kopie eines Stadtplans von Mumbai mit seinen damals vielleicht 15 Millionen Einwohnern in DIN-A4-Größe. Irgendwo auf diesem Blatt Papier war ein Kreuz eingezeichnet – an diesem Ort sollte ich mit meiner Recherche anfangen. Das war der Hauptbahnhof von Mumbai. So richtig erfuhr ich auch erst jetzt, wie eigentlich mein Auftrag lautete. Ich sollte Kuhtransporte dokumentieren, die ziemlich brutal sein sollten und bei denen auf die Kühe keinerlei Rücksicht genommen wurde.

Mein Fahrer brachte mich also, ständig wild hupend, zum Bahnhof. Auch hier erschlug mich das Chaos förmlich. Ich fragte auf Englisch einfach ein paar Passanten, an welcher Stelle denn wohl die Tiertransporte starteten, aber die allermeisten verstanden mich überhaupt nicht. Schließlich gelang es mir doch, herauszufinden, dass dieser Bahnhof lediglich ein Passagierbahnhof war und kein Güterbahnhof. Tiertransporte gab es hier ganz gewiss nicht.

In Mumbai stieß ich durch Zufall dann doch noch auf etwas Interessantes. Mein Fahrer brachte mich zu einer riesigen Wasserbüffelfarm für die Produktion von Milch. Dort erlebte ich grauenhafte Bedingungen: Die Tiere waren alle angekettet, und Krähen pickten Fleisch aus ihren offenen Wunden. Als die indischen Arbeiter merkten, dass ich mich dafür interessierte, zeigten sie mir gleich noch mehr verletzte Tiere und führten mich auch zu ihrem stattlichen Vorrat an Antibiotika.

Besonders schlimm war das Schicksal der Kälber. Da sie – wie auch bei uns – für die Milchproduktion überflüssig waren, wurden sie einfach irgendwo mit kurzen Stricken angebunden und verdursteten oder verhungerten. Ich sah ein Tier, das versuchte, einen Jutesack zu fressen. Leider passten diese Bilder nicht zum Plan meines Auftraggebers und wurden deshalb nie verwendet. Dabei wäre eine Kampagne gegen den Milchkonsum in einem Land, das zumindest einen gewissen religiös motivierten Respekt gegenüber Tieren und speziell Rindern aufbringt, sicher sinnvoller gewesen als die damalig geplante Kampagne »Jesus was a vegetarian« in einem Land, das im Wesentlichen hinduistisch und islamisch geprägt ist.

Von Mumbai nach Kalkutta

Ich fuhr ins Büro zurück und informierte die Mitarbeiter über meine Erkenntnisse. Sie waren ziemlich erstaunt. Irgendwie hatte ich den Eindruck, dass diese US-Amerikaner dort wie in einer Blase lebten. Ihre Hauptsorge war: »Was, du warst noch nie mexikanisch essen?« Nach meinem ersten mexikanischen Essen nahmen sie immerhin Kontakt zu der Informantin auf, die ihnen den Tipp mit den Tiertransporten gegeben hatte. Es handelte sich um eine Vertreterin der indischen Regierungspartei, und daher hatte man eigentlich annehmen können, dass ihre Informationen Hand und Fuß hätten. Nun besann die Dame sich und gab uns eine neue Information: Diese angeblich skandalösen Tiertransporte sollten gar nicht in Mumbai stattfinden, sondern in Kalkutta. Das waren ja auch nur eben mal 2000 Kilometer Entfernung. Sie behauptete, die in Indien heiligen Kühe würden auf glitschigen Holzrampen mit Chilipulver in den Augen in die Züge getrieben, wobei sich die Tiere zum Teil schwer verletzten. Krass, dachte ich, das klingt ja furchtbar. Ich buchte also kurzfristig einen Flug und flog die mehr als 2000 Kilometer nach Kalkutta.

Wenn ich bis dahin gedacht hatte, dass Mumbai der schlimmste Kulturschock sei, den man sich vorstellen könnte, so wurde ich nun eines Schlechteren belehrt. Hier war alles noch chaotischer, lauter, schmutziger. Wenn man mit dem Taxi fuhr, musste man stets die Fenster geschlossen halten, weil sonst zum Beispiel Leprafinger ins Auto griffen und Menschen um Geld bettelten. Dies alles steckte ich nicht gut weg, es belastete mich sehr. Immerhin wurde ich auch hier ganz gut untergebracht. Ich wohnte im *Calcutta Swimming Club*, der auf mich wirkte wie ein Überbleibsel aus der britischen Kolonialzeit, was er wohl auch war. Um bezahlen zu können, trug ich eine Kiste Bargeld bei mir, darin mehrere Millionen Rupien. Wenn ich überfallen worden wäre, hätte man von dem Geld ein halbes Dorf sanieren können.

In Kalkutta schien ich erfolgreicher zu sein als in Mumbai. Ich fand tatsächlich einen Bahnhof, auf dem Tiere für den Transport verladen wurden. Um gute Fotos machen zu können, postierte ich mich auf einer Brücke – ein krasser Anfängerfehler, wenn man sich in Indien bewegt. Sofort wurde ich von einem Soldaten bedroht, der mir einen Karabiner aus dem Zweiten Weltkrieg vor die Nase hielt, weil er mich verdächtigte, ein pakistanischer

Spion zu sein. Wenn man auch nur ansatzweise das schlechte Verhältnis der beiden Nachbarländer Indien und Pakistan kennt, die ja auch schon Krieg führten, kann man erahnen, welch schlimmer Verdacht das war. Ich versuchte, ihm zu erklären, dass ich die Brücke keineswegs zerstören wollte. Das wäre auch kaum möglich gewesen, denn sie war ohnehin weitgehend kaputt mit ihren großen Löchern im Boden. Ich hatte Glück, der Soldat ließ mich schließlich gehen.

Ich lernte aus meinem Fehler. Am nächsten Tag befestigte ich mir mit Klebeband eine versteckte Kamera am Bein und fuhr wieder zum Bahnhof, wo ich heimlich Filmaufnahmen machen wollte. Doch schnell spürte ich auf der Haut, dass die Kamera immer heißer wurde. Es war bald nicht mehr auszuhalten, sodass ich zu meiner Unterkunft zurückkehrte, um sie auszutauschen. Des Rätsels Lösung, warum es zu dieser Erhitzung kam, erkannte ich bald: Ich hatte den Plus- und Minuspol vertauscht. Ich war technisch damals wirklich nicht sehr versiert und bezahlte das jetzt mit Schmerzen am Bein, denn ich hatte Verbrennungen an der Stelle, an der die Kamera befestigt gewesen war. Außerdem war die Kamera kaputt. Irgendwo im Kamerahimmel gibt es sicher eine ganze Region mit meinem ehemaligen Equipment.

Ich biss die Zähne zusammen, begab mich mit einem anderen Apparat erneut zum Bahnhof und schaffte es auch tatsächlich, ein paar gute Aufnahmen zu machen. Was ich sah, entsprach einerseits durchaus dem, was die Informantin in Mumbai vorhergesagt hatte. Ich sah einen Arbeiter, der ein totes Kalb in den Fluss warf, und ausgemergelte Kälber, die eine Rampe in den Zugwaggon hochgejagt wurden – nur glitschig war diese Rampe nicht. Sie war aus Beton, also ganz professionell. Zurück im *Calcutta Swimming Club* rief ich das Büro in Mumbai an, berichtete, was ich gesehen und gefilmt hatte, und erzählte, dass es keine Holzrampen gab. Die Antwort irritierte mich: »Wir brauchen unbedingt diese Holzrampen!«

Hinter dem ganzen Chaos steckte ein Problem, das ich immer wieder erlebte: Die Organisation hatte sich völlig auf die Informantin verlassen, die behauptete, dass Kühe qualvoll über glitschige Holzrampen getrieben wurden. Und nun wollten diese Leute unbedingt Aufnahmen von solchen Holzrampen. Ich war erschüttert, und ich sagte ihnen das, was ich seitdem immer wieder sage: »Bitte, bestimmt nicht das Ziel der Recherche, bevor diese Recherche überhaupt begonnen hat.« Es passiert leider sehr häufig, dass die Auftraggeber schon vorher angeben, was bei der Recherche herauskommen soll. Was ich in Indien erlebte, war ein geradezu klassisches Beispiel dafür. Die Organisation, die mich auf Recherche schickte, hatte eine falsche Information bekommen, und die sollte nun unter allen Umständen bestätigt werden.

Das Büro hielt nochmals Rücksprache mit seiner Informantin und teilte mir dann mit, ich müsse weiterfahren nach Kilareipur. Das machte erst mal einen Flug nach Neu-Delhi notwendig. Von dort nahm ich mir also ein Taxi und fuhr stundenlang dorthin. Der Fahrer hörte die ganze Zeit Bollywoodmusik und ließ sich auch durch inständiges Bitten nicht davon abbringen. Dafür legte er auf irgendwelche Verkehrsregeln weniger Wert, wie ja überhaupt der Straßenverkehr in Indien vollkommen chaotisch ist.

Wir erreichten aber schließlich unversehrt einen Bahnhof, auf den man mir sagte, dass tatsächlich demnächst ein Viehtransport eintreffen würde. Ich gab einem Mann, der auf dem Bahnhof herumlungerte, ein paar Tausend Rupien, damit er mich informierte, wenn der Zug eintraf. In der Zwischenzeit begab ich mich in mein Hotel, denn ich war ziemlich fertig. Ich wartete und wartete, und es passierte – nichts. Der Mann meldete sich einfach nicht bei mir. Als das Telefon nach fünf Tagen immer noch nicht geklingelt hatte, fuhr ich zum Bahnhof und musste feststellen, dass der Mann natürlich längst verschwunden war. Er hatte das Geld genommen und sich aus dem Staub gemacht. Er war sicher ein glücklicher Mensch, denn von dem Geld, das er fürs Nichtstun von mir bekommen hatte, konnte seine ganze Familie zweifellos ein paar Wochen gut leben.

Was also tun? Ich entschied mich, mit meinem Fahrer gegenüber vom Bahnhof im Auto zu warten, bis der Zug eintreffen würde. Das war der nächste große Fehler, denn es dauerte nicht lange, da stand eine größere Zahl von Dorfbewohnern um unser Auto herum und starrte uns an. Ich las damals irgendeinen Roman von Tom Clancy, um mir die Zeit zu vertreiben. Jedes Mal, wenn ich eine Seite umblätterte, gab es unter meinen Zuschauern großes Geraune. Die fanden das einfach total spannend, dass da ein Weißer in einem Auto saß und ein Buch las.

Mir war bald klar, dass ich so nicht weiterkommen würde. Zwischendurch fuhr ich noch ein wenig in der Umgebung herum und filmte nebenbei ein paar Legebatterien und ein paar wilde Affen. Mit der eigentlichen Recherche ging es aber überhaupt nicht voran. Nach mehreren Wochen hatte ich genug. Ich wollte nur noch weg, nach Hause. Das Problem war: Die Tierschutzorganisation hatte irgendeiner wichtigen Person versprochen, Bilder von den Kühen auf der glitschigen Rampe zu veröffentlichen. Daher baten sie mich inständig, noch ein paar Wochen zu bleiben und es weiterhin zu versuchen.

Ich schlug ihnen einen Deal vor: Ich würde bleiben, wenn sie auf ihre Kosten meine Freundin aus München einfliegen ließen. Tatsächlich flogen sie Maria ein. Sie war eher so hippiemäßig drauf und fand Indien total cool. Ich dachte, wenn meine Freundin da sei, würde die Zeit in Indien wenigstens erträglicher werden – und wer weiß, vielleicht würde ich im Lauf der Zeit ja doch erfolgreich sein bei meiner Recherche.

Tatsächlich aber fingen die Probleme mit Marias Eintreffen erst richtig an. Denn nun hatte ich als rothaariger weißer Mann auch noch eine hübsche blonde weiße Frau dabei. Wir waren die nächsten zwei Wochen eigentlich nur damit beschäftigt, vor irgendwelchen Indern zu fliehen. Maria zog dermaßen viel Aufmerksamkeit auf sich, dass es unmöglich war, in der Masse zu verschwinden. Wir hatten regelrechte Stalker am Hals, darunter richtig reiche Typen, die mit uns angeben wollten. Einer kam zu uns und meinte, er hätte die ganze nächste Woche schon mit uns verplant. Er legte uns tatsächlich einen Plan vor, wo er uns überall hinführen wollte: Kricket am Dienstag, Pool-Party am Mittwoch, Soccer am Donnerstag und Besichtigung einer Textilfabrik am Freitag. Wir mussten in dieser Zeit viermal das Hotel wechseln, anders wurden wir diese Leute nicht los.

Ich konnte mich an den Stil und die mangelnde Distanz der Leute nicht gewöhnen. Mangelnder Abstand macht mich nämlich aggressiv, und genau das wurde ich zunehmend. Nützlich war das, als mich bei einem Besuch im Zoo zwei Männer überfallen wollten. Als ich sie anschrie und mit dem Mono-Stativ, einem veritablen Prügel, ausholte, suchten sie schnell das Weite.

Die Leute von der Tierschutzorganisation gerieten nun langsam wirklich in Panik, weil sie unbedingt die erhofften Aufnahmen haben wollten. In dieser Situation schlugen sie eine neue Strategie vor: Ich sollte verdeckte Aufnahmen aus einem Schlachthof liefern. Ich ließ mich überreden und mietete einen Lkw, mit dem mein Fahrer, Maria und ich uns vor einen Schlachthof stellten. In die Lkw-Plane schnitt ich ein Loch, durch das ich mit der Kamera filmte. Eigentlich ein guter Plan – aber nicht in Indien. Das fing schon damit an, dass in diesem Lkw irgendwelche Feuerameisen lebten, die uns im wahrsten Sinne des Wortes die Hölle heißmachten, zumal unter der Plane bald eine Temperatur von 60 Grad herrschte. Mein Fahrer hatte sich in der Zwischenzeit in ein Teehaus in der Nähe zurückgezogen und war nicht erreichbar, weil er sein Funkgerät im Lkw liegen gelassen hatte. Zudem hatte er die Plane am Lkw nicht richtig befestigt, sodass sie anfing, im Wind zu flattern.

Es dauerte nicht lange, bis die ersten Inder uns erkannten: ein rothaariger weißer Mann und eine blonde weiße Frau auf einem Lkw vor dem Schlachthof hinter einer Plane. Das war geradezu eine Sensation, schnell hatte sich eine Menschenmenge angesammelt. Nach einiger Zeit wurde es so laut, dass unser Fahrer mitbekam, was passierte, und herbeieilte, um uns wegzufahren. So etwas darf bei einer Recherche ganz einfach nicht passieren. Aber wir waren eben unerfahren und schlecht vorbereitet.

Große und kleine Katastrophen

Wir versuchten es bei einem weiteren Bahnhof. Doch es wäre inzwischen schon eine echte Überraschung gewesen, wenn diesmal alles glattgegangen wäre. Ich hatte wieder mit einem Klebeband meine Kamera am Bein befestigt, um versteckt filmen zu können. Abends riss ich das Klebeband vom Bein und riss dabei ein paar Haare mit aus. In Europa würde in so einer Situation nichts passieren, außer dass man vielleicht wegen des Schmerzes kurz zuckt. Doch ich war ja in Indien. Am nächsten Tag verspürte ich einen heftigen Schmerz im Bein, und die betreffende Stelle wurde rot. Nach einer Woche hatte ich dort eine nässende große Wunde. Irgendwie musste sich ein Keim angesiedelt haben mit der Folge, dass ich den Rest meiner Zeit in Indien Schmerzen hatte und humpelte. Denn auch die Salbe, die ich auf die Wunde auftrug, half nicht.

Dann passierte auch noch, was ich längst befürchtet hatte. Aus Angst, dass mir das indische Essen nicht bekommen würde, hatte ich wochenlang nur von Baked Beans und Pizzabrot gelebt. Maria aber hielt sich nicht an meine Vorsichtsmaßnahme und aß etwas Einheimisches im *Calcutta Swimming Club*. Vom nächsten Tag an waren wir zwei Wochen lang damit beschäftigt, sie irgendwie am Leben zu halten. Ob sie trotz oder wegen der Medikamente, die man ihr verschrieb, nach zwei Wochen wieder gesund wurde, weiß ich bis heute nicht.

Am Ende meiner Zeit in Indien hatte ich immerhin rund 2500 Fotos gemacht. Leider konnte ich nur die Hälfte davon verwenden, die andere Hälfte war nichts geworden. Der Grund lag zwar bei mir, aber er passte zu der Pechsträhne, die mich in Indien verfolgte. Ich hatte mir kurz vor meiner Abreise eine neue Spiegelreflexkamera gekauft, hatte mich aber nicht damit vertraut gemacht, wie ich sie zu bedienen hatte. Die Folge war, dass die Hälfte der Fotos nichts wurde. Von der anderen Hälfte zeigte kein einziges die gewünschte glitschige Holzrampe, auf der Kühe ausrutschten. Diese Holzrampe habe ich nie gefunden, auch wenn ich nicht ausschließen will, dass es sie irgendwo in diesem riesigen Land gibt.

Meine Auftraggeber von der Tierschutzorganisation waren natürlich ziemlich enttäuscht. Immerhin konnte sie noch ein paar meiner Fotos für eine andere Kampagne verwenden. Und selbst das nahm noch ein schlechtes Ende. Denn diese Kampagne verglich Tierausbeutung mit dem Holocaust, und dieser Vergleich provozierte sehr viel Kritik. Zu Recht, wie ich finde, denn nur weil zwei Dinge schlimm und eindeutig grauenhaft sind, muss – und darf – man sie nicht vergleichen. Endlich konnten wir wieder nach Hause fliegen, und ich war heilfroh, dass ich dieses Abenteuer hinter mir hatte. Selbst auf der Rückreise passierte aber noch ein Missgeschick. Wir waren dermaßen beseelt von dem Wunsch, nach Hause zu fliegen, dass wir zwei Tage zu früh am Flughafen auftauchten. Ich behauptete dann bei der Fluggesellschaft einfach, sie hätte einen Fehler gemacht, und stresste die Angestellten so lange, bis sie mich in ein Flugzeug nach Deutschland setzten, nur um mich loszuwerden.

Anfängerfehler und wie man sie vermeidet

Für mich stellte sich Indien als sehr vielfältiges und absolut chaotisches Land heraus, in dem ich einfach nicht arbeiten konnte. Ich habe das Land auch nie wieder betreten. Aber ich habe trotz des Desasters, das ich dort erlebte, einiges gelernt. Von da an bereitete ich Recherchen viel besser vor. Seitdem trage ich einen Spruch wie eine Monstranz vor mir her: »Vorrecherche, Vorrecherche, Vorrecherche!« Man muss einfach über sein Ziel möglichst alles wissen, bevor man dorthin aufbricht. Man muss über die Kultur Bescheid wissen, man benötigt kompetente Sprachmittler – mein Fahrer, der auch als mein Übersetzer arbeitete, konnte genau zwei Sprachen, in Indien gibt es aber rund dreihundert Sprachen und Dialekte. Wir waren in Gegenden, in denen er nicht einmal die Schriftzeichen lesen konnte. So etwas durfte mir nie wieder passieren. Und ganz wichtig: Wenn man etwas nicht kann, sollte man die Finger davon lassen. Ich aber hatte nicht im Entferntesten eine Ahnung davon, was mich in Indien erwartete. Ich war denkbar schlecht vorbereitet und ganz einfach nicht in der Lage, diese Recherche in Indien durchzuführen. Ich hätte schlicht die Finger davon lassen sollen, von Anfang an.

Es war natürlich auch völlig verantwortungslos von der Tierschutzorganisation, mich allein in diesen Einsatz zu schicken. Wenn ich heute Rechercheure in einen Einsatz schicke, bereite ich sie darauf vor, statte sie mit guter Technik aus und überprüfe, ob die Leute physisch und psychisch in der Lage sind, diese Recherche durchzuführen. Körperlich war ich damals sicher fit, aber psychisch war ich absolut nicht auf das vorbereitet, was mich erwartete.

Meine anfängliche Euphorie über diesen Rechercheauftrag wich mit der Zeit tiefem Frust. War ich am Anfang stolz darauf gewesen, dass mich diese große Tierschutzorganisation beauftragte, so wurde mir bald klar, dass sie mich als jemanden sahen, der billig und willig war und den man leicht verheizen konnte. Genau das haben sie getan – mich verheizt. Mir ist später bei Tierschutzorganisationen immer wieder aufgefallen, was ich bei diesem Einsatz das erste Mal erlebte: eine Portion Menschenverachtung. Denn um nichts anderes handelt es sich ja, wenn man jemanden in einen Einsatz schickt, für den er nicht geeignet und auf den er nicht vorbereitet ist. Ich bemühe mich, eine solche arrogante Haltung nicht einzunehmen und die Blauäugigkeit, die es sicher gibt, nicht auszunutzen. Mein Motto lautet: Tierschutz ist auch Menschenschutz. Eine Organisation trägt auch Verantwortung für die Leute, die sie in einen Einsatz schickt.

Trotz allem war das Indien-Desaster nicht ganz nutzlos für mich. Jahre später, als ich in China recherchierte, bereitete ich die ganze Sache viel besser vor, und meine Fehler, die ich in Indien gemacht hatte, halfen mir dabei sehr. Insofern war der Trip nach Indien zwar ein Desaster – aber ganz vergeblich war der Einsatz doch nicht. Ich musste aber auch in den folgenden Jahren lernen, dass ich immer wieder neuen Herausforderungen ausgesetzt war. Ich machte immer wieder Sachen, die für mich neu waren, und ich mache bis heute auch immer wieder Aktionen, die überhaupt noch niemand vor mir versucht hat. Der Spruch, dass man niemals auslerne, trifft auf mich ganz sicher zu. »Schema F« funktioniert jedenfalls nicht – aber das ist wohl das, was mir an meiner Arbeit am meisten gefällt.

Die Hölle der Schweine

Als ich aus Indien zurückkehrte, machte ich mir wochenlang Sorgen, dass ich mir irgendwelche Krankheiten mit nach Deutschland gebracht hätte. Es dauerte auch ein paar Wochen, bis ich mich von den Strapazen erholt hatte. Nebenbei musste ich mich um mein Studium kümmern, das ich an der Hochschule für Politik begann. Es war aufgefallen, dass ich längere Zeit nicht an den Veranstaltungen teilgenommen hatte; mit dreihundert Studenten ist die Hochschule eine kleine Einrichtung, man kennt sich dort. Ich nahm mein Studium sehr ernst und wollte unbedingt die Scheine machen, die ich in diesem Semester benötigte. Irgendwie bekam ich das mit viel Arbeit und Einsatz auch hin. Doch kaum war ich zurück in München, da fragte mich schon wieder ein Mitarbeiter einer großen Tierschutzorganisation, ob ich nicht Interesse hätte an einer Recherche über Autobahntierärzte. Ich sah ihn zunächst einmal erstaunt an, denn diesen Begriff hatte ich noch nie gehört. Er erklärte mir, worum es ging: Autobahntierärzte sind Veterinäre, die sich auf den Verkauf billiger und illegal importierter Antibiotika für die Massenhaltung von Nutztieren (vor allem Hühner, Schweine und Rinder) spezialisiert haben.

Der Einsatz von Antibiotika hängt mit der Massentierhaltung eng zusammen – das eine ist ohne das andere nicht denkbar. Diese Medikamente sind aber sehr teuer. Eine Packung des Breitbandantibiotikums Baytril von Bayer beispielsweise kostete damals 150 Mark (rund 75 Euro). Ein Antibiotikum darf man eigentlich nicht einfach so verwenden. Ein Tierarzt muss vor dem Einsatz eines Antibiotikums erst einmal diagnostizieren, welches Medikament sich überhaupt anbietet und ob man es den Schweinen ins Futter kippen darf. Viel einfacher und billiger geht das natürlich, wenn man auf einen Autobahnrastplatz fährt und sich dort mit einem Tierarzt trifft, der im Kofferraum seines Autos alle möglichen Antibiotika und Medikamente hat, die man als Betreiber einer Schweinemastanlage so braucht. Und wenn das Fläschchen dann anstatt 150 nur 50 Mark kostet, winkt ein gutes Geschäft für den Verkäufer und den Käufer. Nur leider ist dieses Geschäft illegal.

Illegale Medikamente

Nun stellte sich natürlich die Frage, woher dieses Zeug kam. Es wurde in Tschechien in irgendeinem versteckten illegalen Labor hergestellt, oder auch in China. Dass diese nachgemachten Medikamente teilweise längst nicht so wirksam sind wie die originalen Antibiotika, dürfte kaum überraschen. Viele Bauern nahmen das in Kauf – sie verwendeten dann einfach mehr, schließlich war es ja billig. Doch diese illegale Verwendung von Antibiotika geht jeden Verbraucher etwas an.

Wir sprechen heute viel von der Gefahr multiresistenter Keime. Nach meiner Meinung stellen sie nach dem Klimawandel die größte Bedrohung der Menschheit dar.

Sie werden künftig Millionen Menschen das Leben kosten; schon heute sterben daran Zigtausende jährlich.

Diese multiresistenten Keime entstehen einerseits durch den massenhaften Einsatz von Antibiotika, andererseits auch durch deren falschen Einsatz. Sie fühlen sich in Kliniken wohl, können aber auch zu Hause kultiviert werden, wenn man zum Beispiel eine Antibiotika-Anwendung zu früh beendet. In der Landwirtschaft sind die Bauern und ihr Stümpertum der Hauptgrund für die Ausbreitung. Wenn das Medikament nicht oder nicht mehr so gut wirkt, weil die Bakterien immer resistenter werden, nimmt der Bauer einfach mehr davon, bis er die gleiche Wirkung wie früher erzielt. In diesem Augenblick geht der Teufelskreis erst richtig los, denn jetzt geht der Bauer zu seinem Autobahntierarzt und kauft ein härteres Antibiotikum.

Heute ist die Entwicklung so weit vorangeschritten, dass in der Tiermast fast nur noch sogenannte Notfallantibiotika eingesetzt werden können. Die eigentlich, wie der Name schon sagt, nur für den Notfall am Menschen vorgesehen sind, wenn die normalen nicht mehr wirken.

Im Jahr 2000 war die ganze Problematik in der Öffentlichkeit allerdings noch weitgehend unbekannt. In Deutschland verkaufte im Prinzip in jedem Bundesland ein Autobahntierarzt seine Billigpräparate. Wir wurden auf einen gewissen Dr. F. aus Niederbayern aufmerksam gemacht. Der Mann war nicht nur Tierarzt, sondern auch Millionär – und man fragte sich natürlich schon, wie er es eigentlich in diesem Beruf schaffte, so viel Geld zu verdienen. Er hatte eine sehr große Hochglanzpraxis, die sich All-Care-Center nannte. Und er nahm seine Ankündigung, dass er sich um alles kümmere, sehr wörtlich. Er organisierte ein System, um über die Autobahn Antibiotika zu verkaufen.

Den Tipp hatten wir übrigens von einer Firma bekommen, mit der mich sonst eher selten ähnliche Interessen verbinden: dem Chemieriesen Bayer. Ich hatte durchaus Bedenken, als ich davon hörte. Sollte man ausgerechnet dieser Firma helfen, ihr durch kriminelle Ärzte ramponiertes Geschäftsmodell zu sanieren? Die waren doch nur wütend, weil sie ihr eigenes Medikament nicht mehr verkaufen konnten! Es war irgendwie witzig, dass sich Bayer in seiner Hilflosigkeit gegenüber kriminellen Strukturen ausgerechnet an einen Tierschutzverein wandte. Allerdings passiert es mir bei meiner Arbeit immer mal wieder, dass ich sehr unerwartete und manchmal auch unangenehme

Verbündete an meiner Seite habe. Das können Rechte sein, die versuchen, sich im Tierschutz breitzumachen; oder Geflügelkonzerne, die versuchen, einem die Hand hinzustrecken und einen zu umarmen, bis man keine Luft mehr bekommt. Oder eben, wie in diesem Fall, ein Chemiegigant.

Ich habe grundsätzlich den Anspruch, mich nicht korrumpieren zu lassen – aber wenn ein Tipp von einem Schlachter kommt, bei dem ich den Grund dafür nicht kenne, und dieser Tipp gut ist, dann nutze ich ihn.

Die ersten Schweineställe

Der Tipp von Bayer zu den Autobahntierärzten war jedenfalls gut. Mein Auftrag von der Tierschutzorganisation lautete, dass ich mir die Kunden von diesem Dr. F. anschauen sollte. Ich bekam eine Karte in die Hand gedrückt, auf der Hunderte Adressen von Schweinemästern in Österreich und Süddeutschland aufgelistet waren. Dieser Mann hatte also richtig viele Kunden, das fand ich schon irgendwie faszinierend.

Zu dieser Zeit hatte ich noch keinen Führerschein und natürlich auch kein Auto, also musste ich immer wieder Bekannte bitten, mich nachts durch Niederbayern und Österreich zu fahren. Ich schaute mir die ersten Schweineställe an. Bis dahin hatte ich nur Putenställe von innen gesehen, die Schweineställe waren aber noch mal eine Nummer schlimmer. Damals waren die Türen zu den Ställen gewöhnlich noch unversperrt, man konnte einfach so hineingehen.

Schon bei meinem ersten Besuch sah ich etwas, was mich bei vergleichbaren Recherchen immer wieder ärgern sollte. Als ich draußen vor dem Stall stand, erblickte ich ein Bild, das auf die Außenwand gemalt war: glückliche Schweine, die auf einer Wiese herumtollen. Das hatte mit der Realität absolut gar nichts zu tun. Als ich den Stall betrat, schlug mir ein Gestank entgegen, den man weder beschreiben noch sich vorstellen kann. Ich glaube, wenn jeder Kunde, der im Supermarkt billiges Schweinefleisch kauft, einmal diesen Gestank in der Nase hätte, würde der Verkauf solcher Produkte sofort erheblich einbrechen. Es roch dermaßen stark nach Ammoniak, dass es mir den Atem raubte. Damals hatte ich anders als heute noch keine Atemschutzmasken dabei. Ich band mir einen Schal vor die Nase, das half aber nur minimal. Zudem tränten meine Augen sehr stark.

Der Gestank war für einen Menschen eigentlich gar nicht auszuhalten. Aber für Schweine ist das noch viel schlimmer, denn sie haben einen viel feineren Geruchssinn als Menschen. Immerhin sind Schweine in der Lage, 20 Zentimeter unter der Erde eine Trüffel zu riechen. Wie schlimm musste also dieser Gestank für sie sein! In diesem Stall war auch alles total dreckig und verschmoddert. Überall sah ich Ratten, die weghuschten, als sie mich bemerkten. Es war eine gespenstische Szene, denn ich hatte mein Nachtsichtgerät an, und die Augen dieser Ratten reflektierten in dem Infrarotstrahl sehr hell. Ich sah ein Meer von kleinen Knopfaugen, in jeder Ecke waren Ratten. Ich sah auch Schweine, die bei lebendigem Leib von Ratten angefressen wurden, weil sie sich nicht bewegen und wehren konnten.

Plötzlich stieß ich im Dunkeln mit dem Fuß gegen etwas, und als ich hinunterschaute, erkannte ich ein totes Schwein, dessen Kopf völlig abgefressen war. Insgesamt fand ich mindestens fünf oder sechs von diesen halb skelettierten Schweinen am Boden.

Ich ging weiter durch den Stall und stand irgendwann vor einer etwa ein Meter mal 80 Zentimeter großen Kiste, die vollgestopft war mit Antibiotikum-Fläschchen. Darüber hing ein Regal, in dem ich völlig verdreckte, teilweise blutverschmierte Spritzen sah, die voll waren mit Spinnennetzen. Ich war ziemlich schockiert; so etwas hätte ich mir einfach nicht vorstellen können. Man denkt ja eigentlich, dass es bei der Vergabe von Arzneimitteln sehr sauber und hygienisch zugehe. Mir war schnell klar, warum so viele Schweine krank sind. Wenn hundert oder zweihundert Schweine mit nur einer einzigen Spritze behandelt werden, freuen sich die Bakterien natürlich, weil sie sich hervorragend von einem Tier zum anderen verbreiten können. Da hilft auch das Antibiotikum nur noch sehr bedingt.

Als ich das alles sah, wusste ich, was ich zu tun hatte. Ich fotografierte stundenlang die Etiketten der Fläschchen ab. Ich setzte mich im Schneidersitz auf den Boden und fotografierte eins nach dem anderen. Und das machte ich nicht nur in dieser Nacht und in diesem Stall, sondern auch in anderen Nächten und in anderen Ställen.

Schon wenige Tage später recherchierte ich in einem weiteren Mastbetrieb in etwa 50 Kilometer Entfernung. Die Situation war die gleiche – obwohl dieser Hof damit warb, dass er eine Direktvermarktung direkt vom Bauern betrieb. Die Tür zum Stall bekam ich anfangs gar nicht auf, denn auf der anderen Seite stand eine schwere Schubkarre mit vergammelten Eingeweiden. Als ich sie weggeschoben hatte, betrat ich den Raum, in dem der Bauer offenbar schlachtete. Auch in seinen Ställen herrschte ein fürchterlicher Ammoniakgestank, auch hier lagen tote Schweine herum. Ich musste meine Meinung aus dem ersten Stall revidieren. Denn wenige Tage zuvor hatte ich noch gedacht, der Stall sei ein Volltreffer gewesen, solche Zustände könne es sonst gar nicht geben. Doch nun musste ich feststellen, dass es hier genauso schlimm aussah.

Und auch hier stieß ich rasch auf die Kiste mit den Antibiotika. Dieser Bauer hatte sich gleich für die praktischen Fünf-Kilogramm-Packungen entschieden: Tetracyclin, Amoxicillin und Co. Ich lernte damals alle diese Namen auswendig. Darunter war auch das Medikament Phenylbutazon, das in Deutschland schon seit Jahren für Schweine verboten war, weil es für den Menschen sehr gefährlich werden kann. Für Pferde ist es übrigens bis heute erlaubt, obwohl ja auch aus Pferden Wurst gemacht wird und das Zeug somit in den menschlichen Körper gelangt. Da wird bei den Dokumenten und der Schlachtfreigabe gerne mal ein Auge zugedrückt.

Insgesamt kämpfte ich mich in den folgenden Wochen durch fast hundert Schweinemastbetriebe. Mein Etat für Hygiene-Stiefelüberzieher und Latexhandschuhe war beträchtlich. Selbst am Heiligabend suchte ich einen Betrieb auf, in Niederösterreich. Vom Stall mit den erbärmlich eingeklemmten Schweinen konnte ich die Mästerfamilie beim Gänseessen im Haus beobachten. In einem anderen Betrieb schlug mir, nachdem ich eine Tür geöffnet hatte, ein Geruch entgegen, der nicht an Schweine erinnerte, sondern an Menschen. Und tatsächlich stellte ich fest, dass in diesem Raum unter erbarmungswürdigen Bedingungen osteuropäische Arbeiter kaserniert waren. Ich nahm Reißaus, wurde aber von ihnen verfolgt – zum Glück konnte ich entkommen, obwohl ich unsere »Wache«, die im Auto wartete, erst einmal wach rütteln musste. Aber als ich diese Arbeiter sah, erkannte ich, wie schlecht auch Menschen in dieser Branche behandelt werden. Das ist mir später immer wieder begegnet, dass mitten im Schweinemastbetrieb oder zwischen zehntausend erbärmlich eingeklemmten Mastenten Männer wohnten. Immer handelte es sich dabei um Osteuropäer.

Ein erster Erfolg

Während meiner Recherchen in all den Schweinemastbetrieben wurde immer klarer, dass sich ein Abgrund auftat. Jeder der Betriebe, die ich sah, hatte eine »Stallapotheke«, wie das offiziell genannt wurde, in der massenweise (und natürlich ungekühlt) dieses Zeug gelagert wurde. Die Bauern waren allesamt Kunden von Dr. F. und seinen Helfern. Im Zuge unserer weiteren Ermittlungen kam noch heraus, dass es auch Bauern gab, die als Zwischenhändler für ihn arbeiteten. Sie bekamen die Ware von den Autobahntierärzten und verteilten es dann in ihrer Gegend weiter. Als wir das System auffliegen ließen, kam es zu einer gewaltigen Polizeiaktion. Insgesamt wurden in Bayern und Österreich rund zweitausend Ställe durchsucht; Hunderte wurden gesperrt und durften kein Fleisch mehr liefern.

Es gab eine eindrucksvolle Durchsuchung bei einem dieser Bauern. Seine Ställe waren schon mehrfach durchsucht worden, aber es war nie etwas gefunden worden. Einer meiner Mitstreiter fand schließlich heraus, dass er das Antibiotikum in einem Heuschober am anderen Ende des Dorfes lagerte. Dort gab es einen geheimen Raum, der bis zur Decke mit dem Zeug vollgestapelt war. Er hatte sich immer sehr sicher gefühlt, und als er nun verhaftet wurde, brach er vor Überraschung zusammen. Es wurden viele Leute verhaftet, darunter natürlich auch Tierarzt Dr. F. Die Medien berichteten auch diesmal wieder groß. Die zuständige Ministerin in Bayern, Barbara Stamm, musste als Folge des Skandals zurücktreten. Dr. F. erhielt eine Haftstrafe von zwei Jahren und war nach seiner Freilassung wieder als Berater in der Schweinebranche tätig. Für das Leid der Tiere wurde er natürlich nicht verurteilt, sondern für die zahllosen Verstöße gegen das Arzneimittelrecht.

Die ganze Sache machte eins vollkommen klar: Wir haben es hier mit organisierter Kriminalität zu tun. Das kann auch gar nicht überraschen, denn in dieser Branche wird sehr viel Geld verdient, und überall, wo das der Fall ist, können sich Strukturen organisierter Kriminalität bilden und ausbreiten. Wenn der Staat sich dann auch noch sehr weitgehend zurückzieht und die Hände in den Schoß legt, wird es den Kriminellen noch leichter gemacht. Es ist traurig zu sehen, dass der Staat die Aufdeckung all dieser Skandale den privaten NGOs überlässt und sich geradezu darauf verlässt, dass sie bei ihrer Arbeit erfolgreich sind. Ganz offensichtlich ist eine Art Stallpolizei notwendig, aber die Politik weigert sich, so etwas einzurichten. Man hört doch nie, dass die Polizei mal irgendwo V-Leute eingeschleust hat, die etwas über illegale Strukturen in der Branche herausfinden. Es sind immer die V-Leute der NGOs, also die Tierschützerinnen und Tierschützer.

Ernüchternd ist leider auch, was aus diesem ganzen Skandal geworden ist. Die Medien berichteten groß, es gab den Rücktritt der Ministerin und die Verurteilung des Tierarztes, und es gab viel Empörung überall, ja. Aber wenn ich heute, also fast zwanzig Jahre später, in Schweineställe gehe, sieht es dort noch fast genauso aus wie damals.

Beispielsweise besichtigte ich 2016 in Merklingen nahe Ulm einen Schweinestall mit katastrophalen Zuständen. Wir fuhren mit ein paar Leuten im Auto über die Alb und kamen an einem Schweinemastbetrieb vorbei. Manchmal habe ich so eine Art sechsten Sinn – an diesem Tag war es wieder mal so. Irgendwie hatte ich einfach das Gefühl, mit diesem Betrieb sei etwas nicht in Ordnung.

Wir hielten kurz entschlossen an, ich stieg aus, ging zu einem Müllcontainer, öffnete ihn – und sah die am schlimmsten zugerichteten Schweine, die ich jemals zu Gesicht bekommen habe. Da gab es welche, deren Ohren nur noch blutige zerfledderte Fetzen waren, andere Tiere waren voller Hämatome oder angefault. Entsetzt machte ich die Tonne wieder zu; mir war in diesem Augenblick klar, dass wir etwas tun mussten. Ich ging zum Auto zurück und sagte zu meinen Begleitern, dass wir dringend unsere Ausrüstung bräuchten. Wir fuhren nach Hause, holten unsere Sachen und kamen zurück.

Das Erste, was wir beim nächtlichen Betreten des Stalles sahen, waren die Hygienestiefel, die die Angestellten eigentlich im Stall tragen müssen. In ihnen hatten sich mehrere Spinnen häuslich eingerichtet und ein ganzes Netz aus Spinnengewebe gebildet. Die Stiefel waren also offensichtlich länger nicht mehr genutzt worden. Ich zog mir zunächst meine vollständige Hygieneausrüstung an – Overall, Schuhüberzieher, Mundschutz. Ohne diese Utensilien sollte man so einen Stall gar nicht betreten.

Das Grauen der Massentierhaltung

Es klingt immer etwas abgedroschen, wenn ich behaupte, ich hätte schon alles gesehen. Aber das dachte ich nach vielen Jahren im Einsatz für den Tierschutz damals wirklich. Ich wurde allerdings in diesem Stall belehrt, dass das nicht wahr ist. Dieser Stall war ein Abgrund an Grausamkeit. Dass es in Schweineställen immer ein paar Schweine gibt, die verletzt sind und zum Beispiel an Nabelbrüchen leiden oder abgebissene Ohren oder Schwänze haben, ist »normal«. Das ist schlimm, aber eben leider normaler Alltag in der Massentierhaltung. Als ich den Stall betrat, sah ich ausnahmslos verletzte Tiere, viele davon so schwer verletzt, dass man sie eigentlich hätte sofort von ihren Leiden erlösen müssen. Dieser Stall war ein einziges Schlachtfeld. Ich ging von einer Bucht zur anderen, und überall sah ich schwer verletzte Tiere dahinsiechen. Dazwischen lagen auch tote Schweine; ich musste über aufgeblähte Schweinekadaver klettern. Als ich mit einem Lascrentfernungsmesser die Maße der Buchten nahm, musste ich feststellen, dass sie bis zu 40 Prozent überbelegt waren. Eine Bucht ist durchschnittlich etwa sechs mal vier Meter groß und für vielleicht zwölf Tiere vorgesehen, was ohnehin schon ein Skandal ist. In diesen Boxen aber wurden teilweise zwanzig oder mehr Tiere gehalten. Sie konnten sich kaum bewegen, es war wie ein Teppich aus Schweinen. Als ich versuchte, durch sie hindurchzugehen, schnappten sie nach meinem Bein. Das zeigte mir, dass sie geradezu verzweifelt in der Monotonie, in der sie leben mussten, nach irgendeiner Abwechslung suchten. Denn Schweine sind nicht aggressiv, und diese bissen auch nicht wirklich zu. Aber es war trotzdem unangenehm.

Auch in diesem Stall tummelten sich zahllose Mäuse und dazu Kakerlaken. In manchen Buchten standen die flüssigen stinkenden Fäkalien, die in Lager unterhalb der Buchten ablaufen, so hoch, dass die Schweine darin waten mussten. Auch jetzt erinnerte ich mich wieder daran, dass Schweine sehr feine und empfindliche Nasen haben. Ich selbst hatte zum Glück eine Maske auf, die vielleicht 20 Prozent des Gestanks wegfilterte, aber es war trotzdem unerträglich.

Auch hier lag wieder alles voll mit Antibiotika, die völlig unsachgemäß gelagert wurden, genau wie die Spritzen. Wir fanden insgesamt 25 Kilogramm Antibiotika. Die Belüftung in dem Stall war defekt, ständig blinkte die Aufschrift »Alarm« auf. Ich musste feststellen, dass das über Tage so ging, aber dass die Schweine mutmaßlich zu ersticken drohten, interessierte den Stallbesitzer überhaupt nicht.

Einige Zeit später ging die Meldung durch die Medien, dass in Bayern in einem Stall mutmaßlich zweitausend Schweine erstickt seien. Meldungen, wie man sie leider immer wieder lesen muss – was zeigt, dass es sich um ein wiederkehrendes Phänomen handelt.

Was ich in diesem Stall sah, war wie ein Flashback zu dem Stall aus meiner ersten Schweinemastrecherche. Ich filmte so viel ich konnte und hielt jedes Mal eine aktuelle Tageszeitung ins Bild. Das mache ich bei allen Recherchen so, denn die überführten Stallbesitzer behaupten gewöhnlich, es handele sich um alte Aufnahmen, die nicht mehr die aktuellen Zustände zeigen. Oder dass die Aufnahmen irgendwo in der Ukraine gemacht worden seien, aber nicht in Bayern. Die gequälten Schweine in diesem

Betrieb landeten laut Notizbuch bei einer kleinen Metzgerei-Kette, dem berühmten Metzger des Vertrauens …

Bei dem Rechercheeinsatz überlegte ich, ob ich sofort die Polizei rufen sollte. Der Anblick dieser leidenden Tiere war sehr schwer auszuhalten, selbst für jemanden wie mich, der Emotionen in solchen Situationen nicht so nah an sich heranlässt. Ich hätte das am liebsten sofort gestoppt, aber meine Vernunft sagte mir, ich sollte es besser noch ein paar Tage weiter dokumentieren. Wir filmten also weiter, kehrten zurück und machten noch mehr Aufnahmen als Beweismittel.

Wie richtig meine Entscheidung war, zeigte sich, als ich bei der Polizei anrief, um die Sache zu melden – denn der Beamte, den ich am Telefon hatte, legte einfach den Hörer auf, nachdem ich ihm alles berichtet hatte. Als ich in einem zweiten Polizeirevier anrief, geschah genau das Gleiche: Wieder legte mein Gesprächspartner einfach auf. Erst beim dritten Anlauf war ich erfolgreich.

Die Polizei schickte eine Sondereinheit aus Ulm von der dortigen Umweltabteilung. Aber die Beamten hatten keinen Durchsuchungsbefehl und durften daher den Betrieb nicht betreten. Inzwischen war auch das zuständige Veterinäramt Alb-Donau-Kreis informiert worden. Das Amt schickte einen Veterinär. Er ging in einen Stall, kam wenige Minuten später wieder heraus und meinte, in diesem Betrieb sei zu 99 Prozent alles in Ordnung.

Für die Polizeibeamten vor Ort war damit der Fall zunächst einmal erledigt; sie glaubten ihm. Dass die Zustände dann doch noch aufflogen, lag daran, dass kurz danach eine Kontrolle von der Landesregierung durchgeführt wurde und außerdem noch eine Begehung von einer Organisation, die diesem Betrieb ein Gütesiegel vergeben hatte. Gütesiegel hatte diese Massentierhölle, wie der Richter den Betrieb später nannte, nämlich reichlich. Diese Leute waren vollkommen entsetzt über die Zustände, die sie vorfanden. Sie sahen sich als erste Sofortmaßnahme gezwungen, bei achtzig Tieren eine Nottötung durchzuführen.

Ich hatte gleich am Anfang der Beobachtung eine versteckte Kamera so installiert, dass sie rund um die Uhr das Geschehen an einem Kadaverhaufen auf dem Hof filmte. Während die Polizei sich einen Überblick über die Zustände in den Ställen verschaffte, setzte ich mich in mein Auto und warf einen Blick auf diese Aufnahmen. Gleich zu Beginn zeigten sie, wie der Besitzer des Betriebes vor der Plane verletzte und kranke, vor Schmerzen und Angst quiekende Schweine an einem Bein brutal über den Hof zerrte und dann mit einem Vorschlaghammer erschlug. Manchmal brauchte er fünf Schläge, bis die Tiere endlich tot und damit von ihrem Leid erlöst waren.

Wir informierten die Medien, in diesem Fall berichtete *Stern TV* groß über diesen Skandal. Die Empörung in der Öffentlichkeit war groß, und die Behörden versuchten, ihr Versagen zu vertuschen. Sie behaupteten, der Betrieb sei regelmäßig kontrolliert worden, man habe aber leider übersehen, dass es nicht nur einen, sondern zwei Ställe gebe. Das erstaunte mich, denn die beiden Hallen stehen direkt nebeneinander, waren ähnlich schlimm, beide stanken erbärmlich, und aus beiden tönte laut das Quieken der Tiere. Wie man die eine Halle übersehen konnte, ist mir ein Rätsel. Es handelte sich natürlich um eine Schutzbehauptung, aber sie war so dumm, dass sie schlicht eine Unverschämtheit war.

Prozess gegen einen Tierhalter

Als Folge unserer Recherchen kam es zu einem eindrucksvollen Gerichtsprozess in Ulm – nach fast fünfundzwanzig Jahren Einsatz war das tatsächlich der erste Prozess in meinem Leben, der sich nicht gegen mich oder meine Mitstreiter als Tierschützer richtete, sondern gegen einen Tierhalter.

Dieser ganze Ulmer Prozess war ein Bauerntheater, wie es im Buche steht. Der Veterinär, der ja zur Kontrolle des Betriebes eingesetzt gewesen war, behauptete einfach, er müsse dem Betreiber doch glauben, wenn dieser behaupte, in seinen Ställen sei alles in Ordnung. Als der Richter ihn fragte, ob er eigentlich bei der Ausübung seines Jobs jedem alles glauben würde, antwortete der Veterinär, das müsse er ja wohl, er habe doch gar keine andere Möglichkeit. Als der Richter ihn darauf hinwies, dass ich mit einem Ammoniakmessgerät den Ammoniakgehalt der Luft gemessen hatte, und fragte, ob der Alb-Donau-Kreis denn auch solche Messgeräte besitze, musste der Veterinär das verneinen. Auf die Frage des Richters, wie er denn dann feststelle, dass die Luft in den Ställen nicht den gesetzlichen Regelungen entspreche, gestand der gute Mann ein, dass er dazu keine Möglichkeit habe. Der Veterinär wurde leider wegen Dummheit freigesprochen. Ihm konnte nicht nachgewiesen werden, dass er seine Aufsichtspflichten aus Kalkül so vernachlässigt hatte. Er konnte sich damit herausreden, dass ihm in dem Stall nichts Besonderes aufgefallen sei, und durfte weiter beim Veterinäramt Alb-Donau-Kreis arbeiten.

Der Betreiber der Ställe saß nach meinem Eindruck derweil in Büßerstellung in seiner Anklagebank und zuckte nicht mit der Wimper. Er wurde zu einer dreijährigen Gefängnisstrafe ohne Bewährung verurteilt. Das war das erste Mal in der Geschichte der Bundesrepublik, dass ein solches Urteil gegen einen Tierquäler gefällt wurde.

Nachdem der Richter sein Urteil gesprochen hatte, geschah etwas sehr Überraschendes: Der Staatsanwalt war so empört über dieses Urteil, dass er in Berufung ging. Allerdings nicht, weil ihm der Richterspruch zu milde erschien, sondern, weil er ihn als zu hart empfand. Er selbst hatte nur eineinhalb Jahre auf Bewährung gefordert. Normalerweise würde man denken, das sei Aufgabe der Verteidigung, aber der Staatsanwalt nahm ihr diese Aufgabe ab. Wie schon gesagt, der Prozess war ein echtes Bauerntheater, zumal sich während der Verhandlung auch noch herausstellte, dass der Betrieb Jahre zuvor schon einmal von Tierschützern angezeigt worden war. Damals war das Veterinäramt mit demselben Amtsveterinär vorgegangen und hatte nichts Besonderes finden können.

2020 kam es dann zur Berufungsverhandlung, die von Tierhaltern und Tierfreunden in ganz Deutschland gebannt verfolgt wurde. Viele Massentierhalter hatten seit dem ersten Prozess Angst, dass ihnen bei Quälerei ernsthaft etwas passieren könnte. Die Tierschützer wiederum fürchteten, dass der Schweinequäler am Ende doch noch mit Samthandschuhen angefasst würde. Der Prozess wiederholte die Possen der ersten Verhandlung, brachte aber auch interessante neue Erkenntnisse. So berichtete die Chefin einer Firma, die kontrolliert, ob die Vorgaben für Fleischgütesiegel eingehalten werden, dass es sowohl angemeldete als auch unangemeldete Kontrollen gäbe. Die Erstgenannten waren dem Tierhalter Wochen und Monate im Vorhinein bekannt, die »unangemeldeten« wurden ein bis zwei Tage vorher angemeldet … Spannung kam noch einmal auf, als sich der Schweinequäler bei einer Aussage zu seinen Finanzverhältnissen verplapperte. Er hatte vom Landkreis bereits ein totales Tierhalte- und Tierbetreuungsverbot erhalten, berichtete aber ganz nebenbei, dass er noch im Kuhstall des Sohnes arbeitete. Da schöpfte ich Hoffnung, die angesichts des desinteressierten Richters und Staatsanwalts schon ziemlich erlahmt war. Denn der Bauer schien mit seiner Taktik aus Depression, geheuchelter Reue und harter Vergangenheit durchzukommen. Die Hoffnung wurde jedoch gleich wieder erschüttert, als der Richter ihn einfach fragte, ob er denn im Kuhstall auch mit den Kühen zu tun hätte, und ihm glaubte, als er das einfach verneinte. Man glaubte also einfach einem Lügner, der die Behörden über Jahre in die Irre geführt hatte.

Das Urteil lautete schließlich zwei Jahre auf Bewährung und 20 000 Euro Geldbuße. Das Tierhalteverbot wurde bestätigt. Das System hatte den Ausreißer des mutigen Richters aus dem ersten Prozess, der das Tierschutzgesetz umfassend zur Geltung gebracht hatte, wieder korrigiert.

Immerhin ist die Geldbuße schmerzhaft, und es handelt sich immer noch um eine der härtesten Strafen gegen Tierquäler. Leider zeigt das Urteil aber auch überdeutlich, dass man in Deutschland selbst dann nicht ins Gefängnis muss, wenn man über Jahre hinweg Tausende Tiere entsetzlich quält. Abschreckung sieht anders aus. Den Preis dafür werden Tiere und auch Menschen zahlen.

Die Kunden der Autobahntierärzte und die Schweinemastanlagen in Bayern und Oberösterreich waren meine beiden großen Recherchen zur Schweinemast. In den etwa fünfzehn Jahren dazwischen habe ich aber immer mal wieder kleine Recherchen gemacht. Die Technik machte in diesen Jahren große Fortschritte, sodass ich kleine versteckte Kameras über mehrere Tage unsichtbar an günstigen Stellen zur Beobachtung installieren konnte. Auf diesen Aufnahmen kann man erkennen, wie die Antibiotika verabreicht werden. Beispielhaft war ein Film, den ich in einem Stall in Baden-Württemberg aufnahm und auf dem man erkennen konnte, wie ein Mitarbeiter einer Mastanlage zu einem Waschbecken ging, das durch Rohrleitungen mit dem Stall verbunden war. In diesem Waschbecken war ein Teigrührgerät installiert, so wie man es im Haushalt verwendet. Er schüttete einen Sack des Antibiotikums Ammoxicillin in das Gerät. Anschließend ließ er Wasser reinlaufen und schaltete das Gerät an. Dann lief das ganze Zeug zu den Schweinen. Das Antibiotikum wurde also verdünnt und durch die Rohrleitungen in das Trinkwasser der Schweine verbracht. So wurden nicht nur die kranken oder verletzten Schweine mit Antibiotika versorgt, sondern alle Tiere. Der Vorgang wiederholte sich mehrfach am Tag. Das war übrigens ein Betrieb, dem über das Gütesiegel einer Supermarktkette ein besonders hoher Tierwohlstatus bescheinigt wurde. Und das war kein Einzelfall.

Die Grausamkeit liegt im System

Die Missstände in der Schweinemast in Deutschland haben sich bisher so gut wie gar nicht geändert, trotz der Aufdeckungen von mir und auch von anderen Tierschützern. Viele der Grausamkeiten liegen im System. Einem Schwein in Deutschland mit über 100 Kilogramm Gewicht wird offiziell weniger als ein Quadratmeter Lebensfläche zugestanden. Das reicht natürlich bei Weitem nicht aus. Aber in vielen Ställen wird selbst dieser Wert noch unterboten.

Sehr bedrückend ist auch die Situation der Zuchtsauen in ihren Kastenständen. Viele Wochen müssen sie darin verbringen. Sie können liegen oder stehen und können sich nicht einmal umdrehen. Die Tiere dürfen sich auch nicht ausstrecken, obwohl das seit mehr als zehn Jahren illegal ist. Erst jüngst hat man diesen hunderttausendfachen Rechtsbruch legalisiert und das Leid der Tiere um viele Jahre Übergangsfrist verlängert. In diesen Kastenständen werden die Sauen besamt. Sie müssen bis zu fünf Wochen in diesen Kästen verbringen. Und auch das wird nur von Tierärzten kontrolliert, die im Durchschnitt je nach Bundesland alle fünfzehn bis vierzig Jahre angemeldet vorbei kommen. Danach kommen die Sauen in die sogenannten Eisernen

Jungfrauen – die Branche nennt sie lieber Ferkelschutzkörbe, das klingt besser. Hier dürfen sie sich wieder nicht umdrehen, weil man Angst hat, dass sie ihre Ferkel zerquetschen, wenn sie sich bewegen. Das Schwein kann sich nicht bewegen, nicht umdrehen, sondern muss die ganze Zeit auf dem Boden liegen. Ein Aufstehen ist nur unter Schwierigkeiten möglich, und umdrehen kann sich das Tier gar nicht. Wer Schweine aus der freien Natur kennt, weiß, dass die Sauen sehr liebevolle Mütter sind, die nicht ihre eigenen Ferkel zerquetschen. Schweine sind nicht nur sehr intelligent – intelligenter als Hunde –, sondern auch sehr sensibel, was ihre Empfindungen angeht. Sie lassen sich gerne kraulen und sind zudem familienliebende Tiere.

Die Regelungen zur Haltung wurden zwar in den vergangenen Jahren etwas verschärft im Sinne der Schweine – aber wie immer stellt sich die Frage: Wer überprüft, dass selbst diese Maßnahmen, bei denen absolut nicht das Wohl der Tiere im Vordergrund steht, eingehalten werden? Der Veterinär etwa, der während seiner Besichtigung nicht einmal mitbekommt, dass es in der Halle zahllose vor sich hin faulende Schweinekadaver gibt?

Wenn man sich die ganze Massentierhaltung anschaut, so ergeht es Schweinen nach meinen Erfahrungen unter allen Tieren nach den Milchkühen am schlimmsten. Ein Masthuhn hat sein Leid wenigstens nach dreißig Tagen hinter sich, weil es dann umgebracht wird. Eine Legehenne muss ein Jahr leiden, eine Milchkuh sechs, wenn sie Pech hat. Ein konventionell gehaltenes Schwein muss sechs Monate auf engstem Raum nahezu bewegungsunfähig und in einem unglaublichen Gestank leben, bevor es vielleicht noch 1000 Kilometer unter schlimmen Umständen transportiert wird und dann, wenn es besonderes Pech hat, bei vollem Bewusstsein in ein Brühbad geworfen wird – davon erzähle ich in dem Kapitel über die Schlachthöfe.

Mein Fazit fällt leider sehr frustrierend aus. Zwar wurden die beiden besonders schlimmen Ställe, die ich beschrieben habe, geschlossen. Aber ich habe damals nahezu hundert Ställe besichtigt – und die existieren fast alle noch. Viele haben sich inzwischen größenmäßig verdoppelt. Auch die Strafen – meist ein Bußgeld – fallen in der Regel sehr gering aus. So gering, dass es keinerlei Lerneffekt für die Bauern gibt. Wenn ich mir die Entwicklung ansehe, muss ich feststellen, dass sich in Deutschlands Schweineställen trotz verschiedener Aufdeckungen von schlimmsten Quälereien an den Tieren absolut nichts geändert hat. Außer vielleicht, dass die Antibiotika, die noch immer massenhaft für kranke und verletzte Schweine verwendet werden, heute meistens vom Originalhersteller kommen, der damit sehr viel Geld verdient.

Die Autobahntierärzte gibt es allerdings auch immer noch, auch wenn ihr Unwesen zumindest zum Teil eingedämmt wurde. Heute wird das Geschäft ohnedies leichter über das Internet abgewickelt. Aktuell kann man da das Äquivalent von Baytril für eine paar Euro von irgendwo aus dem Ausland bekommen. Das läuft nicht mal im Darknet ab, sondern ganz normal im Internet. Heute werden Antibiotika auch legaler verkauft als damals. Da kommt einfach mal ein Tierarzt in den Stall und stellt fest, dass irgendein Schwein in irgendeiner Ecke gerade gehustet hat. In diesem Fall darf der gesamte Bestand des Stalls mit Antibiotika therapiert werden. Ein Tierarzt, der so handelt, findet sich immer, denn er verdient mit dem Verkauf des Antibiotikums eine Stange Geld. Wichtig wäre daher, dass es eine Apothekenpflicht gäbe, dass also nicht derjenige, der die Mittel verschreibt, sie gleichzeitig auch verkauft und daran verdient.

Es gibt aber immerhin auch Lichtblicke. Der Konsum von Schweinefleisch in Deutschland ist wegen der vielen Berichte über die Zustände in den Mastanlagen seit Jahren rückläufig. Das ist erstaunlich, weil wir immer noch ein Land sind, in dem die Menschen fast ihr eigenes Gewicht pro Jahr an Tierfleisch konsumieren. Ich bin aber zuversichtlich, dass der Konsum an Fleisch bei uns in Zukunft deutlich zurückgehen wird. Es gibt allerdings hierzulande immer noch zwanzigtausend Schweinemastanlagen, die bis zu 55 Millionen Schweine produzieren – pro Jahr. Damit ist Deutschland Europas größter Schweineschlachter und gehört neben China und den USA zu den Top 3 der Welt. Wenn die Verbraucher schon nicht an das Wohl der Tiere denken, sollten sie vielleicht zumindest an ihr eigenes denken, denn die Massentierhaltung von Schweinen gefährdet unsere Gesundheit und unser aller Lebensgrundlage. Ob man den multiresistenten Keim, der eine unspektakuläre Lungenentzündung tödlich macht, oder das Nitrat aus unserem Grundwasser für ein kurzes Geschmackserlebnis in Kauf nehmen möchte, muss jeder für sich selbst entscheiden. Man sollte aber vielleicht auch mal die Kinder fragen, die in Zukunft hier leben wollen.

Im Klub der Affenmörder

Nach dem Indien-Desaster war ich nicht entmutigt, ganz im Gegenteil. Solche Fehlschläge rauben mir niemals den Mut, sie stacheln mich eher an. Als eines Tages eine englische Kollegin, eine Tierschützerin von der Organisation *The British Union for the Abolition of Vivisection*, kurz BUAV, auf mich zukam und fragte, ob ich nicht Lust hätte, mir mal undercover eines der berüchtigten Tierversuchslabore anzuschauen und Aufnahmen dort zu machen, die später veröffentlicht würden, sagte ich sofort zu. Das war genau die Aufgabe, die mich reizte.

Ich recherchierte die Dame und fand heraus, dass sie im Kampf gegen Tierversuche eine Berühmtheit war und schon 1988 eine der ersten Undercover-Recherchen gemacht hatte. Seitdem war sie verbrannt, weil man ihr Gesicht kannte. Das kann passieren, wenn man eine solche Recherche gemacht hat und im Nachhinein bekannt wird. Die Tierversuchslobby vergisst so etwas nicht. Ihr war es genauso ergangen, und so suchte sie immer wieder nach Leuten, die eine solche Recherche machen würden und sich engagieren wollten. Und so kam sie eben auch zu mir, denn inzwischen hatte sich herumgesprochen, dass ich solche Recherchen machte. Sie schickte einen Mitarbeiter zu einem Treffen mit mir, das ziemlich kurios verlief.

Dieser Engländer kam mit einer großen Tasche, von der er sich nicht trennen wollte. Nach einiger Zeit war ich dann doch neugierig, was wohl darin sei, und so fragte ich ihn. Die Antwort war eine ziemliche Überraschung – er sagte mir, die Tasche sei vollgestopft mit erotischer Literatur, denn die bekäme man nirgends so billig wie in Deutschland. Dieser Engländer war weiß

Gott nicht der einzige kuriose Typ, den ich im Zusammenhang meiner Recherchen in den kommenden Jahren kennenlernen oder erleben sollte.

Undercover im Versuchslabor

Meine erste große Undercover-Recherche sollte das Tierversuchslabor der US-Firma *Covance* in Münster werden. Vorher war ich nur jeweils ein paar Tage in Geflügelbetriebe eingetaucht. Das hatte mich nicht auf das vorbereiten können, was nun kommen sollte.

Covance ist eine sogenannte Contract Research Organisation, kurz CRO. Das klingt, als handele es sich um eine NGO. Aber in Wirklichkeit führt *Covance* im Auftrag großer Pharma- und Chemiekonzerne am Fließband Tierversuche durch. Das ist eigentlich keine Forschung, wie man sie sich gewöhnlich vorstellt, denn die würde komplexe Zusammenhänge untersuchen. Aber so arbeiten CROs nicht. Letztlich bedeutet das, dass die Mitarbeiter einem Tier einen Schlauch in den Magen stoßen, eine Substanz unter die Haut oder ins Auge flößen – und dann abwarten, was passiert. Das läuft schon seit zweihundert Jahren so, auch wenn solche Unternehmen damals natürlich noch nicht CROs genannt wurden. *Covance* ist ein riesiges Unternehmen mit einem Jahresumsatz von zwei Milliarden Dollar und Tierversuchslaboren in mehreren Ländern, darunter eben auch Deutschland. Die Firma ist darüber hinaus ein großer Lieferant von sogenanntem Laborequipment – unter diesen Begriff fallen auch Lebewesen wie Affen. Ein echter Worldplayer.

Es war keine Frage für mich, dass *Covance* ein lohnendes Ziel war. Dass ich mich schließlich bei diesem Unternehmen einschleuste, war aber trotzdem Zufall. Ursprünglich war es völlig offen, welche Einrichtung es werden würde, denn ich bewarb mich bei mehreren. Bei dem Treffen mit dem Vertreter der Tierversuchsgegner hatten wir besprochen, dass ich mich bei verschiedenen Laboren, die Tierversuche machten, als Mitarbeiter bewerben solle. Ich sagte auch sofort zu, aber ich war durchaus skeptisch, ob ich überhaupt die Chance auf eine Stelle hatte. Denn es war zwar noch in der Anfangszeit des Internets, aber ich kam damals auf etwa fünfzehn Hits bei Google, und das konnte schon ausreichen, um mich zu bekannt für eine solche Undercover-Recherche zu machen. Eigentlich war ich also ungeeignet für das Vorhaben, denn Firmen wie *Covance* machen bei jedem Bewerber erst einmal einen Background-Check. Sie lebten auch damals schon in der Furcht, dass sich eine unliebsame Person bei ihnen einschleichen könnte.

Man mag es gar nicht glauben, aber es gibt tatsächlich kommerzielle Firmen, die nichts anderes machen, als Bewerber für Tierversuchslabore in deren Auftrag durchzuchecken. Ich machte mir also nicht viele Hoffnungen. Aber in den nächsten Monaten suchte ich den Kontakt zu Leuten, die mich namentlich im Internet erwähnten. Man muss wohl sagen, dass ich sie geradezu genötigt und gemobbt habe, meinen Namen zu löschen. Das ging damals noch, anders als heute. Es handelte sich um Leute, die es eigentlich gut mit mir meinten und mich meistens lobend erwähnt hatten. Es gelang mir in monatelanger Arbeit tatsächlich, mehr oder weniger alle Google-Einträge wegzubekommen. Am Ende blieben nur zwei übrig. Ich dachte mir, dass ich es jetzt einfach versuchen sollte.

Aber wie vorgehen? Wie konnte man überhaupt an eine Stelle in einem Tierversuchslabor kommen? Ich tat das Naheliegende und ging zum Arbeitsamt, um mich zu informieren, ob dort vielleicht Stellenangebote vorlagen. Und siehe da: Genauso war es. Ich fand ein Angebot eines staatlichen Tierlabors in München, von einem weiteren Unternehmen und eben von *Covance*.

Die Annoncen überraschten mich insofern, als überhaupt nichts von Vorkenntnissen erwähnt wurde. Wurden die wirklich nicht erwartet? Ja, so war es tatsächlich. Als einzige Qualifikationen wurde aufgezählt, dass man gerne mit Tieren, im Schichtdienst und am Wochenende arbeite. Mehr nicht. Eine Ausbildung als Tierpfleger oder Vergleichbares war offenbar nicht nötig. Ich überlegte mir daraufhin, wie ich meinen Lebenslauf ein wenig frisieren könnte, denn dass ich Politikwissenschaft studierte, kam ganz sicher nicht gut an und würde mir von vornherein jede Chance rauben, für eine der Stellen genommen zu werden. Außerdem war ich ja als Tierschützer zumindest nicht mehr ganz unbekannt. Ich nahm also einige Änderungen vor, als ich meinen Lebenslauf schrieb. So endete meine Schullaufbahn in meinem neuen Leben bereits mit der zehnten Klasse. Und danach, so stand es im Lebenslauf zu lesen, hatte ich nur noch irgendwelche Hiwi-Jobs gemacht. Meine Referenzen waren ebenfalls eher dürftig. Ich erwähnte lediglich, dass ich früher mal ein Praktikum in einer Tierarztpraxis gemacht hatte und dass ich Besitzer eines Aquariums war. Das besaß ich früher tatsächlich, und daher entfernte ich mich immerhin nicht total von der Wahrheit, sondern blieb wenigstens teilauthentisch.

Ich schickte die drei Bewerbungen los. Von dem Labor in München wurde ich eingeladen, aber nach dem Gespräch kam umgehend eine Absage. Ich vermutete schon damals, dass die gute Möglichkeiten für Background-Checks hatten, denn immerhin handelte es sich ja um eine staatliche Einrichtung. Ich hatte ja eine recht imposante Akte beim Verfassungsschutz, weil meine Methoden etwas unorthodox waren. So hatte ich mit anderen Gleichgesinnten einmal die Zufahrt zu einer Pelzfarm blockiert, und durch solche Aktivitäten wird man nun mal schnell aktenkundig. Die Absage enttäuschte mich trotzdem, ich hatte in München sogar schon eine Wohnung angemietet. Von dem anderen Labor habe ich nie irgendeine Reaktion gehört, nicht einmal eine Absage.

In der Zwischenzeit flog ich nach London, wo ich eine Einweisung für meinen Spionageeinsatz bekam. Ich hatte keine Ahnung, wie man so etwas macht. Ebenso brauchte ich eine Einführung in die technischen Geräte, die für einen Einsatz mit versteckten Videokameras nötig waren. Diese Einführung bekam ich bei einer Firma, die in einem Hinterhof in der Tottenham Court Road gelegen war. Von dort bekam ich auch die Ausrüstung, die ich später einsetzte, also vor allem die Videokamera. Die war ziemlich groß und hatte ein Bandlaufwerk, war also nicht mit den modernen Digitalkameras zu vergleichen, die wir heute verwenden. Ich fürchtete, dass ich sie später bei meinem Einsatz vielleicht gar nicht benutzen könnte, weil ich keine Ahnung hatte, wie und wo ich sie verstecken sollte. Doch der Zufall oder das Glück sollten mir zur Seite springen.

Weil sich mit den Bewerbungen nichts tat, hatte ich die ganze Sache nach einer Weile schon fast vergessen und abgehakt, als ungefähr vier Monate später plötzlich ein Anruf von *Covance* kam. Ich führte damals das, was manche wohl als das klassische Studentenleben bezeichnen würden. Da meine Uni erst am Nachmittag begann, blieb ich bis 14 Uhr im Bett und lebte in einer völlig zugemüllten Wohnung. Wenn ich etwas arbeiten wollte, nahm ich an meinem mindestens genauso zugemüllten Schreibtisch Platz. Als sich am anderen Ende der Leitung ein Mitarbeiter von *Covance* meldete, fiel ich buchstäblich fast vom Hocker, denn damit hatte ich überhaupt nicht mehr gerechnet. Er lud mich gleich für die nächste Woche zu einem Vorstellungsgespräch ein. Allerdings kam, was kommen musste: Vorher, so sagte er, müsse ich noch einen Sicherheitscheck durchlaufen. In dem Augenblick dachte ich eigentlich, die Sache sei gelaufen. Doch eine Woche später rief er wieder an und meinte, ich solle ein paar Tage später zu *Covance* nach Münster kommen. Offenbar hatte ich den Sicherheitscheck bestanden. Ich versuchte, mich irgendwie auf das Bewerbungsgespräch vorzubereiten, aber ehrlich gesagt hatte ich überhaupt kein Konzept. Das lag wohl auch daran, dass es nach dem erfolglosen Gespräch im Münchner Labor überhaupt erst das zweite Bewerbungsgespräch meines Lebens war.

Bewerbungsgespräch in der Affenhölle

Ich fuhr also nach Münster und sollte schon morgens um acht Uhr zu *Covance* kommen. Das Gebäude lag am Stadtrand und sah aus wie eine Festung mit hohen Zäunen, Stacheldraht, zahllosen Videokameras und Wachschutz. Das ganze Gebäude schrie einen an: »Hau ab!« Auf dem Weg dorthin kam man zu allem Überfluss auch noch an einer Schweinemastanlage vorbei. Als ich am Tor klingelte hörte ich eine krächzende Stimme, die rief: »Parole?« Ich war irritiert, denn eine Parole für den Einlass kannte ich nicht. Ich sagte in die Sprechanlage, dass ich wegen eines Bewerbungsgesprächs gekommen sei, und tatsächlich blinkte plötzlich eine Lampe, und das Tor ging auf. Ein Tierpfleger kam mir entgegen, zeigt mir den Weg zum Büro und meinte: »Sie wissen, dass wir nur mit Affen arbeiten?« Das war eine echte Überraschung für mich, ich hatte überhaupt keine Ahnung, dass *Covance* mit Affen arbeitete. Ich dachte, in dem Labor würden Versuche an Hunden gemacht – und ich hatte furchtbare Angst vor Hunden. Ich hatte mir deshalb extra die zwei Wochen vorher eine Art Konfrontationstherapie verordnet und mich mit dem ziemlich bissigen Hund einer Freundin beschäftigt, damit ich meine Angst verlöre.

Affen – das war ja noch mal eine andere Nummer als Hunde, zumal nach meinem Kenntnisstand die Versuche mit den hochintelligenten Wildtieren oft viel grausamer waren als die mit Hunden. Bisher hatte ich Affen nur in Indien gesehen und dort schon gewaltigen Respekt vor ihnen gehabt. Als ich in Richtung der Büros durch einen Gang ging, kam ich an Gehegen mit Affen vorbei und empfand sie als ziemlich groß und kräftig. Mir war schon ganz schön mulmig, ehrlich gesagt. Aber ich hatte mein Ziel vor Augen und sagte mir, dass ich da jetzt durchmüsse.

Im Bewerbungsgespräch mit dem *Covance*-Cheftierpfleger erzählte ich dann, wie tierlieb ich sei und wie spannend ich zugleich die Forschung an Tieren fände. Und wie wichtig, denn Medikamente bräuchten wir doch schließlich alle hin und wieder mal, oder? Ich kam wohl ziemlich gut an, denn das war genau das, was meine Gesprächspartner hören wollten. Ich verstellte auch meinen Sprachduktus. Ich sprach ziemlich kurz und abgehackt, antwortete meistens nur mit »Jawoll«, »Kann man machen« oder »Warum nicht«. Ich redete also nur in Soundbites, denn ich wollte ja suggerieren, dass ich ein etwas schlichterer Charakter sei. Das Gehalt, das mir angeboten wurde, war ganz in Ordnung, und der Mitarbeiter Z. erzählte noch etwas von Rentenplänen und Aufstiegsmöglichkeiten und dass es jedes Jahr für die Mitarbeiter eine Tombola gebe – der Gewinner dürfe in die USA zur *Covance*-Zentrale fliegen. Wir waren uns schnell einig; die ganze Sache war viel einfacher gewesen, als ich gedacht hatte. Am Ende des Gesprächs fragte Z. mich noch, wo ich denn wohne oder ob ich eine Unterkunft benötige. So weit hatte ich überhaupt noch gar nicht geplant.

Heute ist das ganz anders. Wenn wir in einer Stadt recherchieren wollen, dann mieten wir schon Monate vorher eine Wohnung an. Aber mit echten Undercover-Recherchen hatte ich ja wenig Erfahrung. Das war ganz was anderes, als um ein Uhr nachts halb tote Schweine zu filmen – an das Wohnungsproblem hatte ich nicht gedacht. Z. schlug mir vor, mich bei einem Hof ganz in der Nähe für ein Zimmer zu bewerben. Da dort mehrere meiner zukünftigen Kollegen lebten, folgte ich seinem Rat.

Ich hatte mir immerhin schon eine Geschichte für meine zukünftigen Kollegen ausgedacht, die ich auch jetzt erzählte. Ich war ja aus München und musste irgendwie erklären, warum ich nach Münster ziehen wollte. Ich hatte mir überlegt, dass meine Freundin Polizeibeamtin sei und demnächst nach Münster versetzt würde. Ich selbst sei schon mal vorneweg hierhergezogen. Das gab ich also zum Besten, und Z. schluckte das auch. Die Geschichte war übrigens komplett erfunden, ich hatte zu dieser Zeit nicht mal eine Freundin. Aber die Sache funktionierte gut. Allerdings sollte es später noch eine brenzlige Situation deswegen geben.

Als Letztes war noch eine – scheinbare – Formsache zu erledigen. Ich musste eine ganze Reihe von Verschwiegenheitserklärungen unterschreiben. Ich unterschrieb alle bis auf eine. Darin war festgelegt, dass ich keine Videoaufnahmen in den Räumen von *Covance* machen dürfe. Aber genau das hatte ich ja vor. Mir war klar, dass es ziemlichen juristischen Ärger geben würde, wenn ich das Papier unterschreiben und anschließend dagegen verstoßen würde. Also ließ ich es kurzerhand heimlich unter dem Tisch verschwinden.

Später stellte sich das auch aus dem Grund als praktisch heraus, weil *Covance* mir nach der Veröffentlichung prompt nur die Videoaufnahmen verbot. Der Konzern war einfach nicht davon ausgegangen, dass ich auch echte altmodische Fotos gemacht hatte, und zwar richtig viele, die dann nicht vom Bann belegt waren.

Ich hatte aber ziemlich viel Glück, weil der Cheftierpfleger überhaupt nicht bemerkte, dass eine Erklärung fehlte, als er die Blätter wieder an sich nahm. Was ich getan hätte, wenn ich alle Erklärungen hätte unterzeichnen müssen, weiß ich nicht. Ohne irgendwelche Aufnahmen als Beweise wäre meine ganze Undercover-Arbeit ziemlich sinnlos gewesen. Ärger gab es natürlich später trotzdem, denn ich hatte ja auch gegen die unterschriebenen Unterlagen verstoßen. Aber ich dachte mir: »Was soll's«. Eine Geldstrafe machte mir keine große Angst, denn Geld hatte ich damals ohnehin nicht.

Die Unterkunft, in der ich in den nächsten Monaten wohnen sollte, war eine sehr unangenehme Überraschung. Der Hof, von dem Z. geredet hatte, war ein altes Gutsherrenhaus, im Eingang hingen Hirschgeweihe und Jagdbilder, was darauf hinwies, dass hier passionierte Jäger lebten. Das Haus lag direkt neben der Schweinemastanlage. Ich erkannte übrigens sofort, dass diese Anlage wohl rechtswidrig war, weil es zum Beispiel keine Fenster gab. Aber da konnte ich natürlich nichts tun, sonst wäre ich ja sofort aufgeflogen.

Das Haus war für mich keine Ruhe-, sondern eine Stresszone. Und zudem war alles sehr spartanisch. Ich musste mir einige Dinge kaufen, weil es eigentlich nichts gab, nicht mal eine Küche. Ich besorgte mir also einen Tisch und einen kleinen Elektrokocher. In den nächsten Monaten ernährte ich mich ziemlich eintönig – es gab sehr häufig Spaghetti und Bananen. Immerhin dachte ich, ich könnte nun gleich loslegen. Doch das war ein Irrtum. Denn bevor ich im Labor anfangen konnte, gab es noch einmal einen Sicherheitscheck. Wer den durchführte, weiß ich nicht; für mich bedeutete es, dass ich eine Woche untätig bleiben musste. Aber dann bestand ich auch diesen Test. Heute ist mir klar, dass das alles so einfach ging, weil *Covance* händeringend Leute suchte. Keiner will so einen Job machen. Das Vorstellungsgespräch war ja auch ziemlich skurril. Den *Covance*-Leuten hätte doch sonderbar erscheinen müssen, dass ich so unbedingt diesen Job haben wollte.

Endlich konnte es losgehen. Ich musste morgens um fünf Uhr an meiner neuen Arbeitsstätte sein. Auf dem kurzen Weg dahin – es waren ja nur etwa 200 Meter von dem Haus, in dem ich wohnte – hatte ich aber nicht den Kopf voll mit Freude und der Spannung, weil ich nun endlich meinen ersten Undercover-Einsatz haben würde. Mich beschäftigte nur ein Gedanke: meine große Angst vor den Affen. Ich hatte sie nur bei einer kurzen Führung gesehen, als man mir die sogenannten Corncrips zeigte. Das sind runde Käfige, in denen mehrere Affen hausen. Ich lernte bald, dass es sich dabei um Affen handelte, die dem Menschen wirklich in manchen Dingen sehr nahekommen. Ja, sie wirken oft geradezu menschlich.

Diese sogenannten Langschwanzmakaken der Gattung Maccacis fascicularis leben in den Tropen und halten sich gerne am Wasser und im Wasser auf, was ihnen den Beinamen Crab eating macaque im Englischen eingebracht hat. Sie leben in großen Familienverbänden und kümmern sich liebevoll um ihre Kinder. Gerade die Männchen können aber auch sehr aggressiv sein. Sie sind sehr kräftig und können einem ziemlich heftige Verletzungen beibringen. Es reichte schon, dass sie mich mit gefletschten Zähnen anschauten, wenn ich an ihnen vorbeiging, um mir einen gehörigen Respekt einzuflößen. Im Labor arbeitete ich mit diesen Langschwanzmakaken. Es gab auch Rhesusaffen bei *Covance,* mit denen hatte ich aber nichts zu tun. Die sind noch mal einen Kopf größer und könnten einem durchaus einen Finger abbeißen.

Ich wurde Block B zugeteilt und bekam einen roten Overall zum Anziehen, der mir viel zu groß war. Das kam mir allerdings sehr entgegen, denn ich wollte ja mit versteckter Kamera arbeiten, und die war wie beschrieben sehr groß, unhandlich und nicht leicht zu verstecken. Dieser Overall rettete mich, gerade weil er viel zu groß war und deshalb reichlich Platz für die Kamera bot. Ein Restrisiko, dass sie doch entdeckt wurde, blieb aber immer bestehen, und einmal sollte es auch zu einer sehr kritischen Situation kommen. Doch jetzt war ich erst einmal froh über diesen großen roten Overall.

Ich hatte aber noch ein anderes Problem, denn ich fragte mich, ob ich im Labor vor Arbeitsbeginn duschen oder durch eine Hygienebarriere gehen müsse. In vielen Tierversuchslaboren gibt es solche Vorkehrungen, um sie steril zu halten. Doch es stellte sich heraus, dass auch diese Befürchtung umsonst war, denn solche Sicherheitsvorkehrungen gab es gar nicht. Die ersten paar Tage ging ich ohnehin ohne Kamera zur Arbeit, denn ich musste ja erst einmal alles kennenlernen und konnte nicht sofort losfilmen.

Am ersten Tag kam ich in den langen Gang, der etwa 50 Meter maß und in dem es rechts und links Türen mit Bullaugen gab. Schaute man durch diese Bullaugen, sah man Räume mit Batterien von Käfigen, in denen die Affen hausten. Die Käfige waren jeweils einen Quadratmeter groß, und es standen immer zwei übereinander. Das waren ungefähr 32 Affen pro Raum; es gab allein in diesem Block B viele Räume in einer Reihe. Insgesamt mussten in dem gesamten Labor knapp zweitausend Affen ihr Leben fristen; damit war *Covance* eines der größten Tierversuchslabore für Affen in Deutschland.

Empfangen wurde ich von einem Tierpfleger, also einem meiner neuen Kollegen. Eigentlich waren meine Kollegen keine ausgebildeten Tierpfleger, sie waren genauso wie ich sogenannte Tierpflegehelfer ohne Ausbildung. Mein Kollege begrüßte mich lächelnd mit den Worten: »Willkommen im Klub der Affenmörder.« Das sollte wohl ironisch sein und bezog sich auf irgendwelche Sprüche, die Tierschützer zuvor mit Kreide auf die Straße vor dem *Covance*-Zugang geschrieben hatten. Ich konterte mit meiner Kurz-und-bündig-Taktik und sagte nur »egal«.

Mein erstes Gefühl war Begeisterung. Ich war zwar schockiert über die Zustände, in denen die Affen leben mussten, und mich ekelte es vor dem unsäglichen Gestank. Dennoch war ich begeistert. Ich wusste, ich betrat eine Einrichtung, die vor mir noch kein Kritiker und Gegner betreten hatte. Als Star-Trek-Fan kam ich mir vor wie die Enterprise-Besatzung, die Welten erforschte, die noch nie ein Mensch zuvor erkundet hatte. Mir war klar, dass aus der Sache etwas ganz Großes werden könnte, wenn ich alles richtig machte.

Ich war so froh, dass ich am liebsten die ganze Zeit durch Raum für Raum erkundet hätte. Aber natürlich musste ich meine Begeisterung zügeln, davon durfte ja niemand etwas wissen. Es war, wie es auch immer später sein würde: Wenn man in eine solch schreckliche Situation eintaucht, dann funktioniert man und hat nur das Ziel vor Augen. Ich muss aber sagen, dass ich ohnehin damals schon ziemlich abgebrüht war. Ich war schon über Schweinekadaver geklettert, hatte verstümmelte Nerze gefilmt – kurz: Ich wusste, was abgeht.

Dieses surreale Gefühl habe ich in vergleichbaren Situationen bis heute. Es stellt sich immer ein, wenn ich einen Gesellschaftsbereich betrete, in den sonst kein Unbefugter hineinkommt. Auch wenn ich in eine riesige Legebatterie gehe, stellt sich dieses Gefühl ein. Es ist für mich so, als ginge ich in eine große Kathedrale. Man schaut nach oben und sieht Käfigreihen, bis zu acht Etagen hoch, hört dieses Geräusch, das Hunderttausende Hühner machen. Das sind Momente, in denen man völlig baff ist, absolut surreal.

Affen starren dich an

Genauso war es also, als ich den ersten Raum betrat, in dem mich zweiunddreißig Affen aus ihren engen Käfigen anguckten. Affen nehmen dich vollkommen bewusst wahr, anders als Hühner, die sich überhaupt nicht für einen Menschen interessieren, der ihre Batterie betritt. Die Affen gucken dich bewusst an, oder besser: Sie starren dich an. In dem Augenblick bist du der »Neue«, denn Affen erkennen jeden einzelnen Tierpfleger am

Geruch. Sie können auch jeden einzelnen individuell einschätzen. Am Ende meiner Zeit bei *Covance* wussten sie genau, dass ich derjenige Tierpfleger war, der ihnen rücksichtsvoller begegnete als die anderen. Und ich denke, sie haben sich auch mir gegenüber freundlicher verhalten.

Der Chef von Block B führte mich an diesem ersten Morgen überall durch und erklärte mir, was ich sah: die trächtigen Weibchen, die Mütter mit Kindern, dann die Tiere, die angepaart werden sollten, und die Männchen. Vor den Männchen hatte ich sofort die größte Angst. Als ein acht Kilogramm schwerer Makake mit gefletschten Zähnen heftig am Gitter rüttelte, musste ich schlucken und dachte nur: *Wow, den muss ich da hoffentlich nie rausholen.*

Doch das sollte mir nicht erspart bleiben. Meine Kollegen erklärten mir, was meine Arbeit war, und zeigten mir, wie ich die Tiere aus den Käfigen herauszuholen hatte. Dazu wendet man den sogenannten Polizeigriff an. Der Pfleger trägt einen Panzerhandschuh aus Leder mit Silikonkappen, der etwa bis zum Ellbogen reicht, und greift damit den Affen. Den geschützten Arm steckt man in den Käfig, der Affe beißt in den Arm beziehungsweise den Handschuh. Das tut tatsächlich trotz des Handschuhs immer noch weh. Dann muss man die Hand des Affen erwischen und herausziehen. Anschließend nimmt man sie in die andere Hand und versucht mit der geschützten Hand den anderen Arm des Affen zu erwischen. Wenn man es richtig macht, hat man den Affen auf diese Weise mit einer Hand in so einer Art Polizeigriff und kann ihn herumtragen, ohne dass er sich noch wehren kann. Das ist ziemlich schwierig, vor allem für jemanden wie mich, der nicht besonders kräftig ist.

Nachdem ich zwei oder drei Tage den anderen Pflegern zugeschaut hatte, musste ich selbst ran. Schon nach kurzer Zeit schmerzten mir die Hände, denn das ist eine sehr anstrengende Arbeit, für die man sehr viel Kraft braucht. Ich besorgte mir kleine Handtrainer, die man zusammendrücken muss, um so die

Muskulatur zu stärken. Aber die Schmerzen blieben eine ganze Weile, und manchmal hatte ich das Gefühl, ich könnte nicht weiterarbeiten.

Ich musste dann die wehrlosen Affen zu den Versuchen bringen. Oft ging es dabei um die sogenannte orale Applikation. Das bedeutete, dass ich mir den Affen schnappen und ihn zu einer Leiter im Gang tragen musste. Dort wurden sie fixiert, und dann wurde ihnen ein Schlauch in den Magen gestopft und mit einer Spritze die Testsubstanz verabreicht. Dabei kam es einmal zu einem grausigen Zwischenfall: Ein Affe bekam einen sogenannten Lungenschuss. Ein Angestellter hatte nicht aufgepasst und dem Affen den Schlauch in die Lunge und nicht den Magen gestopft. Der Affe spukte Blut; ich sah seinen blutverschmierten Kopf wenig später im Kühlschrank wieder.

Manchmal wurde die Testsubstanz auch in die Adern gespritzt. Das dauerte etwa eine halbe Stunde. In der Zeit saßen die Affen im Primatenstuhl gefesselt und mussten alles über sich ergehen lassen. Es ist ein schrecklicher Anblick, wenn in einem Raum sechs Affen nebeneinander in solchen Primatenstühlen gefesselt sind. Später reichte ich den meistens hochschwangeren Affenweibchen manchmal bei dieser Prozedur die Hand, und sie hielten Händchen. Das war schwer zu ertragen, denn man merkt, dass sich diese Tiere nach Zuneigung sehnen und Angst haben, selbst wenn es der Feind ist, der ihnen die Hand reicht.

Das Zweite waren die Vaginalabstriche bei den weiblichen Tieren. Das geschah, weil man immer wissen musste, wie der Stand des Zyklus war, denn bei *Covance* wurden die Affen ja auch vermehrt. Wenn sich herausstellte, dass das Weibchen im richtigen Stadium war, dann wurde sie einem Männchen zugeführt. Das nennt sich Reprotoxilogie.

Weiter gab es Tierversuche an schwangeren Weibchen und an Affenbabys. Das war für mich am schwersten zu verkraften, wenn ich sah, was die Muttertiere alles veranstalteten, um zu verhindern, dass ihnen die Babys entrissen wurden. Wenn man versuchte, das Baby aus dem Käfig herauszuholen, dann kämpften die Mütter unglaublich, um das verhindern. Einmal waren drei Tierpfleger notwendig, um eine Affenmutter zu fixieren. Als sie sich nicht mehr bewegen konnte, versuchte sie, das Baby mit dem Maul zu schnappen. Natürlich nicht aus Bösartigkeit, sondern weil sie hoffte, es so bei sich behalten zu können. Die Folge war aber, dass sie dem Kleinen eine Fleischwunde zufügte. Ihm lief das Blut aus dem Maul. Das war eine Szene, die ich unbemerkt fotografieren konnte, und das Foto wurde später nach der Veröffentlichung eines der Bilder, die die Menschen am meisten erschütterten.

Auch die Methode, wie von den Männchen Sperma entnommen wurde, war brutal. Dafür wurde ihnen unter Betäubung eine Stromsonde in den Anus geführt. Der Strom verursachte eine Ejakulation, und man konnte das Sperma einsammeln. Auch hier zeigte sich, was für Typen dort arbeiteten. Während der Affe dort lag, klopfte ein Arbeiter rhythmisch zu lauter Discomusik ein Bein auf eine der schweren Kadavertonnen, und ein anderer, ein Ex-Soldat, tanzte johlend durch den Raum.

Bei einem anderen Versuch wurde der Affe in gekreuzigter Position auf einer Art Drehrad gefesselt. Eine Mitarbeiterin zapfte ihm dann Rückenmarksflüssigkeit ab. Das ist eine extrem schmerzhafte Sache, aber der Affe schien mir nicht richtig betäubt. Er schaute mich an, und ich ahnte, dass er starke Schmerzen haben musste. Aber ich konnte mich nicht um ihn kümmern, weil ich mit dem Filmen beschäftigt war.

Die betreffende Mitarbeiterin war etwas Besonderes. Ich möchte sie hier Monika nennen; sie hatte wirklich etwas für die Tiere übrig. Immer wieder merkte sie mir gegenüber an, dass das alles schlimm und voll daneben wäre, wie sich viele im Labor verhalten. Speziell bei den Blutentnahmen flippten ihre Kolleginnen öfter aus. Manchen Affen wurde mehrfach am Tag Blut abgenommen. Jedes Mal wurden sie aufs Neue gestochen, aber irgendwann geht das nicht mehr. Das ist wie bei einem Junkie, irgendwann sind die Venen kaputt. Wenn der eine Arm völlig durchlöchert war, nahm man den anderen. Und wenn an dem auch nichts mehr ging, kam der Schwanz dran. Bei einem Affen habe ich gezählt, dass er zweiunddreißigmal gestochen wurde, um einmal Blut zu bekommen. Das war ein Baby, das ich fixieren musste, während eine MTA an ihm herumstocherte und wütend schimpfte, weil das Affenbaby es ihr so schwer machte. Wenn du so etwas siehst und sogar dabei helfen musst, musst du wirklich im Kopf einen Schalter umlegen, sonst geht das gar nicht.

Hin und wieder kam übrigens ein Tierarzt, um den Umgang mit den Affen zu überprüfen. Diese Prüfung aber war ein Witz. Er wehte durch die Gänge mit zweihundert Affen, schaute kurz durch die Bullaugen und war dann auch schon wieder weg. Ich erfuhr jeweils zwei Tage vorher von den offiziell unangemeldeten Besuchen, denn ich trug seine Gummistiefel, und an diesem Tag musste ich sie ihm geben. Das wurde mir immer zwei Tage vorher mitgeteilt. Wir haben dann die Tage vorher wie verrückt geputzt, damit alles einen sauberen Eindruck machte.

Später kam heraus, dass dieser Tierarzt auf Kosten von *Covance* nach Mauritius gefahren war, um sich vor Ort über die Haltung der Affen dort zu informieren. Es war offensichtlich wichtig zu wissen, wie auf dieser wunderschönen Urlaubsinsel die Affen gehalten wurden, während er sich für das Schicksal der Affen im Labor in Münster überhaupt nicht zu interessieren schien.

Tote Affen in der Mülltonne

Die Studien an den Affen dauerten gewöhnlich um die 30 Tage. Danach wurden die dreißig bis vierzig Affen, die daran teilnahmen, getötet. Als ich das erste Mal tote Affen in einer Mülltonne liegen sah, war es entsetzlich zu sehen, dass die Augen herausgeschnitten waren. Das geschah, weil man daraus etwas herstellen konnte. Was genau, weiß ich nicht. Das Gleiche gilt für die Haut, deshalb waren die Affen teilweise gehäutet. Wenn ich skalpierte Affenbabys ohne Augen in der Mülltonne liegen sah, gefror mir das Blut in den Adern. Manchmal wurden auch abgeschlagene Affenköpfe mit Augen im Kühlschrank aufbewahrt, die einen dann jedes Mal anglotzten, wenn man den Kühlschrank öffnete.

Trotzdem muss man sagen, dass diese getöteten Tiere fast das bessere Schicksal hatten als diejenigen, die länger am Leben blieben. Denn sie mussten die Qualen nicht nur dreißig Tage lang ertragen, sondern viel länger. Sie wurden als sogenannte Washout-Affen so lange im Labor geparkt, bis sie sich einigermaßen erholt hatten und wieder einsatzfähig waren. Washout deshalb, weil das Labor warten musste, bis alle Drogen, die ihnen eingegeben worden waren, wieder den Körper verlassen hatten.

Es gibt Tiere, die das Pech haben, viele Jahre in diesem Labor zu verbringen und immer wieder für neue qualvolle Versuche eingesetzt zu werden. Es gab zum Beispiel die sogenannten Omas; sie waren schon ewig im Labor und mussten für besondere Versuche herhalten. Man munkelte etwas von Alzheimer.

Besonders schockierend war für mich auch, wenn neue Affen geliefert wurden. Sie wurden in sehr kleinen Holzboxen transportiert, die gerade eben groß genug waren, dass der Affe hineinpasste. Alle Tiere mussten erst einmal untersucht werden. Das geschah mit einem Endoskop. Man sticht dem Affen durch die Bauchdecke, und dann wird mit dem Endoskop in den Eingeweiden nach Würmern gesucht. Man kann das auf einem Bildschirm verfolgen. Ein Kollege meinte zu mir, das sei doch, als wenn man das mit einer versteckten Kamera aufnähme – während ich den Vorgang tatsächlich heimlich filmte. Eigentlich hätte man über diese Situation lachen müssen, aber die Behandlung der Affen war so schlimm, dass mir jedes Lachen verging. Denn für die Tiere war dieser Vorgang eine unglaubliche Tortur. Es waren Affen aus Mauritius, die eine lange, anstrengende Reise hinter sich hatten. Sie wurden untersucht, gewaschen, und dann bekamen sie eine Nummer auf die Haut tätowiert. Ein Vergleich mit dem schlimmsten Ausschnitt der deutschen Vergangenheit drängt sich hier wirklich auf. Um sich einen Spaß zu machen, stachen die Pfleger manchmal einem Tier zusätzlich noch Kringel um die Brustwarzen.

Den Anblick dieser Affen, die das erste Mal in einem der kleinen etwa 40 mal 60 Zentimeter großen Quarantänekäfige im Labor sitzen, vergisst man nie. Sie sind vollkommen geschockt, wenn sie das erste Mal mit Menschen konfrontiert und gefesselt durch die Gegend getragen werden. Die Affen waren zeitweilig betäubt, und ich musste sie auf einem Haufen ablegen, das war wie in einem surrealen Science-Fiction-Film.

Man darf nicht vergessen, dass es für einen Makaken schon eine Qual ist, überhaupt angeschaut zu werden. Allein dadurch fühlt er sich schon angegriffen. Er klappert dann mit den Zähnen, was eine Mischung aus Aggression und Demutsgeste ist.

Die normalen Käfige, in denen die Affen gehalten wurden, sind einen Quadratmeter klein, und in manchen gab es eine Scheibe Holz oder einen Plastikknochen. Zwischen den Käfigen gibt es Trennwände, denn es kann passieren, dass die Tiere aufeinander losgehen und sich gegenseitig zerfleischen. Makaken machen keine Gefangenen, wenn es zum Kampf kommt.

Für mich wurde der brutale Umgang der Pfleger mit den Affen zunehmend unerträglich. Ich entwickelte für manche Affen geradezu eine Vorliebe und hatte meine Lieblinge. Dann wurde es besonders schlimm. Zu denen war ich dann besonders nett, und ich bin mir fast sicher, dass Affen das spürten. Sie lernten, dass ich sie zu beruhigen versuchte und kraulte, wenn sie für die Applikation im Primatenstuhl gefesselt waren.

Alltägliche Brutalität

Neben diesen »normalen« Vorgängen wurden die Affen auch von manchen Pflegern misshandelt. Wenn sich ein Affe wehrte, wurde er mit Gewalt gegen eine Wand oder auf den Boden gedrückt, oder er wurde stark geschüttelt. Manche der Angestellten ließen regelrecht ihren Frust an den Tieren aus. Sie bewegten sich auch mit ihnen im Rhythmus der Popmusik, die den ganzen Tag über Lautsprecher ziemlich laut abgespielt wurde. Auch betäubte Tiere wurden zur Musik geschüttelt, was ebenfalls schlimm ist, weil man ein betäubtes Tier nicht schütteln soll, denn dann besteht die Gefahr, dass es aufwacht und Schmerzen verspürt. Bei manchen Songs, die damals abgespielt wurden, kommen bei mir noch heute alle diese Bilder wieder hoch. Wenn ich die höre, bin ich wieder bei *Covance*. Die Musik sollte die Tiere an den Lärm gewöhnen, um sie weniger zu stressen. Aber ich bin mir sicher, dass man sie damit erst recht maximal gestresst hat. Dazu kamen die Dschungelgeräusche der Affen, die in den gefliesten Räumen vollkommen surreal wirkten. Ebenso habe ich immer noch das Klappern der Vorhängeschlösser im Kopf, denn die Affen spielten aus purer Langeweile ständig an diesen Schlössern herum. Ich kam mir vor wie ein Gefängniswärter, der an den Zellen der Gefangenen entlangläuft, während die Lärm machen. Es war also den ganzen Tag laut in diesem Labor.

Auch beim Anpaaren der Tiere war ich oft dabei. Es war interessant zu sehen, dass die Tiere sich geradezu schämten, wenn wir sie beim Geschlechtsakt beobachteten. Das zeigt, wie menschlich diese Affen sind. Letztlich ist es ja auch eine Art von Vergewaltigung, wenn man ein Weibchen einfach zu einem Männchen setzt und es keine Möglichkeit hat, den Akt zu vermeiden.

Der Nachwuchs blieb nach der Geburt bei der Mutter. Dann kam es zu schrecklichen Szenen, wenn die Mutter zu Versuchen weggeholt wurde. Den Babys wurde dann manchmal eine Malerrolle als Ersatz für die Mutter in den Käfig gelegt. Es gab eine Szene, die sich mir sehr stark eingeprägt hat, als ich ein solches Baby sah, das alleine in dem Käfig saß und eine solche Malerrolle als Ersatz für die Mutter umklammerte.

Alle Affen wurden durchnummeriert, bis auf ein Weibchen. Es hatte einen Namen: Natascha. Irgendjemand hatte ihr als Baby den Namen gegeben. Für die Pfleger war das ein großes Problem, denn durch den Namen entstand zu Natascha eine viel persönlichere Beziehung als zu den anderen Affen mit ihren fünfstelligen Nummern. Sie war durch ihren Namen ein Individuum geworden. Tatsächlich ließen sich Mitarbeiter in andere Abteilungen versetzen, als Natascha alt genug wurde, um an den Tierversuchen teilzunehmen.

Ein anderer Affe wurde grundsätzlich nicht durch Versuche gequält. Er galt als der Lieblingsaffe des Ex-Chefs und wurde in Ruhe gelassen, saß aber ausschließlich allein und ohne Beschäftigung in seinem Käfig. Ich weiß nicht, ob dieses Schicksal nicht noch schlimmer ist als das der anderen Affen, die irgendwann ausgeschlachtet auf dem Sektionstisch landen. Wie schon gesagt, auch ich hatte meine Lieblingsaffen. Wenn ich einen davon zum Tötungsraum bringen musste, war das unerträglich für mich.

Zu meinen Aufgaben gehörte es, die Tiere zu beobachten, wenn sie aus der Betäubung erwachten. Das war sehr schlimm anzusehen. Sie taumelten dann völlig gaga herum. Wenn sie versuchten hochzuklettern, krachten sie auf den Boden. Viele Affen waren zudem stark verhaltensgestört. Sie bewegten sich dauernd in ihrem engen Käfig rückwärts gegen den Uhrzeigersinn. Das kam sicher unter anderem von der Reizarmut, der sie tagaus, tagein ausgesetzt waren. Sie hatten ja absolut nichts zu tun, konnten sich kaum bewegen und hatten nichts Sinnvolles zum Spielen oder zum Beschäftigen. Das machte sie im wahrsten Sinne des Wortes verrückt. Sie waren begierig nach jeder Abwechslung, die sich ihnen irgendwie bot. Ein Affe zum Beispiel klaute mir mehrfach einen Handschuh und spielte dann damit herum. Dieser Latexhandschuh war für ihn das Größte überhaupt.

Fasziniert war ich davon, wie intelligent diese Affen sind. Es gab welche, die überlegten sich regelrechte Fluchtstrategien. Einer hatte sich einen Trick ausgedacht. Er wusste genau, dass ich das Käfigschloss aufschließen würde, wenn ich den Raum betrat. Sobald er sah, dass ich hereinkam, spielte er maximales Desinteresse. Er setzte sich mit dem Rücken zu mir, schaute gegen die Wand, kratzte sich. Aber er hatte eine genaue Strategie entwickelt: In dem Moment, in dem ich in den Käfig griff, schnellte er hervor und versuchte zu fliehen. Einige Male gelang ihm das sogar, und es ist sehr schwierig, einen entwischten Affen wieder einzufangen. Einem war es wohl mal gelungen, vom *Covance*-Gelände zu fliehen. Er kam bis zur nahen Straße und wurde dort überfahren. Das war aber vor meiner Zeit.

Wer die Auftraggeber der Studien waren, habe ich damals nicht herausbekommen. Die Akten lagen immer unter Verschluss. Nur einmal habe ich gesehen, um welchen Auftraggeber es sich handelte. Es ging dabei um die Pille für den Mann. Es gab, haben mir Kollegen erzählt, bei diesem Versuch wie immer eine Placebogruppe sowie vier verschiedene Wirkstoffgruppen, wobei Gruppe 1 die niedrigste Dosis verabreicht wurde. Bei Gruppe 4 mit der höchsten Dosierung bekamen die Affen schreckliche Geschwüre an den Penissen. Ich denke, das ist der Grund, warum die Pille für den Mann nie auf den Markt gekommen ist. Aber im Prinzip wird an den Tieren alles getestet – vom Heuschnupfenmittel bis hin zu Chemikalien.

Schlimm waren für mich auch die Sprüche der Mitarbeiter über die Tiere. Als ich einmal dabei war, Vaginalabstriche zu nehmen, kam ein Mitarbeiter vorbei und sagte: »Wir sind ja hier die Gruppenvergewaltiger. Schauen wir doch mal, wie schnell du bist.« Mich haben später immer wieder Leute gefragt, wie man das alles eigentlich aushält. Das gelingt nur, weil man mit allem dermaßen überfordert ist, dass man sich überhaupt nicht wirklich damit beschäftigen kann. Das schützt. Ich nahm das auch alles mit in den Feierabend. Einfach abschalten konnte ich nicht, wenn ich die Räume des Labors hinter mir gelassen hatte.

Belastende Lebensverhältnisse

Dienstschluss hatte ich schon um 14 Uhr, weil ich schon morgens um sechs Uhr anfing. Komisch war, dass es morgens um acht Uhr ein vollwertiges Mittagessen gab, zum Beispiel Schnitzel und Kartoffeln. Warum das so war, weiß ich nicht. Das Essen war für mich belastend, denn ich war damals schon seit ungefähr zehn Jahren Veganer, und nun standen da alle möglichen Fleischgerichte auf dem Tisch, und es gab auch gar nichts anderes. Das Problem war aber, dass ich sehr aufpassen musste, was ich tat. Hätte ich jeden Mittag nur die Gemüsebeilage gegessen, hätten meine Kollegen natürlich Fragen gestellt. Es hätte sicher merkwürdig gewirkt, wenn ein Veganer in einem Labor für Tierversuche arbeitet. Also musste ich in den sauren Apfel beißen, oder besser gesagt, ins Fleisch. Schnell löste ich dieses Problem aber mit guten Fleischimitaten.

Wenn ich Dienstschluss hatte, ging ich in mein schmuddeliges Zimmer. Für diese Unterkunft musste ich die Miete immer bar auf die Hand bezahlen, und der Besitzer erklärte mir, ich solle mich bloß nicht in Münster offiziell anmelden. Nachmittags und abends kümmerte ich mich um das Material, das ich am Tag aufgenommen hatte. Am Anfang machte ich eine schlimme Entdeckung, als ich mir die ersten Aufnahmen, die ich im Labor gemacht hatte, anschaute. Man sah auf dem Videofilm nämlich nur zwei Dinge: die Decke und den Boden, dazwischen leider nichts. Das ist ein typischer Anfängerfehler, man muss eben erst lernen, wie man eine versteckte Kamera befestigen muss, damit man das darauf bekommt, was sich zwischen Decke und Boden abspielt. Nach einigem Üben bekam ich das aber in den Griff.

Das Material übertrug ich an meinem Computer, den ich mitgebracht hatte, auf Speicherkarten. Wichtig war natürlich die Frage, wo ich das aufgenommene Material verstecken sollte. Denn ich traute dort in diesem Haus niemandem. Ebenso hatte ich immer die Angst, dass ich eines Tages erwischt würde und es dann eine Durchsuchung meines Zimmers geben würde. Deshalb wollte ich das Material unbedingt an einer anderen Stelle aufbewahren. Am Anfang brachte ich es zum Bahnhof und packte es in ein Schließfach. Aber das erwies sich schnell als unpraktisch, denn ich musste jeden Tag zum Bahnhof fahren und Geld nachwerfen. Bald kaufte ich mir ein altes klappriges Fahrrad, das ich nicht nur als Fortbewegungsmittel nutzte. Ich machte daraus einen Safe für mein Bildmaterial, indem ich den Sitz abschraubte und die Speicherkarten in der Sitzstange deponierte. Ich ließ die Luft aus den Reifen, damit es mir nicht mitsamt dem Material geklaut wurde. Nach dem Ende meines Einsatzes ließ ich das Fahrrad zurück, aber als ich fünf Jahre später mal wieder dorthin kam, stand es immer noch angeschlossen genau an derselben Stelle, an der ich es zurückgelassen hatte.

Wenn ich mit allem fertig war, spielte ich auf meinem Computer *Return to Castle Wolfenstein*. Nazis abknallen und abschalten. Das mache ich eigentlich gar nicht, ich bevorzuge Adventures und Rollenspiele, aber damals habe ich das wohl als Ablenkung gebraucht. Um runterzukommen und die Bilder, die ich tagsüber sehen musste, zu verdrängen.

Meine neuen Kollegen lernte ich natürlich recht schnell kennen. Das waren teilweise schon recht raue Gesellen. Unter den Tierpflegern dominierten die Russen und Osteuropäer und auch solche, die arabischer und türkischer Herkunft waren. Manche von ihnen sprachen nur gebrochen Deutsch. Das waren alles genau wie ich keine ausgebildeten Tierpfleger, sondern unqualifiziertes Personal. Der Umgangston war recht grob. Ich musste versuchen, mich diesem Ton möglichst gut anzupassen, was mir schwerfiel und mir auch nie ganz gelang. Das haben die auch immer gemerkt, und das stellte ein echtes Risiko für die Recherche dar. Diese Leute mögen schlicht gewesen sein, aber sie verfügten über so eine Art Bauernschläue oder auch einen sechsten Sinn. Sie checkten manchmal Dinge, sie hatten so eine Ahnung, ohne wirklich zu erkennen, worum es ging.

Dass mit mir irgendwas nicht stimmte, merkten sie recht schnell. Bald brodelte die Gerüchteküche. Sie schoben es darauf, dass mit meiner Freundin irgendetwas nicht stimmte, denn ich erzählte ihnen, dass das mit ihrer geplanten Versetzung vielleicht nicht funktioniere, und auch, dass wir Beziehungsprobleme hätten. Ich machte immer einen schlecht gelaunten Eindruck, was tatsächlich von dem Stress kam, unter dem ich litt. Ich begann, jeden Tag die *Bild*-Zeitung zu lesen, damit ich in den Gesprächen mit den Kolleginnen und Kollegen mitreden konnte. Ich hatte keine Ahnung von Fußball, Autos, C-Promis oder Brustimplantaten, aber genau das wäre aufgefallen. Doch die *Bild* half mir. Ich nahm sie sogar jeden Tag mit zur Arbeit.

An sich muss man aber sagen, dass meine Kollegen im Grunde nette Leute waren. Sie waren nur zu neugierig, was mich betraf. Eines Tages lungerten wir im Aufenthaltsraum herum, als wir gerade nichts zu tun hatten. Dabei kam die Rede mal wieder auf meine Freundin. Einer der Kollegen stellte plötzlich eine Frage, auf die ich überhaupt nicht vorbereitet war. Er fragte nämlich, wie viele Sterne sie als Polizistin beim Bundesgrenzschutz habe. Ich hatte mir zwar einen Rang überlegt, aber dass und wie viele Sterne Polizisten auf der Uniform trugen, davon hatte ich keine Ahnung. Aber ich reagierte geistesgegenwärtig und behauptete einfach, dass sie keine Sterne, sondern Punkte habe. Das hat wiederum meinen Kollegen so verwirrt, dass er das Thema fallen ließ. Zum Glück.

Es kam auch zu skurrilen Situationen; so bot mir beispielsweise einer der Männer eine Kalaschnikow zum Kauf an. Und bald wurde mir klar, dass viele Tierpfleger Drogen konsumierten. Meistens ging es allerdings um Alkohol. Ich glaube, das hing mit der Arbeit zusammen, man kennt das ja auch aus Schlachthöfen, wo viele Mitarbeiter die Zustände ohne Alkohol gar nicht aushalten. Aber ich stellte auch fest, dass die Leute bei *Covance* eine Kapsel um sich errichtet hatten, die sie gegen vieles schützte.

Als Angestellter in einem Tierversuchslabor kann man sich übrigens gegenüber den Vorgesetzten ziemlich viel erlauben, denn man wird so gut wie nie gefeuert. Nach meinen Erfahrungen herrscht stets die Angst, dass ein gekündigter Mitarbeiter sich rächen könnte und über die Arbeit und die Zustände in dem Labor draußen berichtet. Manche arbeiteten dort schon sehr lange. Schwieriger waren die MTAs, also die nächsthöhere Stufe. Das waren meistens Frauen. Da gab es einige echt unfreundliche Gesellinnen, das merkte man sogar im Umgang mit den Tieren. Aber eben auch Monika, die für mich ein echter Anker war, weil ich merkte, dass sie sehr wohl durchschaute, wo sie hier gelandet war. Sie sagte immer: »Besser, ich mach es, als einer von denen.«

Und damit hatte sie sicher ein Stück weit recht. Sie sollte eine der wenigen Personen sein, die ich später noch treffen würde.

Die Angst, enttarnt zu werden

Ich lebte in der beständigen Angst, enttarnt zu werden. Am Anfang war es am schlimmsten, später wurde ich entspannter, zuletzt sogar fast ein wenig übermütig. Aber sicher konnte und durfte ich mich zu keinem Zeitpunkt fühlen. Einmal kam es zu einer sehr brenzligen Situation. Einer der Mitarbeiter, von denen ich sagte, sie hätten so einen sechsten Sinn, kam zu mir und klopfte mir auf die Schulter. Dabei traf er den Akku der Kamera. Er spürte natürlich, dass unter meinem Overall etwas Hartes war, und schaute mich irritiert an. Ich ging in die Offensive und sagte ihm in sehr rauem Ton, er solle mich nicht anfassen. Das war nun mal der Stil in dem Labor und die Sprache, die dort gesprochen wurde – und mein Gegenüber akzeptierte das und ließ mich in Ruhe. Er nahm mir das nicht mal übel. Aber er stellte mir immer wieder Fragen. Einmal zum Beispiel fragte er mich, ob ich Ausschlag habe. Ihm war aufgefallen, dass ich immer wieder an eine bestimmte Stelle meines Overalls griff. Der Grund war, dass ich jedes Mal die Kamera ein- und ausschaltete. Er aber glaubte, ich würde mich kratzen. Ich erzählte ihm tatsächlich irgendetwas über eine dermatologische Krankheit, die ich hätte. Auf die Spitze trieb er es eines Morgens im Block F, in den ich inzwischen versetzt worden war. Als ich zur Arbeit kam, lag auf dem Tisch im Aufenthaltsraum ein großes Fleischermesser, auf dem mein Name mit einem Edding-Stift geschrieben stand – verbunden mit dem Wort »Amokläufermesser«. Ich ahnte, wer sich diesen Scherz erlaubt hatte, und stellte den Kollegen mit dem sechsten Sinn zur Rede. »Was soll das?«, fragte ich ihn. Er sagte, wohl mit Blick auf die Anschläge auf das World Trade

Center in New York, die ja erst einige Jahre zuvor stattgefunden hatten und die jedermann präsent waren: »Ich finde, du bist so ein Schläfertyp. Du bist wie diese Leute vom elften September. Du täuschst uns was vor, bist in Wahrheit aber etwas ganz anderes. Irgendwann stichst du uns alle ab und führst das Labor dann alleine weiter.« Den Gedanken mit dem Abstechen meinte er natürlich nicht wirklich so, aber es war klar, dass er irgendetwas an mir merkwürdig fand. Ich bekam innerlich Panik und hätte mir fast in die Hose gemacht. Wenn man mich überprüft hätte, wäre ich wegen des Equipments unter dem Overall sofort aufgeflogen.

Ein Problem, was das Verstecken der Kamera betraf, war schon morgens das Umziehen. Man zog sich in einem engen Umkleideraum um, da waren immer fünf oder sechs Männer gleichzeitig. Wie sollte ich da verbergen, dass ich eine Kamera unter dem Overall hatte? Ich kam also meistens etwas früher oder später als die anderen, sodass ich beim Umziehen allein war. Aber ich musste trotzdem aufpassen, zum Beispiel durfte ja kein Kabel irgendwo heraushängen. Das lief ganz gut, aber nicht immer: Eines Tages, während eines Wochenenddienstes – um die riss ich mich immer, weil dann die Besetzung kleiner war und man leichter im Labor filmen konnte –, dachte ich, nun wäre Schluss mit meiner verdeckten Ermittlung. Ich hatte damals schon einen Generalschlüssel und konnte daher überall rein. Es gab aber Sicherheitsvorkehrungen. So war es beispielsweise strikt verboten, Privatsachen mit in die Räume zu nehmen, nicht mal einen Rucksack oder eine Tasche, denn die Leitung des Labors hatte Angst, dass jemand Kameras einschmuggelte. Ich aber schleppte meinen großen Sony-Camcorder und meine Nikon-Kamera in meinem Rucksack ganz offen mit mir rum. Da kam mir ein Angestellter entgegen, der in meiner Abteilung gar nichts zu suchen hatte, sondern woanders, bei den Weißpüscheläffchen, arbeitete. Er kam mir entgegen und starrte erst auf mich und dann auf den Rucksack. Ich merkte, wie es in seinem Gehirn ratterte, aber zum Glück war er nicht die hellste Leuchte im Labor. Ich hatte inzwischen gelernt, dass es in solchen Fällen am besten ist, selbst konfrontativ zu werden, bevor der andere überhaupt etwas sagen kann. Also ging ich ihn harsch an: »Das ist meine Abteilung, was hast du hier zu suchen? Schleich dich!« Das wirkte. Er war eingeschüchtert und zog ab. Den Rucksack vergaß er völlig und erwähnte ihn auch nie mehr. Was mir damals schon klar war: In dem Labor gab es eine Hackordnung, und man musste schnell schauen, dass man selbst nicht ganz unten landete. Um das zu erreichen, brauchte man ein gewisses Auftreten, selbstbewusst und dem Umgangston angepasst. Nur so konnte man sich Respekt verschaffen und ernst genommen werden.

Insgesamt hatte ich einfach unfassbares Glück, dass ich nie erwischt wurde. Als meine Kamera kaputtging, bastelte ich mir mit einem Camcorder selbst eine Vorrichtung, die ich unter die Achsel klemmte und drei Wochen lang nutzte. Ich deponierte sogar in einem Heizungsschacht eine Fotokamera, damit ich sie nicht jeden Tag mit ins Labor rein- und abends wieder rausnehmen musste. Nichts davon flog auf. Im Übrigen hatte ich einen anderen Mitarbeiter in Verdacht, ebenfalls ein verdeckter Ermittler zu sein. Der Mann war Brite, ein ehemaliger Soldat. Eines Tages stand ich vor einer großen Tonne, in der tote gehäutete Affenbabys lagen. Da kam er plötzlich dazu und meinte: »Das ist doch eine große Schande, was wir hier machen, oder?« Er riss sich auch immer wie ich um die Wochenenddienste, was ihn eben auch verdächtig erscheinen ließ. Aber er war kein verdeckter Ermittler.

Monika, die andere Person, die irgendwie falsch an diesem höllischen Ort war, litt auch sichtlich, dennoch verdrängte sie das Ganze. Es war trotzdem gut zu wissen, dass es da ein paar Menschen gab, die vom System *Covance* noch nicht völlig zermürbt worden waren. Nach meiner Aufdeckung verließen beide für immer den Planeten *Covance*.

Die Mitarbeiter entwickelten so eine Art Korpsgeist, denn sie fühlten sich immer von außen unter Druck gesetzt. So etwas verbindet. Eine Kollegin hatte große Probleme in ihrer Familie, weil sie in dem Labor arbeitete. Viele verheimlichten in Gesprächen mit anderen, was sie beruflich machten. Sie wussten, dass eine neue Bekanntschaft schnell weg sein konnte, wenn sie erfuhr, womit man sein Geld verdiente. Meistens erzählten sie, sie arbeiteten in einem Analyselabor. Das war purer Selbstschutz. Für sie waren alle anderen böse, außen war der Feind, Verständnis gab es nur drinnen, fast wie in einer Sekte. Ihnen wurde ja auch immer wieder eingebläut, dass sie Lebensretter seien, weil Tierversuche Menschenleben retten würden – was bei Weitem nicht so einfach gesagt werden kann.

Spannend zu erleben war auch, wie die Proteste von Tierschützern gegen *Covance,* die es immer wieder gab, von den Angestellten im Labor erlebt wurden. Eines Tages hing am Schwarzen Brett eine Warnung, dass an einem bestimmten Tag eine nicht angemeldete Demonstration gegen das Labor stattfinden würde. Ich habe keine Ahnung, wie die Laborleitung an diese Information gekommen war, aber sie war richtig. Die Kollegen waren völlig fertig, manche weinten sogar. Denn solche Konfrontationen zerrten an ihrem Schutzmantel. Es ist eben nicht schön, wenn Demonstranten dich als Mörder beschimpfen. Für mich war das mal wieder eine prekäre Situation, denn ich fürchtete, dass mich vielleicht einer der Demonstranten erkennen würde. Ich ging an dem Tag früher als sonst ins Labor, in der Hoffnung, dass die Demonstranten so früh noch nicht vor Ort sein würden. Die Strategie ging auf. Dadurch war ich aber auch der einzige Tierpfleger, der überhaupt ins Labor kam, denn später verhinderten die Tierschützer, dass meine Kollegen das Gelände betreten konnten, indem sie sich an das Torgitter ketteten und ein Auto ohne Räder davorstellten. Ich hatte an diesem Tag sehr viel zu tun, ich musste ja den Job von allen anderen mitmachen. Es war trotzdem lustig, mit Mundmaske und Overall an ihnen vorbeizustolzieren und sich auch mal beschimpfen zu lassen.

So kleine Späße gönnte ich mir manchmal. Zum Beispiel fütterte ich Kollegen insgeheim mit Seitan-Stullen, und sie merkten gar nicht, dass sie sich statt mit zerhacktem Schwein gerade vegan ernährten, oder ich machte den Leuten Putenfleisch madig, indem ich ihnen erzählte, was ich in meiner Zeit beim Tierarzt Schlimmes in Ställen gesehen hatte. Besonders lustig war mein Scherz bei einer Geburtstagsfeier einer Mitarbeiterin. Neben Limbo mit Affenquälern spielte ich eine Hardcore-Musik-CD ab, bei der es um den Kampf gegen Tierversuche ging. Zum Glück kann man die Texte bei Hardcore nicht wirklich verstehen. Sie hörten aber die Affenlaute in dem Song und freuten sich, denn Affen waren ihnen ja vertraut.

Neuer Job, neue Ängste

Inzwischen war ich von Block B nach Block F versetzt worden. Das hatte zwei Nachteile für mich: Erstens empfand ich den Chef als fiesen Typen, und zweitens, schlimmer, waren dort die größeren Affen untergebracht. Gleich am ersten Tag sagte mein neuer Chef, ich solle ein bestimmtes Affenmännchen aus seinem Käfig holen. Ich sah diesen Kerl, der am Käfiggitter hing und mich anglotzte, als wenn er mich gleich umbringen wollte. Das ist gar nicht unmöglich. Wenn einem so ein Makake in den Hals beißt, kann man durchaus verbluten, und schlimme Unfälle hatte es in dem Labor durchaus schon gegeben. Außerdem sind Makaken auch Träger eines Virus namens Herpes B. Dieses Virus ist für Menschen tödlich. Man spricht dann sarkastisch vom »schnellen Tierpflegertod«. Das wusste ich damals gar nicht, denn niemand hatte mich darüber aufgeklärt. Sicher stand das irgendwo in den Unterlagen, aber ich hätte es schon begrüßt, wenn man mich darauf auch bei der Einführung ausdrücklich hingewiesen hätte.

Ich musste also meine Angst überwinden, meine Arbeit tun, wie ich sie inzwischen gelernt hatte, und den kräftigen Affen aus dem Käfig holen. Er hatte so dicke Arme, dass man ihn kaum mit einer Hand halten konnte. Zum Glück sind die Affen in den Käfigen relativ schwach, weil sie ja aufgrund des Bewegungsmangels keine Muskeln aufbauen können. Aber sie sind unfassbar schnell. An diesem Tag ging alles gut. Als mich einmal tatsächlich ein Affe biss, bekam ich es erst mit, als das acht Kilo schwere Tier an meinem Daumen hing. Das hat unheimlich wehgetan. Der Affe ließ erst von mir ab, nachdem ein anderer Pfleger ihm einen verpasst hatte. Zum Glück trug er dieses Herpes-B-Virus nicht.

Etwa zwei Wochen bevor ich bei *Covance* aufhörte, kam es in einem anderen *Covance*-Labor in Harrogate in England zu einem Zwischenfall. Dort werden unter anderem Atemgifte an Tieren getestet. Auch dort gab es einen verdeckten Ermittler, von dem ich aber nichts wusste. Er flog auf – die Folge war unter anderem ein Krisentreffen bei uns in Münster. Alle Mitarbeiter wurden in die Cafeteria gerufen, und der Chef hielt eine Ansprache, in der er uns über das Vorgefallene aufklärte. Er meinte, wir sollten niemals auf einen Ermittler losgehen und körperliche Gewalt anwenden. »Das wollen die ja nur«, fügte er hinzu. Schließlich meinte er: »Wenn wir weiterhin so gut aufpassen wie bisher und ein bisschen Glück haben, dann wird uns so etwas in Zukunft erspart bleiben.« Ich stand zwischen meinen Kollegen – mit meiner Kamera unter dem Overall.

Ich selbst fühlte mich im Lauf der Wochen und Monate immer sicherer und wurde immer waghalsiger. Ich fühlte aber nach knapp fünf Monaten, die ich inzwischen bei *Covance* war, dass ich allmählich rausmusste, denn sowohl die Recherche als auch die begleitenden Lebensumstände wurden zunehmend zur Belastung. Immerhin war ich recht erfolgreich gewesen, denn ich hatte inzwischen die geradezu unfassbare Menge von 50 Stunden Filmmaterial aufgenommen. Ich begann also, meinen Ausstieg vorzubereiten. Ich erzählte den Kollegen, dass meine Freundin nun doch nicht nach Münster versetzt würde und die Beziehung so zerrüttet sei, dass ich unbedingt nach München zurückmüsste. Es gab ein paar Kollegen, die richtig traurig darüber waren, zwei haben sogar geweint. Und dann kündigte ich. Das ging auch ganz problemlos – bis ich eine Entdeckung machte, die mich ziemlich entsetzte. Ich war die ganze Zeit davon ausgegangen, dass ich eine zweiwöchige Kündigungsfrist hatte. Bei meinem Kündigungsgespräch stellte mein Vorgesetzter aber fest, dass ich die ganze Zeit keinen Urlaub genommen und zudem auch noch Überstunden gemacht hatte. Als er mir sagte, dass ich gleich am nächsten Tag gehen könne, war ich ziemlich baff. Das wollte ich überhaupt nicht, ich hatte noch eine lange To-do-Liste, die ich in den letzten zwei Wochen abarbeiten wollte. So hatte ich zum Beispiel das Ziel, jedem Affen noch Holz für seinen Käfig zu besorgen. Das schaffte ich dann auch noch, sodass jeder Affe endlich wieder ein bisschen Beschäftigungsmaterial hatte. Aber ich hatte auch noch vor, eine ganze Reihe von Unterlagen abzufotografieren und ebenso ein paar kranke Affen.

Ich arbeitete also an diesem letzten Tag unter Hochdruck. Als ich in einem Raum war und Unterlagen fotografierte, stand plötzlich ein Kollege hinter mir und fragte: »Warum machst du denn Fotos?« Ich war so perplex, dass mir keine Antwort einfiel. Der Kollege sagte: »Du weißt schon, wenn das der Chef erfährt, bist du fertig.« Ich versuchte, mich irgendwie rauszureden. Doch dann passierte etwas Überraschendes: Er bot mir an, zu seinem Arbeitsplatz bei den Rhesusaffen zu gehen und Fotos zu machen, wenn ich ihm meine Kamera geben würde. War das ein Trick? Wollte er meine Kamera haben und damit zum Chef gehen? Die Gefahr bestand. Ich hatte aber ohnehin keine Wahl. Also gab ich ihm die Kamera, und wir verabredeten uns für später im Vorraum seiner Abteilung. Mein Bildmaterial war gesichert und versteckt, aber ich befürchtete, dass *Covance* sofort alles versuchen würde, eine Veröffentlichung juristisch zu verhindern, wenn er mich verraten würde. Bei Dienstende ging ich zum verabredeten Raum – und tatsächlich wartete er dort schon mit der Kamera auf mich. Allerdings waren noch zwei weitere Tierpfleger in dem Raum, sodass er mir die Kamera hinter unseren Rücken geben musste, während wir mit den beiden Männern sprachen. Er hatte wirklich Bilder von den Rhesusaffen aufgenommen; es waren die einzigen, die ich von diesen Affen hatte, weil ich in den Bereich, wo sie gehalten wurden, nie reingekommen war.

Erste Veröffentlichung, erste Reaktionen

Als ich ging, war ich sehr froh, diese Arbeit und auch meine Unterkunft hinter mir lassen zu können. Ich ging zurück nach München. Dort hatte ich Monate damit zu tun, das ganze Film- und Fotomaterial zu sichten. Da meine Kontaktperson bei BUAV in England inzwischen in die USA gewechselt war, stand ich ganz allein da mit der ganzen Pressearbeit. Ich stellte schnell fest, dass das Thema Tierversuche in den Medien ein ganz heißes Eisen war, weil alle Angst hatten, sich mit der Industrie anzulegen. Alle großen TV- und Printmedien, die ich fragte, ob sie Interesse an meiner Recherche hatten, waren total begeistert – aber sie lehnten eine Veröffentlichung ab. Schließlich hatte das ZDF-Magazin *Frontal 21* den Mut, einen Beitrag zu machen. Solche Undercover-Recherchen, wie ich sie gemacht hatte, waren für Deutschland etwas völlig Neues. Vergleichbares hatte es nur einmal gegeben: mit Günter Wallraff und seinen Recherchen bei der *Bild*-Zeitung und in verschiedenen Industriebetrieben. Und der hatte sich bekanntlich ganz schön Ärger zugezogen. Ich wusste überhaupt nicht, was auf mich zukommen würde.

Als sechs Monate nach dem Ende meiner Zeit bei *Covance* der erste Bericht bei *Frontal 21* lief, schlug er ein wie eine Bombe. Es gab zahllose Schlagzeilen, nicht nur in Deutschland, sondern auch in Ländern wie Österreich, Spanien und den USA. Ich war stolz darauf, dass ich als Co-Autor mitlief, zumal ich damals noch mit dem Gedanken spielte, selbst Journalist zu werden. Beim zweiten Bericht wurde ich dann schon gar nicht mehr erwähnt, was mich sehr ärgerte.

Und dann kam der Gegenschlag von *Covance*. Sie griffen aber nicht das ZDF an, sondern mich. Es kam, wie mir ein Redakteur erzählte, zu einem Treffen zwischen dem *Covance*-Chef, dem Chef vom Dienst des ZDF-Magazins und dem Justiziar des Senders, und bei dieser Gelegenheit wurde nach meinem Eindruck entschieden, dass das ZDF mich fallen lassen sollte. Der Sender löschte den Film von seiner Website, und damit war er tatsächlich weg, denn damals konnte man Sachen aus dem Internet noch ganz einfach verschwinden lassen. Ich stand ganz allein da, als ich zwei Monate später einen Brief einer internationalen Anwaltskanzlei aus Amsterdam erhielt. Es war die Klage-Ankündigung von *Covance* gegen mich wegen verschiedener Vergehen wie die Verletzung der Firmengeheimnisse. Die Veröffentlichung des Materials aus meiner Recherche wurde verboten. Die Anwälte vergaßen komischerweise, dass ich ja auch Fotos gemacht hatte. In den Schreiben war aber stets nur von Videomaterial und Standbildern die Rede, nicht von Fotos. Die Dias, die ich hatte, konnte ich also weiterverwenden. Allerdings wollte sie niemand mehr veröffentlichen, alle hatten Angst vor dem juristischen Ärger, der ihnen drohte. *Covance* verklagte Medien in vielen Ländern. Ich hatte auch einen Anwalt, der mir von BUAV gestellt wurde. Allerdings stellte sich heraus, dass ich der erste Fall des jungen Mannes war. Ich muss aber sagen, dass er eigentlich ganz gut gearbeitet hat, obwohl ihm jede Erfahrung fehlte.

Es folgte eine harte Zeit für mich, denn es bestand auch die Gefahr von Schadensersatzforderungen. Das Verfahren ging erst zum Amtsgericht, dann zum Landgericht Münster. Was ich da erlebte, mochte ich gar nicht glauben. Die Verhandlungstermine dauerten jeweils ein paar Minuten, dann war schon wieder alles vorbei. Im Namen des Volkes wurde beide Male zugunsten von *Covance* entschieden. Das Bildmaterial war weg. Ich bekam Unterstützung, zum Beispiel von Günter Wallraff und anderen Prominenten, aber gut stand die Sache für mich nicht. Das Problem war, dass die Richter meinten, *Covance* habe letztlich nichts Illegales getan. Das Handeln der Firma sei vielleicht verwerflich, aber eben nicht verboten. Der Ausspruch eines Richters, dass das Material ja nur sehr viel vom normalen Laboralltag zeige, erschütterte mich sehr. Das war damals bei Wallraff und seinem Undercover-Einsatz bei der *Bild*-Zeitung anders gewesen, denn dort hatten die Richter illegales Handeln entdeckt. Mein Anwalt, der von einem Kollegen unterstützt wurde, vertrat die Auffassung, es gehe nicht darum, ob die Aufnahmen legal oder illegal gemacht worden seien, sondern um die Frage, ob die Menschen über die Zustände im Labor Bescheid wissen wollten oder nicht. Das überzeugte die Richter aber nicht.

Wir gingen in Berufung.

Ende 2004 ging das Verfahren an das Oberlandesgericht Hamm. Die dortigen Richter sahen die Sache nun plötzlich so wie wir. Sie sagten, es sei irrelevant, ob das Verhalten von *Covance* legal oder illegal sei, sondern es sei entscheidend, ob es von einem überragenden Interesse sei. Das Urteil gab mir recht. Das war einer der größten Momente meines Lebens, und dieses Urteil hat bis heute mein Leben bestimmt und auch das aller verdeckten Ermittler in Deutschland. Später folgten vergleichbare Urteile, die andere Tierschützer bestärkten.

Das *Covance*-Urteil war ein großer Durchbruch und nahm eine große Belastung von mir. Durch dieses Urteil hat Deutschland heute die besten rechtlichen Möglichkeiten für investigativen Journalismus weltweit. In einem US-Bundesstaat wie Utah könnte ich für eine vergleichbare Recherche zehn Jahre ins Gefängnis kommen. Seit dem Tag, an dem das Urteil gesprochen war, stellte das ZDF den Beitrag auch wieder online – mit der Überschrift »Sieg für die Pressefreiheit«. Das Verhalten des Senders führte dazu, dass ich bis heute ein schwieriges Verhältnis zum Journalismus habe, obwohl ich ja viel mit Journalisten zusammenarbeite.

Eins muss man *Covance* lassen: Sie haben es trotz der Niederlage vor Gericht nachhaltig geschafft, die Veröffentlichung der Bilder weitgehend zu unterbinden. Trotz des Richterspruchs trauen sich bis heute nur wenige Medien, die Fotos zu veröffentlichen. Für *Covance* hatte die ganze Sache auch kaum Folgen. Ein paar Jahre später geriet das Unternehmen mal in eine Krise, weil die ganze CRO-Branche im Wandel war. Mir wurde berichtet, dass sie damals in Münster die Zahl der Affen halbierten. Inzwischen geht es ihnen wieder besser, und sie vergrößern sogar in Münster ihr Labor.

Ihre Lektion haben sie gelernt – seit meiner Recherche ist es keiner unabhängigen Person mehr gelungen, dort einzudringen und unabhängige Informationen nach draußen zu bringen. Ich vermute, dass die Käfige heute etwas größer sind als zu meiner Zeit, weil es inzwischen eine entsprechende EU-Richtlinie gibt. Ansonsten werden dort noch heute jeden Tag Hunderte Affen appliziert. Es läuft alles weiter – und es gibt nicht nur *Covance*, sondern weltweit ungefähr fünfhundert Firmen, die diesem Geschäftszweig nachgehen. Es war mir gelungen, ganz kurz den Vorhang des Schweigens zu lüften, doch danach war alles so wie vorher.

Factsheet Tierversuche

Wozu dienen Tierversuche?

Es gibt zahllose Tierversuche für so ziemlich alles. Die Branche spricht natürlich gerne von Medikamenten gegen die Geißeln der Menschheit. Nicht so gerne spricht sie über Tierversuche, die ganz andere Gründe haben. So sterben Tiere in Tierversuchen für die Rüstungsindustrie, die Automobilindustrie, für als harmlos angesehene Lutschbonbons, ein neues Mineralwasser und Zucker oder für als gefährlich bekannte Zigaretten.

Welche Arten von Tierversuchen gibt es?

37 Prozent der Tiere sterben in der sogenannten Grundlagenforschung. Dabei handelt es sich um ein sehr weites Feld experimenteller Versuche, die auch als Neugierforschung bezeichnet werden. Frei nach dem Motto, man guckt mal, wie Hirn und Körper funktionieren beziehungsweise wie diese reagieren, wenn sie mit einer Substanz manipuliert werden. Man hofft, davon irgendwelche medizinischen Einsatzmöglichkeiten ableiten zu können. Viele Forschungsprojekte enden ohne konkret weiterführende Ergebnisse – und zahllose Tiere werden in besonders grausamen Experimenten getötet.

Regulatorische Giftigkeitstests

Diese machen etwa 20 Prozent der Tierversuche aus und sind vom Staat angeordnet. Sie beziehen sich auf alle chemischen, pharmazeutischen und agrochemischen Substanzen. Dazu gehören Farben, Lösungsmittel, Schmierstoffe, Haushaltschemikalien, rezeptpflichtige und nicht rezeptpflichtige Medikamente und Medizinprodukte.

Dabei werden in Vorstudien am Tier oder an menschlichen Zellen (In-vitro-Tests) Substanzen bei Firmen vorgetestet und gehen dann an »unabhängige« Auftragsforschungslabors (CRO), in die sogenannte erste präklinische Phase, während derer sie in verschiedenen Varianten an Nagetieren getestet werden. Je nach Anwendung der Substanz wird der Einfluss beim Einatmen, Verschlucken, auf der Haut oder im Auge getestet. Dazu kommt die Reprotoxikologie, bei der getestet wird, wie sich die Substanz auf den Fötus und das neugeborene Tier auswirkt. In chronischen Giftigkeitsstudien wird getestet, was passiert, wenn ein Tier lange Zeit einer Substanz ausgesetzt wird. Die Hauptopfer dieser Versuche sind Ratten. In der zweiten präklinischen Phase werden die Substanzen an »höheren« Tieren getestet. Also erneut Augen, Magen, Atmung, Haut, Blutkreislauf. Dabei werden vor allem Primaten und Hunde, seltener Katzen oder sogenannte Minipigs eingesetzt.

Nach dem Abschluss dieser Versuche geht die Substanz, wenn die Tests erfolgreich waren, in die drei klinischen Phasen an menschlichen Versuchspersonen. Dabei unterscheidet man Versuche an kranken Patienten, an gesunden Probanden und an einer großen Gruppe von Probanden. Während dieser Testphase fallen 92 bis 95 Prozent aller in den vorher durchgeführten Tierversuchen positiv getesteten Produkte durch. Nach durchschnittlich zehn Jahren kommen die Produkte, die auch die klinischen Phasen bestehen, dann in den Handel. Manche Substanzen werden aber auch immer wieder getestet, zum Beispiel wenn eine neue Charge produziert wird.

Fred and Red in Amerika

Eigentlich sind meine Themen ja Nutztiere und Tierversuche. Aber 2004/05 machte ich einen Ausflug in einen ganz anderen Bereich: exotische Tiere. Ich kam auf dieses Thema durch die britische Tierschützerin, mit der ich schon die *Covance*-Recherche gemacht hatte. Sie war inzwischen in die USA ausgewandert und beschäftigte sich dort mit Kampagnen gegen die Haltung und den Handel von exotischen Haustieren. In Deutschland ist es ja nicht so üblich, dass man sich Affen, Großkatzen oder Bären zu Hause hält. In den USA ist das ganz anders.

Für mich war dieses Thema totales Neuland. Ich informierte mich, so gut es ging, von zu Hause aus. Dann flog ich nach Sacramento und traf mich mit meinen Kontaktleuten von der Tierschutzorganisation, für die meine Bekannte tätig war. Ich merkte schnell, dass die Uhren in den USA ganz anders ticken als bei meiner Indien-Recherche, denn ich bekam eine detaillierte Liste mit Stationen, zu denen ich mich begeben sollte. Es handelte sich um Privatpersonen und sogenannte Roadside-Zoos, also eine Art Minizoos. Da ich diese Recherche, die auf zwei Monate angelegt war, nicht allein machen wollte, fragte ich meine Kollegin Nadine, ob sie Lust hätte mitzumachen, und sie erklärte sich bereit dazu.

Da ich natürlich mit Fragen zu meiner Person rechnete, bastelte ich mir eine recht krude Legende zusammen. Ich druckte ein paar Affenfotos aus dem *Covance*-Labor aus, die nicht nach Tierversuchen aussahen, zeigte sie den Leuten, die wir besuchten, und behauptete, ich hätte mir gerade einen Affen angeschafft. Jetzt seien wir in die USA gekommen, um hier Gleichgesinnte kennenzulernen, während auf den Affen angeblich in dieser Zeit meine Mutter aufpasste. Für meine geplanten Aufnahmen nahm ich ein ganzes Arsenal an versteckten Kameras mit, zum Teil Konstruktionen, die ich selbst zusammengebastelt hatte. Einige der Leute, die wir aufsuchen sollten, hatten wir von Deutschland aus schon per E-Mail angeschrieben, und wir merkten schnell, dass wir willkommen waren. Wir hatten sogar bald eine gewisse Bekanntheit in diesen Kreisen, die untereinander gut vernetzt sind. Und schnell hatten wir unsere Spitznamen weg: Fred and Red. Der Grund dafür war, dass Nadine genau wie ich rote Haare hat. Unser Ruf eilte uns bald voraus: Fred and Red reisten durch die USA und besuchten jeden, der sich exotische Tiere hielt.

Die erste Familie besuchten wir in Ohio. Von dem Land war ich begeistert – das Konsumieren macht hier einfach Spaß, alles ist groß, selbst unser Auto war riesig. Ökologisch gesehen ist das alles natürlich nicht korrekt, und das Auto wollte ich am ersten Tag zurückgeben, bis ich feststellte, dass der Tank nicht kaputt, sondern der Spritverbrauch tatsächlich so enorm war. Wir statteten uns noch mit allem aus, was wir brauchten, um uns veganes Essen zuzubereiten – und dann fuhren wir bei Familie Black vor.

Die Blacks hielten Affen, aber nicht kleine Makaken, wie ich sie schon kannte, sondern echte Menschenaffen, genauer gesagt Gibbons. Stehend gehen sie einem ausgewachsenen Menschen etwa bis zur Hüfte. Sie geben einen ziemlich nervigen sirenenartigen Ton von sich. Diese Tiere lebten in einem Gehege, das nach meiner Meinung zwar zu klein war, aber schon an ein Gehege in einem Zoo heranreichte. Die Blacks waren ein älteres Ehepaar und Amerikaner wie aus dem Bilderbuch. Sie hießen uns sehr herzlich und freundlich willkommen, luden uns zum Essen ein. Gleich am Anfang wäre fast ein peinliches Missgeschick passiert, denn einer der Affen versuchte von seinem Käfig aus mit seinem sehr langen Arm, Nadine an den Busen zu fassen. Aber genau dort war die Kamera versteckt. Es ging gerade noch gut, es gelang ihm nur, ihr ein Stück von der Bluse abzureißen.

Mister Black erzählte uns, dass er früher für die DIA gearbeitet hatte. Das konnte nun zweierlei bedeuten: entweder die Drugs Investigation Agency oder die Defense Investigation Agency. Ich schluckte, denn beide sind Teile des Sicherheitsapparates, und das ist bei Recherchen nie gut. Ich befürchtete, dass Mister Black mich vielleicht überprüfen könnte, immerhin waren viele Amerikaner damals, wenige Jahre nach dem 11. September, ziemlich paranoid. Auch bei anderen Gelegenheiten merkte ich, dass die USA sich noch im Krieg gegen den Terror sahen und auf Alarm getrimmt waren.

Mister Black zeigte uns an seinem Computer alles Mögliche über exotische Tiere, aber ich erkannte an den Verzeichnissen auf seinem Desktop, dass er sich auch sehr für die Gegner seines Hobbys interessierte. Darunter fand sich neben PETA auch die Organisation, für die wir arbeiteten. Er öffnete sogar deren Seite und sagte, diese Organisation sei sehr schlimm, auf die müsse man besonders aufpassen. Ich musste mich ziemlich zusammenreißen, um nicht laut loszulachen, denn die Situation war urkomisch. Ich arbeitete übrigens gar nicht nur mit versteckten Kameras, sondern ich trug auch ganz offen eine große Kamera mit mir herum und machte Fotos, was das Zeug hielt. Das gehörte zu unserer Taktik, möglichst harmlos zu wirken. Die meisten Aufnahmen machte ich so tatsächlich ganz offen. Es sprach sich herum, dass dieser rothaarige Deutsche ein Verrückter ist, der einfach alles filmt, und so fand das niemand auffällig.

Mister Black machte uns dann einen Vorschlag – er wollte uns zu einem Primatenpicknick in Illinois mitnehmen. Das sei etwas ganz Besonderes, meinte er. Wir hatten bei unseren Vorbereitungen von einer solchen Veranstaltung nichts gehört und waren nun ziemlich gespannt, worum es sich dabei handeln würde. Mister Black fuhr uns in seinem Auto hin, das war eine ganz beachtliche Strecke, und wir mussten zwei Bundesstaaten durchqueren. Wir mussten mit ihm auch ein Museum der US Air Force besichtigen, denn ich hatte im Gespräch erzählt, dass ich mich für Militärflugzeuge interessiere. Das stimmte sogar, und es ist ja wichtig, bei solchen Recherchen eine Art Vertrauensverhältnis mit seinem Gegenüber zu entwickeln. Wenn ich also eine Zielperson zu Hause besuche, versuche ich im Vorhinein herauszufinden, wofür sich diese Person möglicherweise interessiert und wo ich Anknüpfungspunkte haben könnte. So kann man leichter eine vertrauensvolle Beziehung aufbauen. Mister Black interessierte sich für das Militär und war wohl auch Veteran. In dem Museum gab es auch eine Abteilung für Spionage, in der eine Vitrine mit Minikameras stand. Auch als ich davorstand, musste ich schmunzeln.

Schließlich fuhren wir weiter und kamen in einer typischen Stadt des mittleren Westens an. Wir fuhren zu einem Park, und was ich jetzt sehen sollte, war der wahrscheinlich skurrilste Moment, den ich jemals bei meinen Recherchen erlebte: In diesem Park trafen wir auf rund hundert Personen mit ihren Affen. Große und kleine Affen, auch humanoide Affen. Teilweise hatten ihre Besitzer diese Tiere in Babykleidung gesteckt, mit Schnullern und Piercings; andere fuhren ihre Paviane in Kinderwagen durch die Gegend.

Mister Black erklärte mir, dass es bei amerikanischen Frauen, die keine Kinder bekommen können, durchaus beliebt sei, sich als Ersatz ein Affenbaby anzuschaffen. Wenn die Tiere dann ausgewachsen sind, kann es leicht passieren, dass sie irgendwo auf dem Müll landen, denn sie verlieren nicht nur ihr babyähnliches Aussehen, sondern können auch ziemlich aggressiv werden.

Ich sah auch einen Mann, der seinen völlig verfetteten Affen mit Donuts fütterte. Affen können ziemlich dick werden, sie haben diesbezüglich die gleichen Probleme wie Menschen. Unter diesen Tieren waren auch wirklich gefährliche Affen wie zum Beispiel Paviane, und ich sah eine Frau, die von ihrem Rhesusaffen gebissen wurde. Ein Mann erzählte mir, sein Affe hätte ihm einmal beinahe die Gesichtshaut heruntergezogen. Es war aber nicht so, dass ihn das gestört hätte – das gehörte halt einfach dazu.

Beim Primatenpicknick

Andere Tiere wurden in sehr kleinen Käfigen gehalten und zeigten die in solchen Fällen typischen Verhaltensstörungen, indem sie sich ständig im Kreis bewegten. Dazwischen sah ich überall diese Affenmütter – durchgeknallte Amerikanerinnen um die sechzig. Der Überschuss an Frauen war eklatant. Nadine und ich mussten natürlich gute Miene zum bösen Spiel machen und Begeisterung heucheln. »How cute, adorable«, riefen wir in möglichst verzücktem Tonfall. Niemand bemerkte, was wir wirklich dachten. Das Feuerwerk, das abends noch auf dem Programm stand, taten wir uns nicht mehr an – die ganze Veranstaltung machte ohnehin keinen Sinn, aber sich abends auch noch mit lauter Wildtieren zu einem Feuerwerk in einem Park zu versammeln, war uns dann endgültig zu viel. Seit diesem Tag ist mir klar, dass in den USA die Uhren, was den Besitz und die Haltung von Haustieren angeht, völlig anders ticken als bei uns in Deutschland. Das fängt schon mit den Preisen an, denn Menschenaffen kosten bis zu 10 000 Dollar.

Niemand nahm Anstoß daran, dass es mit artgerechter Haltung überhaupt nichts zu tun hat, wenn man kleinen Kapuzineräffchen Ringe in die Ohren steckt, ihnen Babysachen anzieht und sie im Kinderwagen durch die Gegend fährt. Für diese Menschen war dieses bizarre Verhalten völlig normal, es gehörte zu ihrem Alltag. Niemand machte sich darüber Gedanken, dass diese Affen unter ihrer Situation litten. Denn für Affen ist jeglicher Kontakt mit Menschen Stress. Ich kannte das in diesen Fällen typische Zähneklappern schon aus dem Covance-Labor und sah es hier wieder. Schon der Blickkontakt stresst sie – und umso schlimmer ist es für sie natürlich, an einer Leine gehalten, in einen Käfig gesperrt oder mit rosa Kleidchen und Hut angezogen zu werden. Das ist für Affen Horror! Das Schicksal dieser Primaten ist ähnlich schlimm wie das im Versuchslabor. Ich musste auch immer wieder daran denken, dass es dieses tödliche Herpes-B-Virus bei Affen gibt, das bei Stress ausbricht.

Nach diesem Erlebnis ging es für uns weiter. Es sprach sich in der Szene immer mehr herum, dass die beiden Deutschen, Fred and Red, unterwegs waren, und so bekamen wir immer mehr Einladungen aus den umliegenden Bundesstaaten. Wir klapperten jeden Tag zwei Adressen ab und wurden überall freundlich begrüßt. Eines Tages kamen wir zum Tiger Man. Er lebte in einem kleinen Ort in Ohio und war ein Vietnam-Veteran, der jederzeit wieder in den Krieg ziehen würde. Ich glaube, er hatte mehr Waffen zu Hause gebunkert, als die gesamte Münchner Polizei besaß. Das Haus war vollgestopft mit Sturmgewehren, Pistolen und allem möglichen anderen Zeug. Er war ein Waffennarr, ein Typ, der wohl mal sehr muskulös gewesen war und den Marines in Vietnam angehört hatte. Inzwischen war er wohl an die siebzig Jahre alt.

Der Tiger Man hielt sich im Haus und im Garten drei Bären – zwei ausgewachsene Braunbären und ein junges Tier –, einen Liger – eine Kreuzung aus einem Löwen und einem Tiger – und dazu noch einen Löwen. Als Erstes führte er uns in einen Schuppen, in dem zahlreiche Bilder von seinem blutigen und zerkratzten Rücken, seiner Brust und seinem Gesicht hingen. Er hatte einfach jede Verletzung, die ihm eines seiner Tiere zugefügt hatte, auf diese Weise dokumentiert. Und er war ziemlich stolz darauf. In seinem Haus empfand ich die drei Schrumpfköpfe von Vietnamesen, die auf seinem Fernsehgerät standen, als noch unangenehmer als die vielen Waffen. Er erzählte uns, dass es sich um Köpfe von ehemaligen Vietcong-Kämpfern handelte, die er aus dem Vietnamkrieg mitgebracht und präpariert habe. Er ging völlig offen damit um und war dabei – wie alle Menschen, die ich während der Reise kennenlernte – sehr freundlich. Später führte er uns vor, wie er mit dem Babybären auf einem Trampolin im Garten hüpfte oder die Tiere mit Donuts fütterte. Als er zu den Braunbären in das Gehege ging, ließ er den Riegel geöffnet, sodass die Bären jederzeit hätten rauslaufen können. Er spielte auch mit seinem Löwen, während über ihm der Tiger saß und auf ihn runterschaute. Dabei ist bekannt, dass niemals eine Großkatze über einem Menschen sitzen darf, denn sie kann jederzeit Lust bekommen, einfach mal auf ihn draufzuspringen. Das kennt man ja sogar von Hauskatzen. Tiger Dan interessierte das aber alles gar nicht. Und tatsächlich passierte auch nichts.

Nach den ersten zwei Wochen unserer Recherchereise hatten wir so viel Material gesammelt, dass wir eigentlich schon hätten abbrechen und nach Deutschland zurückfliegen können. Es war ganz anders als bei meiner ersten Recherche in Indien. Wir blieben trotzdem, denn Sarah hatte sich für uns noch etwas ganz Besonderes ausgedacht: die Siberian Tiger Conservation Society. Dieser Organisation, die sich als wissenschaftliche Einrichtung tarnte, war gerade kurz zuvor von den Behörden verboten worden, sogenannte Tiger Trainings anzubieten. Denn die Tiere hatten ausländische Touristen als willkommene Abwechslung auf dem Speiseplan angesehen, sodass es zu einigen bedauerlichen Vorfällen gekommen war, zum Glück ohne tödliche Folgen. Danach war dieser Laden offiziell dichtgemacht worden. Sarah aber wollte wissen, ob die Organisation sich tatsächlich an das Verbot hielt, und wir sollten das für sie überprüfen. Also schrieben Fred and Red eine Mail und fragten an, ob sie nicht mal vorbeischauen könnten. Die Antwort kam prompt, und so fuhren wir hin.

Vor diesem Einsatz hatte ich ein wenig Angst. Am Highway fand ich zufällig auf einer Raststätte Anti-PETA-T-Shirts, die dort verkauft wurden, und so kaufte ich eins und zog es mir über. »People eating tasty animals« prangte jetzt deutlich auf meiner Brust, und ich hoffte, dass heute nicht »Tiger eating tasty humans« daraus würde. Die Anlage bestand aus drei Gehegen von der Größe von Tennisplätzen, in denen sich jeweils fünf oder sechs 500 bis 600 Kilogramm schwere weiße Tiger befanden. Das Tiger Training sah so aus: Man ging mit einem Betreuer in eines der Gehege. Ich hatte ziemlichen Bammel, und die Art, wie meine Betreuerin mich zu beruhigen versuchte, half mir auch nicht weiter. Sie hatte eine kleine Sprühflasche mit Essig dabei und versprach mir, im Falle eines Angriffs dem Tiger Essig ins Gesicht zu sprühen – dann würde er sich zurückziehen. Man konnte diese Tiger anfassen, sich auf sie draufsetzen; Nadine und ich filmten uns gegenseitig auf einem Tiger sitzend. Die Tiere verhielten sich einigermaßen ruhig, aber plötzlich rannte einer auf mich los und schnappte nach meinem Bein. Zum Glück biss er nicht zu, und als die Betreuerin ihn mit Essig besprühte, lief er auch wirklich weg. Aber ich empfand die Situation als ziemlich unangenehm. Hätte der Tiger zugebissen, wäre mein Bein weg gewesen und der Tiger voll Essig. Für wen wäre die Lage wohl schlimmer gewesen? Die Frau hätte mit Sicherheit nicht schnell genug reagieren können, wenn der Tiger wirklich zugebissen hätte. Diese Recherche war die gefährlichste, die ich jemals gemacht habe. Das Ganze kostete übrigens 500 Dollar pro Person und dauerte eine halbe Stunde – ein teurer Spaß.

Da wir sehr gut im Plan lagen, erhielten wir von Sarah den zusätzlichen Auftrag, eine Exoten-Auktion zu besuchen. Davon gibt es jährlich zwei wichtige und große in den USA. Die eine ist die Amish-Auktion in New Berlin. Amish People sind Menschen, die im Prinzip wie vor dreihundert Jahren Leben, also ohne moderne Technik und Strom. Sie haben ihre Wurzeln in der Schweiz und Deutschland. Ich fand es ziemlich krass, dass ausgerechnet diese Leute mit Tigern und Bären handeln.

Die Auktion war leider schon vorbei, als wir dort ankamen. Es gab aber eine zweite Auktion in Mississippi, und so flogen wir dorthin. Unsere Auftraggeber machten uns darauf aufmerksam, dass wir sehr vorsichtig sein sollten, denn die Veranstalter kennen keinen Spaß, wenn es darum geht, dass Tierschützer ihre Auktion heimlich aufnehmen. Wir hatten auch die Sorge, dass uns unser eigener Erfolg auf die Füße fallen könnte, denn inzwischen kannten uns so viele Leute, dass wir befürchteten, uns könnte jemand erkennen und es als verdächtig empfinden, dass wir auf dieser Auktion auftauchten. Denn der Besuch dieser Auktion passte nicht so recht in die Legende, mit der wir all die Leute vorher besucht hatten.

Die Auktion war unglaublich. In gestapelten Boxen befanden sich Unmengen von exotischen Kleintieren; dazwischen stand ein Zebra mit blutigen Wunden vom Transport, an denen auch viele andere Tiere litten. In Kisten wurden junge Bären, Affen und Tiger für 1000 Dollar angeboten – man konnte jedes Tier ersteigern oder kaufen, das man haben wollte. Wenn ich mit Händlern ins Gespräch kam, schimpften sie immer sehr schnell auf die Tierschützer. Die waren für diese Leute fast so schlimm wie islamistische Terroristen. Ein Verkäufer meinte zu uns im Gespräch, er würde diesen Tierschützern den Schädel einschlagen, wenn er einen zu fassen bekäme. Auch wir wurden auf der Auktion vor »solchen Leuten« gewarnt. Filmen konnten wir hier nicht offen, sondern nur mit unseren versteckten Kameras. Nadine hatte wieder eine im BH stecken. Das hat einen Vorteil: Männer schauen zwar gerne hin, aber sie schauen auch schnell wieder weg, weil es ihnen peinlich ist, dabei erwischt zu werden. Ich hatte eine Kamera in meinem Handy versteckt. Es war ein Klapphandy, wie sie damals gerade angesagt waren. Die Amerikaner trugen sie gerne in kleinen Plastikhaltern, die am Gürtel befestigt waren, und so ein Ding hatte ich mir auch besorgt, denn darin konnte man kleine Kameras gut verbergen. Das Handy war ein Fake, es hätte einer genaueren Überprüfung nicht standgehalten.

Als wir im Motel zurück waren, stellte ich aber fest, dass alle Aufnahmen von der Auktion unscharf waren. Uns war klar, dass

wir uns verdächtig machen würden, wenn wir noch mal hinge-
hen würden, und tatsächlich schienen auch manche unserer Gesprächspartner, bei denen wir nun zum zweiten Mal auftauchten, etwas misstrauisch zu werden. Wir zogen unser Programm
wieder durch – doch als ich die Aufnahmen anschließend begut-
achtete, stellte ich fest, dass sie erneut unscharf waren. Wir be-
schlossen, uns damit zufriedenzugeben, und verließen die Auktion. Als wir aber etwa 50 Kilometer gefahren waren, fiel mir
plötzlich siedend heiß etwas ein. Ich hatte vor unserer zweiten
Runde die SD-Karten mit den bisherigen Aufnahmen unter einer Deckenplatte im Flur des Motels deponiert, für den Fall, dass
wir schnell verschwinden müssten, wenn wir auffliegen würden.
Und dieses Material hatte ich im Motel vergessen. So etwas passiert leicht, wenn die eigentliche Recherche fertig ist und man
mit dem Kopf schon woanders ist. Wir mussten also zum Motel
zurück, und zum Glück gelang es mir, die SD-Karten heimlich
herauszuholen.

Danach musste Nadine nach Deutschland zurückfliegen, und
ich holte Tom, einen anderen Mitstreiter, nach. Er war ein lang-
jähriger Kollege, der aber eher regional arbeitete, nicht so international wie ich. Überzeugen musste ich ihn nicht, schon weil er
ein großer USA-Fan war. Während dieses zweiten Teils wiederholte sich vieles von dem, was wir schon gesehen hatten. Unsere
Reise war insgesamt ziemlich erfolgreich, denn es kam im An-
schluss, nachdem wir unsere Ergebnisse bekannt gemacht hatten, zu vielen Razzien. Überall, wo Fred and Red Station gemacht
hatten, fanden Einsätze der Behörden statt. Überall wurden exotische Tiere beschlagnahmt, und in Washington State wurde der
Besitz von exotischen Haustieren sogar komplett verboten. Nach
unserem Bericht wurde auch die Siberian Tiger Conservation
Society geschlossen. Die Nachricht verbreitete sich wie ein Lauf-
feuer. Aber das war natürlich erst, nachdem wir unsere Recherchen in den USA beendet hatten und wieder nach Deutschland
zurückgekehrt waren.

Trotzdem sollten wir uns nichts vormachen: Auch heute noch gibt es in den USA mehr exotische Tiere in Gefangenschaft als solche, die in Freiheit leben. Das Problem ist sogar nach Deutschland übergeschwappt, auch wenn die Ausmaße mit denen in den USA nicht vergleichbar sind. Trotzdem, immer häufiger werden auch hierzulande Affen, Großkatzen, Alligatoren oder giftige Schlangen beschlagnahmt. So wurden in einem Wald bei München Hände eines Menschenaffen gefunden, ein Fund der nachdenklich machen sollte, was in unseren Kellern und Hinterhöfen gehalten wird. Und die deutschen Gesetze sind eine Katastrophe, weil sie überhaupt nicht auf diese Problematik ausgelegt sind.

Vor Recherchen in den USA sollte sich übrigens jeder Tierschützer darüber im Klaren sein, dass das eine ziemlich gefährliche Angelegenheit sein kann. Viele Leute besitzen dort Waffen und nutzen sie auch, gerade gegen verhasste Tierschützer. Zudem sind die Gesetze in vielen Bundesstaaten so, dass man für verdeckte Tierschutzermittlungen – ganz anders als in Deutschland – lange ins Gefängnis kommen kann.

Feldzug gegen *Wiesenhof*

Eine der ersten Recherchen, die ich machte, waren die Zustände in den Hühnermastanlagen des *Wiesenhof*-Konzerns. Wir bewegen uns zurück ins Jahr 1998, ich war damals also noch sehr jung und ging noch zur Schule. Zu der Zeit begann ich, systematisch nach Mastanlagen Ausschau zu halten. Dazu hatte ich von niemandem einen Auftrag bekommen, ich machte diese Arbeit aus eigenem Antrieb. Ich verwendete ein CD-Set mit Namen Dsat. Wenn man eine der CDs in einen PC legte und einen Ortsnamen in die Suchmaske eingab, bekam man auf dem Monitor schwarz-weiße Satellitenaufnahmen mit diesem Ort zu sehen. Es handelte sich dabei lange vor Google Earth um von sowjetischen Spionagesatelliten aufgenommene Bilder, die nun frei verfügbar waren. Die Qualität war allerdings oft miserabel. Wenn man einen weißen Strich auf einer Wiese entdeckte, konnte es sich um eine Mastanlage handeln; wenn dann daneben auch noch ein weißer Punkt zu sehen war, wurde die Wahrscheinlichkeit größer, denn dabei konnte es sich um ein Silo handeln. Ich machte tagelang nichts anderes, als auf diese Weise auf meinem Computer Mastanlagen auf den Satellitenaufnahmen zu suchen. Nebenbei suchte ich nach Stichworten wie »Geflügelmast« und »Geflügelzucht« in den Gelben Seiten. Ich versuchte auf diese Weise, mir eine Art Deutschlandkarte der Tierausbeutung zusammenzustellen. Das war eine Sisyphusarbeit, denn hierzulande gibt es in der Massentierhaltung 120 000 Anlagen.

Nach einiger Zeit hatte ich immerhin gut hundert Geflügelställe zusammen. Und so kam ich zum Beispiel in einen kleinen Ort bei Altötting. Dort fand ich auf einer Wiese gleich zwei Hallen, die völlig ungeschützt waren – man rechnete damals eben noch nicht mit Tierschützern, die sich Zugang verschaffen könnten. Ich schlich mich an den Stall heran, umrundete ihn halb und fand auf der Hinterseite eine Tür, die nicht verschlossen war. Ich öffnete sie, und was ich dann sah, verschlug mir den Atem: Die große Halle war vollkommen überfüllt mit Hühnern. Es war wie ein undurchdringlicher Teppich aus Hühnern, vom Boden war absolut nichts zu sehen. Ich betrat die Halle ganz vorsichtig, weil ich vermeiden wollte, den Tieren wehzutun. Doch kaum hatte ich zwei, drei Schritte gemacht, lag schon ein zermatschter Kadaver vor meinen Füßen. Klar: Auch die Angestellten dieser Anlage kamen natürlich kaum in die Halle rein, genauso wie ich. Wenn ein Huhn starb und es unter den Zehntausenden von Hühnern nicht gefunden wurde, holte es auch niemand heraus; es wurde so lange zertrampelt, bis es fast im Boden verschwand. Diese Hühner waren irgendwann dünn wie Pergament, deshalb taufte ich sie Pergamenthühner.

Ich packte meine Kamera aus und fing an zu filmen. Die lebenden Hühner waren das genaue Gegenteil von den platten Pergamenthühnern. Sie waren total fett und aufgebläht. Masthühner leben gut 30 Tage. Nach dieser Zeit ist ein Huhn noch immer ein Küken, im Prinzip noch nicht mal ein Junghuhn, sie werden in den 30 Tagen aber dermaßen gemästet, dass die eigentlichen Küken nach der kurzen Zeit schon ihr Schlachtgewicht erreichen. Antibiotika fand ich nicht, aber das muss nicht heißen, dass es sie nicht gab. Ich kam nur schlicht durch diesen Hühnerteppich nicht durch, um nachschauen zu können.

Draußen filmte ich den Müllcontainer. Er sollte später noch eine große Bedeutung bekommen. Er war vollgestopft mit toten Hühnern. Anschließend fuhr ich noch ein wenig in der Gegend herum und fand verschiedene weitere Ställe. Überall traf ich auf die gleichen Zustände wie im ersten Stall. In einer Halle, die zum

Netzwerk der Brüterei Süd-Vertragsmäster gehörte, gab es nur kleine gelbe Küken, die an diesem Tag erst angeliefert worden waren. Die Mülltonne war trotzdem schon voll mit toten Tieren: 500 bis 1000 tote kleine gelbe Küken. In diesem Stall war noch relativ viel Platz, weil die Tiere ja noch nicht ausgewachsen waren. Es lag auch frisches Stroh aus. In den anderen Ställen konnte ich besichtigen, was aus diesem Stroh nach kurzer Zeit wird: ein ekliger, stinkender und schmieriger Morast aus Kot. Denn das Stroh wurde nie erneuert, es wurde höchstens mal ein wenig frisches draufgeworfen. Ich sah tote Küken und Tiere, die völlig desorientiert herumliefen. Das war ein schwer zu ertragender Anblick. Diese »Brüterei Süd« gehörte zur PHW-Gruppe, die man eher durch ihre Geflügelmarke *Wiesenhof* kennt. Insgesamt sind bei PHW rund tausend Hühnermastanlagen organisiert, die neben Puten auch etwa 350 Millionen Hühner produzieren. An fast jeder Hähnchenbude gibt es von der PHW-Gruppe gelieferte Ware, und auch Lebensmittel- und Fast-Food-Ketten werden zum Teil von diesem Unternehmen beliefert.

Am Ende meiner Recherche lieferte ich mein Material an die Redaktion der Sendung *Monitor* in der ARD, und sie machten einen Bericht. Die Redakteure waren sicher zunächst skeptisch, schließlich war ich ein achtzehn Jahre alter Schüler. Aber ich hatte ja die Aufnahmen, und nachdem sie sich das Material angeschaut hatten, nahmen sie mich ernst. Wir fuhren dann gemeinsam zu dem Betrieb, um den Chef mit meinen Recherchen zu konfrontieren. Es ging um insgesamt drei Mastbetriebe, die für *Wiesenhof* arbeiteten. Beim ersten Betrieb erspähten wir nur kurz einen Filzhut, unter dem vermutlich ein Mann steckte, aber der löste sich sehr schnell in Luft auf, als er unser Filmteam sah. Wir konnten ihn also nicht sprechen, und auch sonst war kein Mensch zu sehen. Beim zweiten Betrieb war das anders. Wir hatten eine groß gewachsene Kamerafrau dabei, sie war mindestens 1,85 Meter groß, hatte zwar schöne lange Haare, sah vom Körperbau aber eher massiv aus – kurzum: Sie konnte auch als Mann durchgehen. Als wir mit dem Bauern sprachen und unsere Kamerafrau ihre Kamera auf ihn richtete, rief er plötzlich seiner Frau zu:»Das sind Langhaarige mit einer Kamera. Langhaarige! Ruf die Polizei!« Der Bauer dachte, unsere Kamerafrau wäre ein langhaariger Mann, und das machte ihm offensichtlich Angst. Seine Frau tat, was ihr Mann ihr auftrug, und wenig später kam also die Polizei. Die allerdings stellte sich auf unsere Seite und sagte, wir könnten so viel filmen, wie wir wollten, das sei schließlich nicht verboten. Auch der dritte Betrieb bunkerte sich völlig ein. Nachdem wir fertig waren, fanden die Journalisten, es sei an der Zeit, im Wirtshaus im Ort essen zu gehen. Es gab Muscheln für die Kameraleute und nichts für mich, denn vegane Gerichte wurden hier nicht angeboten. Aber ich fand die Idee, sich hier länger aufzuhalten, insgesamt nicht so gut. Und ich sollte recht behalten: Als wir in dem Lokal saßen, stürmten plötzlich zehn Hühnermäster herein. Irgendjemand hatte sie von unserer Anwesenheit informiert. Sie hatten sogar eine eigene Kamerafrau mitgebracht. Einer stürzte sich auf mich, packte mich und fing an, mich zu würgen. Kurzzeitig herrschte völliges Chaos, bis es dem Wirt gelang, die Störer hinauszudrängen.

Alles läuft weiter wie gehabt

Nach dem *Monitor*-Bericht gab es nur einen kleinen Aufschrei in der Öffentlichkeit. *Wiesenhof* verkündete das, was das Unternehmen in so einem Fall immer verkündet: Man werde die Betriebe überprüfen und setze die Zusammenarbeit vorerst aus. Faktisch bedeutet das: Sie machen gar nichts. Ich behielt den Betrieb aber im Auge und fuhr über mehrere Jahre immer mal wieder hin, um ihn mir anzuschauen. Die Anlage wurde immer moderner ausgebaut und renoviert. Es gab inzwischen zum Beispiel eine moderne Biogasanlage. Die Hühnerhalle sah allerdings immer noch so aus wie damals, als ich das erste Mal dort gewesen war. Selbst die Mülltonne war noch da. Es hatte sich nichts geändert, immer noch lagen darin Hühnerkadaver. Ich hielt stets nur die Kamera in die Tonne, ohne selbst hineinzuschauen – diesen Anblick und den Geruch muss man sich nicht unbedingt geben.

Nach der Recherche fuhr ich mit meinen Begleitern zurück nach Wien, wo ich inzwischen lebte. Es war meine Freundin, die sich als Erste die Aufnahmen aus dem Müllcontainer anschaute. Entsetzt kam sie zu mir und fragte mich: »Das lebende Küken in dem Container hast du gesehen, oder?« Nein, ich hatte es noch nicht gesehen, und so schaute ich mir die Aufnahmen auch an. Zu sehen war ein lebendes Huhn, das zwischen den toten Artgenossen in der Mülltonne saß.

Uns war sofort klar, dass wir uns nochmals auf den dreieinhalbstündigen Weg nach Altötting machen mussten, und wir fuhren fast sofort wieder los. Das Huhn saß immer noch piepsend in der Tonne, und so holte ich es heraus, um es zu retten. Sonst wäre es in der Tierkörperverwertung gelandet. Am nächsten Tag besetzte das kleine weiße Federknäuel unsere Wohnung. Ich gab der oder dem Kleinen – Mast-»hähnchen« können sowohl Hähne als auch Hühner sein – den Namen »Schneeball«. Schneeball wurde schnell wieder munter. Am meisten hatten ihm sicher der Wasserentzug und die Kälte in der Tonne geschadet. Hühner klettern gerne, und Schneeball nutzte sein Glück, um auf der Schulter meiner Freundin herumzuklettern und in ihren dichten roten Locken zu verschwinden.

Leider bringt es meine Arbeit mit sich, dass man sich keine Haushühner gönnen kann, auch nicht, wenn sie einen lieb gewinnen und durch die Wohnung verfolgen. Wir brachten Schneeball also zur »Vogelfrau« nach München. Das ist eine alte Dame, die sich liebevoll um gemarterte Vögel kümmert – Tauben, Mauergleiter, Enten, aber auch Schildkröten kann man zu ihr bringen. Es ist toll, dass es solche Menschen noch gibt, aber sie werden immer weniger. Das verwundert nicht, denn als ich dort ankam, musste ich feststellen, dass die Nachbarn die alte Dame heftig bekämpften. Sie zeigten ihr kleines Tierparadies regelmäßig bei der Polizei an und hatten sogar ein Plastikhuhn an einen Galgen vom Balkon gehängt.

Einige Tage später fuhren wir zurück nach Altötting und schauten uns die Müllcontainer genauer an. Neben der kleinen Tonne gab es einen gekühlten Sammelcontainer. Wir wussten, dass in den großen grünen Containern immer mehrere Tonnen standen. Ich konnte es kaum fassen, denn ich hörte wieder ein Piepsen, als ich davorstand. Es war also Gefahr im Verzug. Ich holte mehrere lebende Hühner aus der Tonne, Schneeball zwei, drei und vier, und wir brachten auch diese Tiere nach München. Die Vogelexpertin war skeptisch: Einige Tiere waren verletzt, und sie meinte, sie wäre nicht sicher, ob es »diese armen Bipperl« schaffen würden. Und so ging es die nächsten Tage weiter. Schneeball fünf bis zwölf ergänzten unsere kleine Kümmerer-Gang. Wir kamen immer wieder, und jedes Mal fischten wir lebende Tiere aus dem Müll. Die Angestellten warfen diese Küken offenbar einfach in die Tonnen, wie Müll eben, den man nicht mehr benötigt und den man loswerden will.

Diese Küken nennt man Kümmerlinge. Sie entwickeln sich im Gegensatz zu den Turbohühnern normal, also langsam, und werden nicht so fett wie die anderen Masthühner. Ihr Schicksal ist grausam, denn der Turbostall funktioniert nach den erbarmungslosen Gesetzen und Tabellen von *Wiesenhof*. Die Tränken und Futtertröge heben sich mit dem geplanten Wachstum der Tiere. Die Kümmerlinge haben keine Chance, so schnell zu wachsen, und drohen zu verdursten, sie werden schwach und zertrampelt. Deshalb kann der Mäster sie nicht gebrauchen und will sie möglichst unkompliziert loswerden. Normalerweise werden die Kümmerlinge umgebracht, aber diese Mühe machte sich der Mäster gar nicht erst – er warf sie einfach in die Tonne. Das konnte nicht so bleiben.

Wir überlegten, wie wir weiter vorgehen sollten, denn natürlich konnten wir nicht bis zum Sankt-Nimmerleins-Tag Hühner retten und zur »Vogelfrau« nach München bringen. Dort hatte sich inzwischen eine kleine *Wiesenhof*-Farm aufgebaut. Klar war, dass wir alles dokumentieren mussten, ansonsten hätte der Betreiber uns der Lüge und der Manipulation bezichtigt. Wir mussten ihn in flagranti erwischen. Der Betrieb hatte damals fast 100 000 Hühner. Zu der Zeit hatte ich mit der Polizei noch keine guten Erfahrungen gemacht. Immer wieder waren meine Anzeigen ignoriert oder die Verfahren eingestellt worden. Die Behörden interessierte das Thema Tierschutz noch nicht. Die Polizei fiel daher für mich als Option aus, ich musste selbst aktiv werden.

Da kam mir ein Zufall zu Hilfe, denn ich hatte neben der Mastanlage ein Solaranlagenfeld gesehen, und so entstand ein Plan für das Vorgehen. Ich entschied mich, eine versteckte Kamera in die Mülltonne einzubauen und mich selbst mit einem Teleobjektiv ausgerüstet in die Solaranlage zu legen, sodass ich das Geschehen vor der Mastanlage filmen konnte. Ein guter Plan, dachte ich. Die versteckte Kamera in der Tonne war rasch installiert. Das Filmen von außen war leider erheblich schwieriger. Ich hatte einen Kollegen an meiner Seite, und zu zweit lagen wir am ersten Tag stundenlang in der Solaranlage herum, aber es passierte rein gar nichts. Am nächsten Tag musste mein Kollege nach Hause fahren, er hatte ja schließlich auch noch einen Job. Also legte ich mich allein auf die Lauer. Ich trug einen Ghillie Suit, das ist ein Tarnanzug von der Armee, bestehend aus Jutefetzen, die ich »alt« gemacht hatte, indem ich sie nass gemacht und dann zum Trocknen in den Garten gelegt hatte. So bekamen sie genau die Patina, die man zur Tarnung braucht. Ich band diese Jutefetzen dann an eine Hose und eine Jacke und steckte auch noch andere Tarnmittel wie Äste rein. Als ich mit meiner

Tarnung fertig war, sah ich aus wie ein Haufen grün-brauner Dreck. Die Tarnung ist ziemlich perfekt, aber sie hat auch Nachteile, denn sie ist unglaublich warm, juckt, und man hat ständig Jutefasern im Mund. Aber man ist tatsächlich unsichtbar. So unsichtbar, dass bei einer anderen Recherche beinahe schon einmal jemand auf mich gepinkelt hätte. Außerdem kann man sich in diesem Anzug auch nicht gut bewegen.

Tote und lebende Tiere in der Mülltonne

Ich legte mich an diesem zweiten Morgen schon um fünf Uhr auf die Lauer. Es war eine dieser Recherchen, bei denen man erst friert und dann schwitzt. Das Ganze allein zu machen, war ohnehin sehr gefährlich. Ich musste mich darauf verlassen, dass ich unsichtbar war. Aber ich musste feststellen, dass irgendjemand die Mülltonne verstellt hatte, sodass ich sie von meinem Standort aus nicht mehr sehen konnte. Schließlich – es wurde schon hell, die Sonne ging auf – lief ich mit meinem Ghillie Suit über das Grundstück, rückte die Mülltonne wieder richtig hin, sodass ich sie sehen konnte, und lief wieder zurück. Hätte mich jemand bemerkt, hätte er vermutlich an seinem Realitätssinn gezweifelt. Zum Glück fiel niemandem auf, dass die Mülltonne wieder an ihrem alten Platz stand. Etwas später kam eine ältere Frau heraus und ging zur Tonne. Sie hatte einen Eimer dabei – und darin befanden sich lebende Küken. Zuerst schlug sie jedes einzelne Küken gegen die Tonne, dann warf sie sie hinein. Es war sehr wahrscheinlich, dass einige Tiere diese Prozedur überlebt hatten, wenn auch vielleicht verletzt. Komischerweise blickte sie sich genau um, bevor sie die Tiere in die Tonne schüttete. Hatte sie vielleicht eine Art sechsten Sinn dafür, dass sie beobachtet werden könnte? Auf jeden Fall machte mir ihr Verhalten deutlich, dass sie genau wusste, dass sie etwas Verbotenes tat. Später kam ihr Mann im grünen *Wiesenhof*-T-Shirt mit einer Schubkarre an, auf der tote und lebende Tiere lagen. Er warf die lebenden Tiere einfach mit den toten zusammen in die Tonne.

Ich hatte die Aufnahmen, die ich brauchte. Sie wurden dann vom *Stern* und von *Stern TV* veröffentlicht. In diesem Fall hatte das tatsächlich mal Konsequenzen für den Betreiber, denn *Wiesenhof* ließ diesen Betrieb für ein paar Jahre fallen. Inzwischen mästet der Sohn, bestens durch Überwachungskameras und Lichtschranken geschützt, wieder Tiere. Die Hühner, die wir zur »Vogelfrau« nach München gebracht hatten, überlebten übrigens leider nicht länger als ein paar Tage, Wochen oder höchstens drei Monate. Sie sind so gezüchtet, dass sie nur aus Fleisch und Muskeln bestehen, aber sie haben nur ein ganz schwach ausgebildetes Knochengerüst. Irgendwann können sie einfach nicht mehr laufen, und dann muss man sie erlösen. Schneeball sieben war der letzte, der auf einem Gnadenhof seiner Genetik zum Opfer fiel, aber immerhin hatte das Tier Gras, Würmer, Regen und Sonne kennengelernt, mehr als die anderen Millionen seiner Artgenossen zu erwarten haben.

Wiesenhof und das Leid der Puten

Wir schauten uns gleich nach der Gründung der *Soko Tierschutz* auch Putenmastanlagen von *Wiesenhof* sowie Anlagen von *Wiesenhof* Privathof an, so nennt sich das »Premium«-Label dieses Unternehmens. In diesen Anlagen geht es den Hühnern angeblich wesentlich besser. Wir verpassten *Wiesenhof* eine totale Breitseite. *Soko Tierschutz* war damals noch völlig unbekannt, aber das wurde innerhalb von sechs Wochen ganz anders. Denn unsere *Wiesenhof*-Recherchen liefen breit im Fernsehen und in vielen Zeitungen. Wir stellten dieses Unternehmen so richtig an den öffentlichen Pranger.

Wiesenhof hatte vorher schon mit PETA ziemlichen Ärger gehabt, und in den folgenden Monaten begann etwas, was ich heute die große Schmutzkampagne nenne. Ich kann zwar bis heute nicht hundertprozentig beweisen, dass die vielen Verleumdungen, die gegen mich in die Welt gesetzt wurden, von *Wiesenhof* kamen, aber niemand sonst hätte damals einen Grund gehabt, genau nach diesen Recherchen so eine Kampagne loszutreten. Ich hatte jahrelang damit zu kämpfen.

Wir berichteten unter anderem auch über das brutale Ausstallen der Puten, also das Verladen auf die Lkws für den Transport zum Schlachthof. Für diese Recherchen fuhren wir ins niedersächsische Cloppenburg. Wir hatten den Tipp eines Whistleblowers bekommen, wann solche Transporte von den riesigen Mastanlagen abgehen würden. Wieder legten wir uns in unseren Ghillie Suits auf die Lauer. Diesmal hatten wir einen besseren Schutz, weil das Ausstallen in der Regel nachts stattfindet. Die Gefahren waren den Betreibern allerdings damals auch schon klar, und so hatten sie eigens Wachen organisiert, die aufpassen sollten, dass sich keine unliebsamen Beobachter anschlichen. Als wir auf der Lauer lagen, bewegten sich Security-Kräfte ständig zu Fuß oder mit einem Auto um den Betrieb herum. Es entwickelte sich ein richtiges Katz-und-Maus-Spiel. Manchmal liefen diese Sicherheitsleute nur wenige Meter an uns vorbei, während wir in einem Gebüsch lagen. Sie leuchteten uns mit ihren Lampen an, aber sie sahen nur die Jute-Dreckhaufen, die wir mit unseren Tarnanzügen darstellten. Mindestens genauso wichtig wie die Unsichtbarkeit ist es übrigens, absolut still zu bleiben. Schon Flüstern kann verhängnisvoll sein. Einmal kam offenbar der Chef der Mastanlage zu den Wachen und fragte wenige Meter von uns entfernt: »Na, habt ihr welche erwischt?« Solche Momente sind schon echt die ganze Mühsal wert.

Was wir sahen und filmen konnten, übertraf unsere schlimmsten Erwartungen. Puten wurden aus einem Meter Entfernung in die Käfige geschmettert. Oft wurden sie brutal getreten, manchmal spielten die Männer richtiggehend Fußball mit ihnen. Auch Puten, die gar nicht mehr gehen konnten, wurden so lange getreten, bis sie im Käfig auf dem Lkw waren. Bei vielen Puten brachen unter dieser Tortur die Flügel oder die Fußknochen. Am Ende blieben verwundete und tote Tiere zurück. Den schwerverletzten wurde mit einer überdimensionalen Zange das Genick gebrochen. Diese Tiere wurden zum größten Putenschlachthof Deutschlands nach Wildeshausen bei Oldenburg gefahren. Wir machten diese Recherche bei etwa zehn Putenmastanlagen in der Gegend. Und überall sahen wir die gleichen erschreckenden Szenen.

Es kam bei diesen Recherchen auch zu brenzligen Situationen, aber wir wurden auch immer mutiger. Manchmal liefen wir im Dunkeln nur wenige Meter neben den Männern, die die Tiere aufluden. Oder wir filmten mit einer Kamera durch ein kleines Loch in einer Tür, hinter der gearbeitet wurde. Ich war mir manchmal fast sicher, dass sie uns atmen hörten, doch nie passierte etwas. Bis auf einmal, als ich im Stockdunkeln versehentlich an die Taste für die eingebaute Videoleuchte kam. Einer der Männer schrie: »Hey, was machst du denn da?«, dann stürzten sie sich auch schon auf uns – und sie hatten erschreckenderweise an diesem Tag sogar einen Hund dabei. Wir rannten etwa einen Kilometer, so schnell wir konnten. Eine Kollegin war nicht so sehr sportlich, sie war am Ende total fertig. Ob wir überhaupt verfolgt wurden, weiß ich gar nicht, aber wir hatten keine Lust auf zwanzig polnische Ausstaller plus Sicherheitsleute. Meine Taktik ist in solchen Fällen immer ganz klar: loslaufen und so schnell wie möglich weg vom Ort des Geschehens. Wir haben schon erlebt, dass ganze Gegenden abgeriegelt wurden und Bauern Straßensperren errichteten, um uns zu schnappen. Die Devise muss daher lauten: so schnell wie möglich so viel Abstand wie möglich schaffen.

Übrigens tun mir die Ausstaller leid, denn sie haben wirklich einen schlimmen Job. Es sind meist Osteuropäer – Deutsche tun sich so etwas gar nicht an –, arme Kerle, die von den Arbeitgebern gnadenlos ausgebeutet werden, wie Medienberichte immer wieder belegen. Mal abgesehen von der brutalen Art, wie sie vorgehen: Pro Tag tausend Truthähne zu je 20 Kilogramm – die sich ja auch noch wehren – auf einen Laster zu werfen, ist wirklich kein angenehmer Job.

Die Justiz schaut weg

Nach der Veröffentlichung erlebten wir etwas Frustrierendes: Alle Verfahren gegen die Truthahnquäler wurden von den zuständigen Staatsanwaltschaften Cloppenburg und Oldenburg eingestellt. Es kam nicht einmal zur Verhandlung, sie wurden alle schon vorher beendet. Die Begründung lautete, es sei nicht feststellbar gewesen, ob die Tiere länger anhaltende Leiden und Schmerzen hätten erdulden müssen, da sie sofort zum Schlachthof gebracht wurden. Auf unsere Bitte, die Protokolle des Schlachthofs über den Zustand der Tiere einzusehen – denn dort wird alles penibel aufgezeichnet –, bekamen wir von den Behörden die Auskunft, eine Beschlagnahme dieser Protokolle sei nicht möglich. Die Staatsanwaltschaften führten neben dem mangelnden Tatbeweis auch ein mangelndes öffentliches Interesse als Einstellungsgrund an. Das passierte leider immer wieder. Ein beliebtes Vorgehen war auch, einfach drei Jahre nichts zu tun und das Verfahren dann wegen Verjährung einzustellen.

Inzwischen stellen wir ganz systematisch Anzeigen gegen untätige Staatsanwaltschaften und andere Behörden, um sie zum Handeln zu zwingen. Das hat manchmal durchaus Wirkung.

Und in der jüngeren Vergangenheit ist bei vielen Behörden ein Paradigmenwechsel weg vom totalen Wegsehen festzustellen: ein Erfolg unserer Arbeit. Doch letztlich stellt sich hier die Systemfrage, denn wenn der Gesetzgeber diese Art des Ausstallens verbieten würde, gäbe es kein Truthahnfleisch mehr.

Dasselbe wäre der Fall, wenn man die führende Truthahnrasse Big Six verbieten würde. Das müsste eigentlich dringend geschehen, denn es handelt sich um eine reine Qualzucht, die dazu führt, dass die Tiere gegen Ende der Mast Schmerzen haben, Entzündungen der Fußballen bekommen und wie auf Reißnägeln laufen.

Klar ist: Viele unserer Anzeigen gegen landwirtschaftliche Betriebe werden von den zuständigen Behörden nicht bearbeitet, weil das systemgefährdend wäre. Wenn man keine männlichen Küken mehr umbringen darf, wohin soll man mit den Millionen Tieren, für die man keine Verwendung hat? Wenn man Schweine nicht auf einem Quadratmeter pro Tier halten darf, ist die Mast nicht mehr rentabel. Weil es sich letztlich um eine Systemfrage handelt, geht der Staat nicht weit genug im Sinne des Tierrechts. Die Justizminister können den Staatsanwaltschaften Weisungen geben darüber, was ermittelt wird und was nicht. Und die meisten deutschen Justizminister in Bund und Ländern gehören Parteien an, die sich gut mit dem Bauernverband verstehen und dessen Interessen folgen. Das ist erstaunlich, denn es gibt in Deutschland 82 Millionen Einwohner, aber nur rund 250 000 gewerbliche Tierhalter. Dieser Gruppe gelingt es offenbar immer wieder, ihre Interessen gegen die aller anderen durchzusetzen. Das gilt für die Bedingungen der Tierhaltung, aber auch für den Nitratgehalt im Wasser, die Frage der Antibiotikaresistenz, die Gülleproblematik. Bauern haben in Deutschland nach wie vor Narrenfreiheit. Wir brauchen zumindest die Bauern, die Pflanzen produzieren, aber sie sollten sich nicht im rechtsfreien Raum bewegen. Und die Tierzüchter brauchen klare und strengere gesetzliche Vorgaben, deren Einhaltung entsprechend überwacht wird.

Mit *Wiesenhof* waren wir noch nicht fertig. 2015 nahmen wir neue Recherchen auf, und es wurde ein ganz heißes Jahr für das Unternehmen. In diesem Jahr brannten zwei der wichtigsten Schlachthöfe ab, die für *Wiesenhof* arbeiteten. Das war Zufall und hatte auch nichts mit irgendwelchen radikalen Tierschützern zu tun. *Wiesenhof* jedenfalls hatte ein Problem, denn plötzlich waren Schlachtkapazitäten für Millionen Tiere weggebrochen. Allein der größere der beiden abgebrannten Schlachthöfe hatte über 300 000 Tiere geschlachtet – am Tag! Nun kam ein Whistleblower auf uns zu und riet uns, mal eine Recherche zu Tiertransporten zu starten. Denn die Mastanlagen produzierten ihre Tiere ja weiter, auch wenn es den Schlachthof in der Nähe nicht mehr gab.

Ich erinnerte mich an die Anlagen, die ich schon 1998 als Schüler ins Visier genommen hatte, und fuhr hin, um herauszufinden, wann dort Ausstallungen stattfanden. Um den ungefähren Zeitpunkt zu berechnen, reichte ein Blick auf die toten Tiere in der Mülltonne, denn man kann in etwa abschätzen, wie lange sie dort schon liegen. Ich kam zu dem Schluss, dass so eine Ausstallung in zwei bis drei Tagen stattfinden musste.

Wir machten uns mit einem Trupp auf den Weg, verteilten uns auf zwei Autos und warteten an der Autobahn auf einen Transporter. Leider mussten wir geschlagene zweieinhalb Tage warten. Während dieser Zeit schliefen wir im Schichtsystem. Mindestens einer musste immer sehr achtgeben, denn es reicht ein kurzer Moment der Unachtsamkeit, und der Lkw ist auf der Autobahn unbemerkt vorbeigerauscht. Aber dann kam endlich der erlösende Transporter. Ich wusste, wie die Transporter von *Wiesenhof* aussehen und dass sie immer das Kennzeichen SAD haben. Wir fuhren hinterher, und tatsächlich fuhr er zu dem von uns vorher ausgesuchten Betrieb. Manchmal muss man eben Glück haben.

Wir zogen uns wieder unsere Jute-Tarnanzüge an und filmten, wie die Hühner ausgestallt wurden. Das war gar nicht so einfach, denn die Ausstallung fand am helllichten Tag statt, und wir mussten bis auf etwa zehn Meter an die Männer herankommen, um alles gut filmen zu können. Man musste also schon sehr auf seine Bewegungen achten, denn schließlich wäre ein Haufen Dreck, der sich bewegte, irgendwann aufgefallen. Zu Beginn hatte ich eine Stoppuhr eingeschaltet, denn ich wollte wissen, wie lange der Transport der Tiere dauern würde. Ich ging damals davon aus, dass Hühner »nur« zwölf Stunden transportiert werden dürfen, was eine absurd lange Zeit ist. Allein das Ausstallen von mehreren Tausend Tieren dauert zwei Stunden. Als der Transporter dann losfuhr, rannte ich, so schnell ich mit meinem unbequemen Tarnanzug konnte, zu unserem Kleintransporter, der in einem nahen Wald versteckt war. Wir durften den Lkw ja nicht aus den Augen verlieren! Ich hatte keine Zeit, um meinen Juteanzug auszuziehen, und so sprang ich in meinem Outfit hinters Steuer und fuhr los. Eigentlich ist es schade, dass ich an diesem Tag nicht wegen zu hoher Geschwindigkeit geblitzt wurde; das hätte ein komisches Bild gegeben. Mein Kameramann hatte bereits seine Kamera postiert und war bereit, alles aufzunehmen. Wir gaben dem anderen Wagen Bescheid und fuhren los.

Wir holten den Lkw sehr schnell ein und hängten uns an ihn dran. Da wir fürchteten, dass dem Fahrer irgendwann auffallen würde, dass ständig derselbe Wagen hinter ihm herfuhr, wollten wir uns mit unseren zwei Autos abwechseln. So war der Plan, aber das klappte leider nicht so richtig, denn meine Kollegin im anderen Wagen war eine Weile nicht mehr erreichbar – der Akku ihres Smartphones war leer. Wir fuhren dem Transporter hinterher, erst durch Bayern und immer weiter nach Norden. Zwischendurch verloren wir ihn mal aus den Augen, aber wir holten ihn zum Glück nach zwei Stunden wieder ein; er war zwischendurch nicht von der Autobahn abgebogen. Meine Kollegin, die an einer Raststätte ein Ladegerät kaufte und wenigstens wieder Verbindung zu uns herstellen konnte, holte uns bis zum Ende nicht wieder ein.

In Hessen fuhr der Lkw von der Autobahn ab zu einem *Wiesenhof*-Stützpunkt. Dort wurde das Führerhaus des Lkw gewechselt. Den Grund für diese Aktion habe ich nicht begriffen; vermutlich hatte es etwas mit den Lenkzeiten zu tun. Gut für uns war, dass auch der Fahrer ausgewechselt wurde, denn der kannte unser Auto noch nicht.

Nach geschlagenen 13 Stunden und einer Fahrt durch mehrere Bundesländer bog der Lkw endlich ab und fuhr in den Ort Lohne ein. Mit den 13 Stunden lag der Transport deutlich über der erlaubten Zeit. Kurz bevor wir am Schlachthof waren, riefen wir die Polizei an. Es kam tatsächlich gleich ein Polizeifahrzeug, und die Beamten fischten den Lkw aus dem Verkehr heraus. Die Polizisten nahmen die Daten auf und ließen den Lkw dann weiterfahren, sonst wäre das Leiden der Tiere ja noch länger geworden. Wir folgten dem Lkw weiter bis zum Schlachthof. Bei der Ankunft wurden wir von einem Sicherheitsmann bedroht, aber da wir ohnehin unsere Aufgabe erledigt hatten, zogen wir ab.

Für mich war die Sache eine klare juristische Angelegenheit. Wir machten eine Anzeige fertig und reichten sie bei der zuständigen Staatsanwaltschaft in Traunstein ein. Was folgte, kannten wir schon: Die Polizei war engagiert, die Staatsanwaltschaft desinteressiert. Ich habe in meinem Leben viele coole Cops kennengelernt, wirklich engagierte Beamtinnen und Beamte, die ihren Job ernst nehmen. Diese Polizisten ermitteln oft monatelang, legen die nötigen Beweise vor – und die zuständige Staatsanwaltschaft wirft alles in den Müll und tut gar nichts. Das ist ein katastrophaler Zustand und für die Polizisten total demoralisierend. Man darf auch nicht vergessen, dass es für Polizeibeamte traumatisierend sein kann, wenn sie sich monatelang Aufnahmen über die brutalen Misshandlungen von Tieren in Schlachthöfen anschauen müssen.

Doch ob die Verantwortlichen vor Gericht kommen, hängt nicht von den Polizisten ab, sondern von den Staatsanwaltschaften. Und die meisten deutschen Staatsanwaltschaften haben daran überhaupt kein Interesse. Das ändert sich allmählich, aber sehr langsam. Ich glaube, viele Staatsanwälte haben Angst davor, einen Präzedenzfall zu schaffen. Nehmen wir an, ein Staatsanwalt bringt eine Tierhaltung vor Gericht, und ein Richter urteilt, sie sei grundsätzlich illegal. Damit würde eine ganze Industrie zerstört und ein politisches Erdbeben verursacht. Das möchten die Staatsanwälte aber nicht. Sie möchten immer schön in ihrem System bleiben. Die Tierschutzfälle aber sprengen dieses System. In einem landwirtschaftlich geprägten Bundesland wie Niedersachsen ist es auch sicher nicht karrierefördernd, wenn ein Staatsanwalt ein paar Tausend Jobs vernichtet, weil er ein Verfahren gegen einen Nutztierhalter forciert.

So überraschte es mich gar nicht, dass ein Jahr später das Verfahren eingestellt wurde. Die Begründung lautete, dass in der Tierschutzverordnung nicht geregelt sei, wie lange ein Transport dauern dürfe. Geregelt ist tatsächlich, dass Nutztiere acht Stunden transportiert werden dürfen – nur für Geflügel gilt diese Regelung ausdrücklich nicht. Zwar wird an anderer Stelle auch die zulässige Höchstdauer von zwölf Stunden für Geflügel erwähnt. Doch davon sind die Zeit des Auf- und Abladens sowie die Zeit, die der Transporter möglicherweise in einem Stau steht, abzuziehen. Der Gesetzgeber macht also einen Unterschied, ob die Tiere im Stau in der Hitze stehen oder gefahren werden. Den Tieren ist das völlig egal, sie leiden einfach nur. Doch unser Hühnertransport war mit seinen 13 Stunden im erlaubten Rahmen.

Den Hühnern geht es auf so einem Transport sehr schlecht, sie bekommen weder Wasser noch Futter und haben praktisch keinen Platz. Im Sommer bekommen sie einen Hitzschlag, im Winter erfrieren sie. Aber es ist in diesem Fall wie immer: Die Rechtslage wird an die Branche angepasst, nicht die Branche an die Rechtslage. Die wirtschaftlichen Interessen haben wieder mal Vorrang. In den Monaten, in denen die *Wiesenhof*-Schlacht-höfe wiederaufgebaut wurden, wurden Millionen Hühner auf diese Weise transportiert und mussten leiden, bevor sie getötet wurden.

Veganes vom *Wiesenhof*

Immerhin hat der Druck, den wir und andere Tierschützer auf die Branche ausüben, auch positive Folgen. *Wiesenhof* ist inzwischen einer der größten Hersteller und Vertreiber von veganen Produkten. Ich finde das gut, und ich esse diese Produkte auch regelmäßig. Das ist genau die Entwicklung, die ich mir immer erhofft habe. Es ist leichter, einen Gegner zu verändern, als ihn zu vernichten, und ich denke, der Chef von *Wiesenhof* weiß ganz genau, dass das Fleischzeitalter seinem Ende entgegensieht. Er kann dann als Protein-Company, wie sich *Wiesenhof* heute gerne nennt, immer noch Milliarden machen.

Die Opfer nach den Milliarden Schneebällen werden die Landwirte sein, die sich auf Gedeih und Verderb auf das »System *Wiesenhof*« eingelassen haben: teilweise hoch verschuldet, mit immer gigantischeren Mastanlagen, eingebunden in ein System völliger Abhängigkeit vom Konzern, verdammt dazu, nur zweimal am Tag Kadaver einzusammeln und die Belüftung zu regulieren. Sie werden am Ende auf der Strecke bleiben und die Verlierer sein. Erst haben sie zahllosen Tieren Leid angetan und die Umwelt vergiftet, und irgendwann wird sie niemand mehr brauchen.

Factsheet Geflügel

Die Hauptopfer der Tierausbeutung sind Hühner, aber auch Puten und Enten geht es nicht gut, wenn Menschen an ihr Fleisch wollen. Die Zahlen sind erschütternd. Über 600 Millionen Masthühner werden jedes Jahr in Deutschland getötet. Eine durchschnittliche Mastanlage hält 80 000 Tiere. Der Trend geht zu einer Vergrößerung auf 120 000. Pro Halle leben 39 000 Tiere, pro Quadratmeter 23 bis 26. Der Geflügelschlachthof Wietze tötet rund 400 000 Tiere pro Tag, der im bayerischen Bogen schafft immerhin 250 000 Tiere am Tag: mehrere Hunderttausend Einzelschicksale, die in Industriebrütereien geboren werden und dann nach 30 bis 42 Tagen getötet werden. Auf jeden Transporter, der zwölf Stunden und mehr durch Deutschland fahren darf, passen 13 000 Tiere. Sie wiegen nach 30 Tagen im Schnitt 1,6 Kilogramm. Das Sterben in den Ställen ist einkalkuliert und hält die Industrie der Tierkörperbeseitigungsanlagen am Leben. Dabei werden die Tiere allerdings nicht wirklich beseitigt, sondern zu Haustierfutter verarbeitet – eine Goldgrube für die Tierkörperverwertungsanlagen.

Diese hohe Zahl an Tieren verursacht natürlich Probleme, denn die Ausdünstungen der Tierfabriken sind gewaltig. Da ist auch die gerne neben die Tierfabrik gebaute Biogasanlage keine Lösung, denn auch hier werden die Fäkalien ja nicht zum Verschwinden gebracht, sondern nur verändert. Nutzer von »grünem« Strom sollten mal nachsehen, ob in ihrem Energiemix auch Biogas enthalten ist. Wenn ja, dann ist dieser Strom nicht nachhaltig und trägt weiter zum Fortbestand der Massentierhaltung bei, die sonst an ihrer Gülle ersticken würde.

Den Truthähnen geht es auch nicht besser. Es sind größere und kräftigere Tiere; das heißt auch, dass die Probleme größer werden. Die Tiere werden 15 bis 20 Wochen alt und nehmen in dieser Zeit von 60 Gramm auf bis zu 23 Kilogramm zu. Das entspricht einer mehr als 350-fachen Gewichtszunahme. Der wilde Artgenosse, der gerne fliegt und auf Bäumen schläft, wiegt gerade einmal fünf Kilogramm. Auf einem Quadratmeter Tierfabrik leben in der Regel 2,5 Tiere. Am Ende besteht der Truthahn zu 40 Prozent aus Brustmuskel. Wer wissen möchte, wie sich ein solcher Truthahn fühlt, sollte mal versuchen, sich mit einem 28 Kilogramm schweren Brustimplantat zu bewegen. Die Turbomast führt auch zu schrecklichen Problemen an den Füßen der Tiere. In der Endmast leiden nach Studien bis zu 80 Prozent der Tiere an schmerzhaften Geschwüren, die ich gerne mit Reißnägeln in den Füßen vergleiche.

Die Enge, die Schmerzen, das Skelett der Tiere, das nicht mit dem rasant wachsenden Brustmuskel mithalten kann – das alles führt zu Aggressivität. Die Folge: Die Tiere verletzen sich gegenseitig, Kannibalismus ist ein riesiges Problem bei Puten. Deshalb werden rund 90 Prozent der Puten, die im Übrigen fast ausschließlich einer Turborasse angehören, am Schnabel verstümmelt. Das ist zwar verboten, aber da die Putenindustrie damit argumentiert, dass die Tiere sich sonst im Maststress gegenseitig umbringen, gibt es fast zwölf Millionen Ausnahmegenehmigungen – das sind fast so viele, wie es Puten gibt. Untersuchungen haben ergeben, dass aus all diesen Gründen in 90 Prozent der Bestände Antibiotika eingesetzt werden müssen. Da es kaum möglich ist, das Mittel einzelnen Tieren zu verabreichen, bekommen es alle, auch die, die es gar nicht bräuchten.

Ähnliche Probleme wie im Putenstall gibt es in den Entenmastanlagen. Dort kommt noch dazu, dass die Tiere aufgrund von Überzüchtung auf den Rücken fallen und dann Gefahr laufen, zertrampelt zu werden. Es ist immer wieder schockierend, all die Enten zu sehen, die auf dem Rücken liegen und mit den Beinen in der Luft rudern. Enten sind zwar Wasservögel, die zu ihrem Wohlbefinden Wasser brauchen, schwimmen darf aber keine Mastente in Deutschland. Es muss reichen, dass die Ente den Schnabel in eine Tränke tauchen kann. Barbarieenten aus Frankreich werden noch zusätzlich an Krallen und Schnabel verstümmelt.

Die Kleinsten zum Schluss: Wachteln werden nach Eierproduktion und Mast unterschieden. In einem durchschnittlichen Wachtelmaststall in Spanien leben 120 000 Tiere, die Legewachteln werden fast ausschließlich in Käfigbatterien gehalten. Die Käfige sind so niedrig gehalten, wie der Vogel selbst ist, um Flugversuche zu verhindern. Wachteleier müssen auch nicht in Bezug auf die Herkunft oder Haltungsart gekennzeichnet werden.

Von Kadavertaxis und kranken Kühen

Mit dem Genuss von Milch hatte ich es schon als Kind nicht so, deshalb war es für mich auch nicht so schwierig wie für viele andere Leute, vegan zu leben. Das lag daran, dass meine Mutter glaubte, ich würde keine Milch vertragen. Tatsächlich rühren viele Krankheiten oder Unpässlichkeiten von dem Genuss von Milch, denn für Menschen und besonders Erwachsene ist es weder nötig noch sinnvoll, wenn sie Milch trinken. Letztlich handelt es sich ja um die Muttermilch einer anderen Spezies.

Meine Mutter konnte tatsächlich keine Kuhmilch vertragen, also ging sie davon aus, dass das bei mir genauso sei. Sie stellte mich daher sehr früh auf Sojamilch um – ich bin der lebende Beweis dafür, dass man das überlebt. Tatsächlich fand ich Kuhmilch eher eklig. Viel später entdeckte ich für mich türkische Joghurts und aß eine ganze Menge davon. Ich bin aber trotzdem froh, dass ich nie dem Konsum von Milch angehangen habe. Wenn man gar nicht erst auf den Trip kommt, wird man auch nicht zum Beispiel vom Käse abhängig. Denn in der Milch befinden sich Casomorphine, die von der Natur eingebaut werden, damit das Kalb die Muttermilch gern zu sich nimmt. In der Frischmilch sind diese Casomorphine noch relativ überschaubar, weshalb es den Leuten nicht so schwerfällt, auf Frischmilch zu verzichten. Aber im Käse wird das hochverdichtet – und das ist der Grund, warum viele Menschen so schwer vom Käse aus Kuhmilch wegkommen. Sie sind geradezu abhängig von dem Produkt. Viele Menschen, die mit dem Gedanken spielen, sich vegan zu ernähren, sagen ja: »Ich kann auf alles verzichten, nur nicht auf Käse.« Das sind klassische Fälle von Käsejunkies.

Milch war also nicht mein Problem. Ich habe mich auch viele Jahre gar nicht mit der Milchproduktion beschäftigt, selbst nicht, als ich schon intensive Tierschutzrecherchen machte. Denn Kuhhaltung ist – gerade in Bayern – allgegenwärtig, völlig normal und alltäglich. Legebatterien und Schweinemastanlagen fallen auf. Aber Kühe? Ich kam allein auf dem Weg zur Schule an zwei Kuhställen vorbei, und es war bekannt und wurde allgemein nicht als Problem angesehen, dass die Tiere darin angekettet ihr Dasein fristeten. Es ist auch sehr schwer zu erkennen, ob eine Kuh leidet oder ob es ihr gut geht. Kühe waren für mich daher ein Thema, das, wie ich glaubte, die Menschen nicht interessiert. So machte ich als Jugendlicher mal ein paar Fotos von angeketteten Kühen, die ich übrigens heute noch manchmal verwenden kann. Aber das war es auch für viele Jahre.

Seither hat sich an der Haltung nichts geändert. In Deutschland leben heute rund drei Millionen Kühe in Kettenanbindehaltung, in Bayern sind es 50 Prozent des Gesamtbestands. Sie können sich nicht bewegen und werden eigentlich noch schlechter behandelt als eine Legehenne im Käfig. Aber auch andere Tierschutzorganisationen machten kaum etwas zu diesem irgendwie verlorenen Thema. Und wenn doch, dann ging es stets um die Transporte. Zur Haltung selbst gab es nichts.

Nach der Gründung der *Soko Tierschutz* überlegten wir uns daher 2012, dass wir doch mal zu den Kühen recherchieren müssten. Immerhin ist Deutschland der größte Milchproduzent der EU. So entstand die Operation Cleopatra.

Wenn man in einen Kuhstall geht, ist das immer etwas Besonderes. Schaltet man das Licht an, fangen plötzlich zweihundert Kühe zu muhen an, da dauert es meistens nur wenige Minuten, bis der Bauer da ist. Ich wusste am Anfang zudem gar nicht so genau, wonach ich eigentlich gucken sollte, denn die Kühe sehen in den Ställen trotz der engen Haltung meistens ganz intakt aus. Es ist nicht so wie im Puten- oder Schweinestall, wo einem sofort tote Tiere auffallen oder Tiere mit Wunden und Verletzungen. Erst 2016 sah ich die erste tote Kuh in einem Stall. Es war also ein eher schwieriger Anfang.

Aber eines Tages schlug ein Whistleblower den gordischen Knoten für mich durch.

Alles begann in einem kleinen Ort bei Stendal in Sachsen-Anhalt. Davon hatte ich noch nie gehört, aber ich stellte nun fest, dass diese Region ein Schwerpunkt der Milchproduktion in Deutschland ist. Konnten die Zustände in Kuhställen an meine schrecklichen Erfahrungen aus Geflügel- und Schweinemast heranreichen? Hier tat sich ein Tor für mich auf. Den Tipp gab uns dieser anonyme Whistleblower über einen verschlüsselten Messengerdienst. Er schickte mir ein Bild mit mehreren toten Kühen in einem Stall mit, und da wusste ich, dass ich eine neue Aufgabe hatte. Ich startete einen Rundruf an meine Kollegen, und schon kurz darauf fuhr ich mit einem Mitstreiter los. Ein Begriff war mir zu dieser Zeit schon geläufig: Downer-Kuh. Damit ist eine Kuh gemeint, die am Boden liegt und nicht mehr aufstehen kann. Dass sie nicht mehr aufstehen können, kann verschiedene Gründe haben. Zum Beispiel leiden viele Kühe in deutschen Ställen daran, dass sie auf blutigen Geschwülsten laufen; das ist eine Krankheit, die Erdbeerkrankheit oder Mortellaro heißt. Dabei entstehen an den Hufen Entzündungen, die wie monströse Erdbeeren aussehen. Andere Tiere haben Geschwüre von der

Größe eines Medizinballs an den Gelenken. Die Tiere leiden unter gewaltigen Schmerzen.

Ich nahm Kontakt zu Leuten aus dem Umfeld dieses Betriebs auf, die es mir ermöglichten, Kameras im Stall zu installieren. So konnte ich zuschauen, was in diesem Betrieb mit seinen rund tausend Tieren täglich vor sich ging. Ich sah zum Beispiel, dass Kühe vom Kotschieber erfasst wurden. Dabei handelt es sich um einen großen Metallbalken, der an einer elektrischen Seilwinde hängt und regelmäßig alle paar Stunden durch den Stall gezogen wird, um den Kot der Kühe in ein Güllebecken zu schieben. Das kann sich schnell zu einer Todesfalle für die Downer-Kühe entwickeln, denn dieser Schieber reißt die Kühe, die auf dem Boden liegen, einfach mit. Er hat eine enorme Kraft, schließlich muss er bis zu einer Tonne Kot vor sich herschieben können. Also schafft er natürlich auch eine 500-Kilo-Kuh. Ich sah zum Beispiel aus den heimlich gefilmten Aufnahmen, wie der Kotschieber eine Kuh am Fuß erfasste und mitschleifte. Diesem Tier gelang es gerade noch, sich irgendwie zur Seite zu retten. Im nächsten Augenblick sah ich, wie ein Kalb, das gerade aus dem Mutterleib geschlüpft war, direkt von dem Kotschieber erfasst wurde, während die Mutter es noch ableckte. Das Kleine wurde mitgeschleift, während die Mutter hilflos hinterherlief und versuchte, es zu greifen. Aber womit soll eine Kuh ihr Junges greifen? Es gelang ihr nur, mit dem Kopf das Kalb zu stupsen. Dann schob der Gülleschieber es aus dem Bild heraus, wahrscheinlich in die Grube. Kühe sind sehr liebevolle Mütter; es war wirklich sehr schwer für mich, mir diese Szene anzuschauen, als ich das Filmmaterial drei Wochen später sichtete.

Ein paar Filmszenen später sah ich, wie eine Kuh, die nicht mehr laufen konnte, einfach hinter einem Traktor an einem Seil mitgeschleift wurde. Sie wurde an das Fahrzeug gebunden und sollte hinterherlaufen. Aber sie konnte nicht mehr gehen, und so wurde sie einfach mit Tempo aus dem Stall herausgeschleift. Andere Kühe wurden vom Betreiber zum Laufen animiert, indem er ihnen ein Messer in die Seite piekste.

Wir sahen zwischen den lebenden Kühen tote Tiere herumliegen. An verschiedenen Stellen lagen tote, teils stark verweste Kälber, aber es waren auch ausgewachsene tote Kühe zu sehen. Besonders schlimm war der Anblick eines Kälbchens, das man hinter der Mutterkuh in eine Betonraufe geworfen hatte. Dort verweste es wohl schon seit Monaten.

Eine dieser toten Kühe nannte ich die »Mumienkuh«. Sie lag tot auf dem Boden, ihr Körper war schon total eingefallen, die Augen vertrocknet – sie sah wirklich aus wie eine Mumie, wie sie da zwischen den lebenden Kühen auf dem Boden lag. Zehn Meter entfernt lag wieder eine tote Kuh, und 25 Meter entfernt hing eine tote Kuh mit dem Kopf über einem Eisengitter. Aus ihr lief eine schwarze Brühe heraus. Und so ging es weiter in diesem Stall. Einige dieser toten Kühe waren stark aufgebläht, andere nicht. Als wir später unsere Aufnahme in der Öffentlichkeit zeigten, behaupteten Landwirte, dass die Bilder ein Fake seien, denn die Kühe müssten doch explodieren, wenn sie in diesem Zustand so lange herumliegen. Tatsächlich erklärte mir ein Bauer aber, dass man nur mit einem Messer in den Körper der Kühe stechen muss, um einen kontrollierten Prozess des Ausgasens zu erreichen. Auf diese Weise kann man eine tote Kuh durchaus mal sechs Wochen in einem Stall herumliegen lassen. Es gab auch ein Kadaverhäuschen, das immer voll war mit toten Tieren. Und hinter einem Stapel mit Autoreifen fand ich einen Haufen mit Skelettteilen. Ich kannte das ja schon von den Schweinen, und nun musste ich erleben, dass es das auch in der Rinderwelt gab.

Veterinäramt – beide Augen zu

Nach dem Sichten der Aufnahmen war ich ziemlich schockiert. Uns war sofort klar, dass wir etwas unternehmen mussten, zumal dieser Betrieb eine der größten Molkereien der Region belieferte, die sich auf Babymilch spezialisiert hatte, aber auch eine berühmte Schokoriegelmarke. Ich dachte darüber nach, warum die Zustände in diesem Stall so brutal waren. Die Anlage war mit ihren achthundert Tieren groß. Das ist ja der Trend in Deutschland: Erst hatten die Anlagen fünfundzwanzig Tiere, dann fünfzig, dann hundert, inzwischen sind es bis zu tausend oder sogar noch deutlich mehr. Sonst gilt die Milchwirtschaft inzwischen nur noch als Hobby, weil kleinere Betriebe nicht als profitabel gelten.

Ich konnte mir gar nicht vorstellen, dass das zuständige Veterinäramt in Stendal von diesen Zuständen nichts wusste. Die toten Tiere konnte doch kein Kontrolleur bei einer Besichtigung der Ställe übersehen! Aber ganz offensichtlich hatten die Behörden hier systematisch beide Augen zugedrückt. Ich fasste den Plan, das Veterinäramt in eine Falle zu locken. Klar war, dass es handeln musste, wenn ich mit einem Kamerateam von *Stern TV* in dem Betrieb auftauchen würde und die Aufnahmen im Fernsehen gezeigt würden. Ich aber wollte testen, wie die Behörde unter »normalen« Umständen reagiert. Also schrieb ich an das zuständige Amt in einem bewusst schlechten Deutsch einen anonymen Brief und beschrieb die Szene in den Ställen. Mit dem schlechten Deutsch simulierte ich einen osteuropäischen Arbeiter aus dem Betrieb. Einen Tag später rief ich ebenfalls anonym das Amt an und fragte, erneut in bewusst gebrochenem Deutsch, was denn nun geschehen würde. Die Veterinärin meinte, sie habe den Brief bekommen, aber ehe sie aktiv werden könne, bräuchte sie noch genauere Informationen, zum Beispiel darüber, wo denn genau die Kadaver lägen. In den folgenden vier Tagen rief ich sie jeden Tag an und klärte sie sehr detailliert darüber auf. Sie hätte eigentlich nur selbst hinfahren und sich die Sache anschauen müssen. Und was passierte? Nichts!

Daraufhin rief ich sie wieder an, outete mich und fragte in harschem Ton nach, was sie zu tun gedenke. Die Veterinärin meinte, es habe eine Kontrolle gegeben – aber man habe in den Ställen keine Kadaver gefunden. Ich war überrascht und glaubte ihr kein Wort. Ich fuhr wieder zu dem Betrieb und konnte feststellen, dass alles wie vorher war. Selbst im Dunkeln waren auf Anhieb mehrere Kadaver zu finden. Die Mumie lag genau an der Stelle, an der sie beim ersten Besuch gelegen hatte. Es gab dazu noch ein paar neue Kadaver. Daraufhin informierte ich umgehend die Medien und stellte unsere Aufnahmen zur Verfügung. Das Veterinäramt wurde offiziell mit den Vorwürfen konfrontiert und war einerseits desinteressiert, andererseits völlig überfordert. Der Chef reagierte geradezu aggressiv. Der Mann war früher Großtier-Tierarzt gewesen und hatte mit all den Leuten, die er jetzt überwachen sollte, kommerziell zusammengearbeitet. Das war natürlich eine – sagen wir es vorsichtig – heikle Situation. Auch seine Mitarbeiterin war schlicht korrumpiert, womit ich jetzt nicht meine, dass sie Geld genommen und dafür beide Augen zugedrückt hätte. Sondern sie war korrumpiert in dem Sinne, dass sie diese Leute, die sie zu kontrollieren hatte, persönlich gut kannte und wahrscheinlich auch mochte – da fällt es eben schwer, streng zu sein. Erst ein Jahr nachdem wir die Zustände in diesem Betrieb aufgedeckt haben, bekam der Besitzer ein Tierhalteverbot ausgesprochen. Und das auch erst, nachdem herausgekommen war, dass auch nach der Aufdeckung der Betrieb genauso skandalös weiterlief wie davor. Die Milch floss weiter. Die Laster gingen nach Polen. Die dortige Großmolkerei hat viele deutsche Kunden. Inzwischen soll der Betrieb dank unserer Arbeit aufgelöst werden.

Durch meine Erlebnisse und Erfahrungen bei dieser Recherche begriff ich erst so richtig, was in dieser Branche abging. Der Betrieb war wie eine Fundgrube für mich. Die Videoaufnahmen zeigen ja auch, dass in diesem Betrieb viele Tiertransporte rein- und rausfahren. Besondern fielen uns bestimmte grüne Lkws auf, denn sie holten kranke Tiere wie die Downer-Kühe ab. Wenn diese Tiere nicht von alleine sterben, wollen die Bauern sie unbedingt loswerden, denn sie dürfen sie nicht vor Ort schlachten. Sie sind verpflichtet, den Tierarzt zu holen, und dieser müsste das Tier mit einer Spritze erlösen. Danach muss es entsorgt werden, es darf nicht für die Fleischerzeugung verwendet werden. Dieses vorgeschriebene Verfahren hat für den Bauern mehrere Nachteile: Er muss den Tierarzt bezahlen, er muss das Tier entsorgen, er hat ein blutiges Gemetzel auf dem Hof, und ihm entgeht der Gewinn, den er eigentlich mit der Kuh machen wollte. Dazu kommt die Gefahr, dass doch mal eines der zumeist völlig unfähigen Veterinärämter etwas mitbekommt. Denn sie sind dazu verpflichtet, die toten Tiere eines Betriebs zu zählen. Und wenn sie irgendwie doch einmal bemerken, dass in einem Betrieb sehr viele Tiere sterben – ganz ausschließen kann man so ein »Missgeschick« ja nie –, gerät das Veterinäramt unter Druck, diesen Betrieb häufiger zu kontrollieren. Und dann findet selbst das blindeste Veterinäramt mehr, und der Bauer bekommt immer mehr Schwierigkeiten. Das aber will eigentlich niemand: das Veterinäramt nicht und der Bauer natürlich am wenigsten.

Transporte von kranken Tieren

Was ich damals noch nicht wusste, aber nun lernte: Durch dieses System wurde eine kleine eigenständige Branche geschaffen – die Kadavertaxis. Ich erfuhr davon, als mich am Tag nach der Ausstrahlung der Bilder im Fernsehen ungefähr zehn Insider aus der Branche anriefen. Sie erzählten mir von diesen sogenannten Kadavertaxis – und schon hatte ich ein neues Thema für meine Recherchen: Ich wollte unbedingt wissen, wohin diese Kadavertaxis fuhren. Einer der Transporter aus dem Betrieb bei Stendal konnte einem großen Viehhändler zugeordnet werden. Auf einem ehemaligen LPG-Gelände aus DDR-Zeiten betrieb diese Firma einen Umschlagplatz für Rinder (inzwischen wurde der Betrieb dank unserer Arbeit geschlossen). Sie schickte die speziellen Tiertransporter zu den Milchbetrieben, ließ kranke Tiere einsammeln und zu Schlachthöfen transportieren. Wir legten uns bei dieser Firma auf die Lauer und beobachteten, welche Art Tiere die Kadavertaxis transportierten. Und so stellten wir schnell fest, dass es sich tatsächlich um Tiere handelte, denen es so schlecht ging, dass sie nicht mehr aufstehen konnten. Da lagen dann in einem Lkw fünf Kühe, die nicht mehr auf die Beine kamen. Manche versuchten verzweifelt, sich aufzurichten, aber sie kamen immer nur ein kleines Stückchen hoch und krachten dann wieder auf den Boden. Es war entsetzlich! Wir Menschen tun ja schon gesunden Tieren eine Menge an. Aber eine schwer verletzte Kuh mit einem gebrochenen Bein oder einer ausgekugelten oder gebrochenen Hüfte in einen Tiertransporter zu verladen, das ist einfach nur grausam. Ich fragte mich auch, wie diese Tiere überhaupt auf den Lkw verladen wurden.

Wir fuhren dem Lkw mit den fünf verletzten Kühen hinterher. Ich mag solche Verfolgungsfahrten von Tiertransporten überhaupt nicht, denn man weiß nie, wo die Fahrt hinführt. Diese jedenfalls führte Hunderte Kilometer nach Niedersachsen rüber, in einen kleinen beschaulichen Ort namens Bad Iburg. Dort fuhr der Lkw in einem Industriegebiet durch ein Metalltor zu einem niedrigen weißen Gebäude. Daneben stand ein weiteres kleines Gebäude. Mir war sofort klar, dass es sich um einen Schlachtbetrieb handeln musste, aber es war kein großer, sondern ein kleiner Betrieb, eher eine »Klitsche«. Unser Problem war, dass man den Hof von außen nicht einsehen konnte, wir also nicht erkennen konnten, was dort passierte. Wir mussten unseren Einsatz daher für diesen Tag abbrechen und suchten uns erst mal eine Unterkunft. Aber wir gaben nicht auf, sondern kamen am nächsten Morgen sehr früh, noch in der Dämmerung, zurück. Es gab an der Straße ein paar Bäume, hinter denen man sich gut verstecken konnte, und so warteten wir dort eine Weile. Dann hörten wir immer wieder einen Ton, eine Art Summen. Es ertönte den ganzen Tag immer und immer wieder. Die Mauer zur Straße war ziemlich löchrig, und oben drauf war Wellpappe angebracht. Dadurch ergaben sich Lücken zwischen der Wellpappe und der Steinmauer, und durch sie konnte man ganz einfach eine Kamera durchschieben. Es gelang einigen Aktivisten, mit viel Gefummel und Gefluche die Minikamera so zu positionieren, dass sie auf das Tor zeigte, das in den Stall des Schlachthofes führte. Die Aufnahmen, die so entstanden, waren die schlimmsten, die ich jemals gesehen habe.

Gegen fünf Uhr an diesem Morgen ging die Tür das erste Mal auf, der Chef kam herein und pinkelte zunächst mal in den Stall. Kurz darauf kamen ein paar Arbeiter und taten es ihm gleich. Das ist übrigens eine Erfahrung, die ich immer wieder in Schlachthöfen gemacht habe: dass ständig Männer dort urinierten, wo sie gerade das Bedürfnis überkam. Dann kam der erste Transporter vorgefahren, und als die Klappe geöffnet wurde, konnte man sehen, dass auf dem Wagen mehrere Downer-Kühe lagen. Es kamen weitere Lkws mit ähnlicher Ladung. Aus einem wurde sogar eine tote Kuh gezogen, die wohl schon länger tot war. Abgeladen wurden die Kühe mit einer Seilwinde; dabei wurde eine Kette um den Fuß der Kuh gewickelt, die Seilwinde wurde eingeschaltet, und die Kuh wurde an ihrem Huf von dem Lkw runtergeschleift. Das war das summende Geräusch, das ich gehört hatte. Zusätzlich gab es unglaubliche Exzesse mit Elektroschockern. Die Männer stießen die Schocker an die Wirbelsäulen der Kühe, zehnmal und mehr, an den After, an den Schwanz, ins Gesicht. Und das, obwohl die Tiere sich ja ohnehin nicht bewegen oder gar sich wehren konnten.

Warum taten die Männer das? Ich weiß es nicht. Ich habe den Satz geprägt: »Im Schlachthof ergibt vieles keinen Sinn.« Diese Handlungsweise war mir schlicht unerklärlich. Wenn ich möchte, dass eine Kuh in meine Richtung läuft, stochere ich ihr nicht mehrmals mit einem Elektroschocker im Gesicht herum, denn damit erreiche ich ja das Gegenteil von dem, was ich möchte. Jedenfalls war das, was wir hier filmten, ein einziges Gemetzel aus Hieben und Schlägen und Tritten. Die Schwänze der Kühe wurden umgebogen, was sehr schmerzhaft für die Tiere ist. Der Chef lief hin und her, lachte und machte Scherze. Er fühlte sich offensichtlich mit seinem Elektroschocker wie ein Westernheld, der mit seinem Revolver spielt. Immer wenn er einer Kuh ein paar Schläge damit gegeben hatte, warf er ihn hoch und fing ihn wieder auf. Er hatte ganz offensichtlich Spaß daran, die wehrlosen verletzten Tiere zu quälen, bevor sie getötet wurden. Überall lagen diese Kühe herum, und dieser Mann rief: »Ah, ganz frische Ware. So mag ich das.«

Wir stellten bald fest, dass es nicht nur große Betriebe waren, die solche Kühe zu diesem speziellen Schlachthof brachten, sondern auch kleine Betriebe, der »Bauer um die Ecke«. Da kuppelte mancher Kleinbauer einfach einen Hänger an seinen SUV und transportierte seine Downer-Kuh zum Schlachthof. Alle Beteiligten wussten, dass sie etwas Verbotenes taten. Es hatte sich eine ganze illegale Branche entwickelt. Einer erzählte dem Chef, er habe seine kranke Kuh mit einem Hammer erschlagen, weil er gerade kein Bolzenschussgerät zur Hand gehabt habe. Auf die Frage, ob das okay wäre und ob das jemand merkt, kam ein Lachen des Chefs und ein Abwinken.

Es kamen auch Kadaver an, bei denen zum Teil schon die Leichenstarre eingesetzt hatte. Sie tritt bei Rindern erst zwischen 24 und 48 Stunden nach dem Tod ein, sie waren also schon länger tot. Solches Fleisch darf an sich gar nicht mehr gegessen werden; man kann den Verbrauchern nur noch viel Glück wünschen.

Mafiöse Verhältnisse

Es war schnell klar, dass dieser Schlachthof und die Viehhändler eine kriminelle Vereinigung waren, eine Mafia. Anders kann man das gar nicht nennen. Die taten etwas durchweg Illegales. Nach Bad Iburg fuhren täglich rund fünfundzwanzig Tiertransporte, teilweise durch ganz Deutschland – von der großen Spedition bis zum kleinen Hinterhofbetrieb. Diesen Laden kannte in der Szene jeder. In der Branche werden Prämien gezahlt für solche Geheimtipps. Händler oder Lkw-Fahrer bekommen für den Hinweis, wohin ein Bauer seine Problemfälle entsorgen kann, bis zu 3000 Euro bar auf die Hand. In Deutschland gibt es rund ein Dutzend solcher Betriebe, auch wenn nicht alle so dick im Geschäft sind wie der in Bad Iburg. Während meiner Recherche in Bad Iburg bekam ich einen Hinweis auf einen vergleichbaren Schlachthof direkt in der Nähe, in Hohengöhren, und ich fragte mich natürlich, warum die Downer-Kühe überhaupt Hunderte Kilometer transportiert wurden.

Später erfuhr ich, dass die beiden Betreiber sich zerstritten hatten. Als ich mir den Schlachthof in Hohengöhren anschaute, musste ich feststellen, dass es sich eigentlich eher um eine große Garage handelte, in der Tiere geschlachtet wurden.

In der Mitte der Garage stand die Tötungsbox. Solch eine Tötungsbox – der Fachbegriff lautet »Falle« – muss es in jedem Schlachthof geben. Das Rind wird in einen engen Metallbehälter gesperrt, sodass es sich nicht mehr bewegen kann. Die Kühe sind aber nicht blöd, sie verstehen, dass dort etwas passieren wird, und flippen oft total aus. In diesen Boxen spielen sich unglaubliche Dramen ab. Das Rind wird hineingetrieben, nicht selten mit roher Gewalt, weil es sich weigert. Die Box geht zu, und dann kommt der sogenannte Kopfschlächter. Er setzt ein Bolzenschussgerät an den Kopf. Mit diesem Gerät, das aussieht wie ein 40 Zentimeter langes Metallrohr und in dem sich eine

Neun-Millimeter-Patrone befindet, die wie bei einer Pistole aus-
gelöst wird, werden die Rinder betäubt – nicht getötet, wie viele
Menschen glauben. Der Bolzen durchschlägt durch seine Wucht
die Schädeldecke des Rindes, wodurch das Rind etwa zwei Minuten betäubt werden soll. Anschließend muss die Halsschlag-
ader des Rindes aufgeschnitten werden, damit das Tier durch
Ausblutung stirbt. Dafür hat man also im besten Fall 60 Sekun-
den Zeit. Der Kopfschlächter muss genau die richtige Stelle finden, die etwa so groß ist wie ein Zweieurostück. Es ist also gar
nicht einfach, genau diese Stelle zu finden, und das auch noch im
richtigen Winkel. Das ist aber sehr wichtig, weil das Tier sonst
nicht richtig betäubt wird und Höllenschmerzen erleidet.

Warum erschießt man das Tier nicht einfach? Das liegt daran,
dass das Blut dann noch in der Kuh und das Fleisch ungenießbar
wäre und schnell gammeln würde. Es schmeckt eben besser,
wenn das Blut vor dem Sterben vollkommen ausgelaufen ist.
Deshalb soll das Herz noch so lange wie möglich schlagen, damit
man das Blut aus dem Körper gepumpt bekommt. Nachdem die
Arterie aufgeschnitten wurde, brechen die Tiere im besten Fall
zusammen, bevor eine Bodentür aufgeht und es aus der Falle fällt.
Wenn das Tier nicht richtig betäubt ist, was nach meiner Beobachtung in bis zu 30 Prozent der Fälle passiert, bricht es aber nicht
zusammen, sondern bleibt zum Beispiel im offensichtlichsten Fall
mit einem Loch im Kopf einfach stehen. Dann müsste eigentlich
sofort nachgeschossen werden, aber der Kopfschlächter muss zunächst sein Bolzenschussgerät nachladen, was etwas dauert.

Den Rekord, den wir mit ansehen mussten, war ein Rind, dem
sechsmal in den Kopf geschossen werden musste, bis es endlich
am Boden lag und erlöst war. Ist das Tier aber nicht richtig betäubt, dann handelt es sich schlicht um eine Schächtung – also
um einen Vorgang, den viele Deutsche ablehnen. Sie wissen
nicht, dass auch das Rindfleisch, das sie essen, zu einem erheb-
lichen Teil auf die Weise gewonnen wurde, weil die Betäubung

so oft fehlschlägt. Schächten ist Alltag in deutschen Schlachthöfen – und das ganz ohne Islam oder Judentum.

Wenn das Tier das Bewusstsein verloren hat, soll es eigentlich aus der Falle rollen. Aber auch da gibt es häufig Probleme, weil die Tiere oft hängen bleiben. Da haben Schlachter wie in Hohengöhren so ihre Tricks. Sie kommen mit dem Elektroschocker, um die Muskeln des Tieres zu stimulieren, damit es sich bewegt und aus der Falle löst. Dadurch wird aber auch die Betäubung geschwächt. Wenn es zu lange dauert, bis es losgemacht wird, kann es passieren, dass es den Beginn des Zerlegens noch bei Bewusstsein erlebt. Es spürt also noch, wenn ihm die Hörner oder die Beine abgeschnitten werden. Diese Schmerzen müssen unbeschreiblich sein, werden aber bewusst in Kauf genommen.

In Hohengöhren gelang es uns, heimlich zu filmen, wie sich ein Bulle unglaublich wehrte. Er hatte schon zwanzig bis dreißig Elektroschocks auf Kopf und Körper bekommen, der Arbeiter hatte ihm sogar Schocks auf Nase und Maul gegeben. Man konnte das Knistern noch durch das etwa 25 Meter entfernte Kameramikrofon hören. Der Bulle rastete total aus, und es gelang ihm in seiner Wut und seiner Angst tatsächlich, aus dem Gang, der zur Falle führte und von einem etwa 1,5 Meter hohen Gitter umzäunt war, herauszuspringen. Auch in Bad Iburg erlebten wir so etwas. Dort wurde der Oberschlächter, der den Tieren so viel Leid zufügte, von einem Bullen über den Haufen gerannt, und ich muss zugeben, ich spürte eine gewisse Schadenfreude in mir, als er anschließend wochenlang mit einem Gipsarm herumlief. Dieser eigentlich kräftige junge Bulle in Hohengöhren hatte Schmerzen am Fuß, der eine Huf hing nur noch an ein paar Sehnen am Bein fest. Das Tier musste unglaubliche Schmerzen haben. Aber mit dem Mut der Verzweiflung wehrte er sich und konnte so seinem Tod für kurze Zeit entrinnen. Am Ende nützte ihm dieser Kampf nichts, er wurde dann aber immerhin von seinen unendlichen Leiden erlöst.

Aus der Schlachtgarage in die ganze Welt

Das Fleisch aus den Schlacht-Klitschen in Bad Iburg und Hohengöhren ging in die ganze Welt. Es wurde an Fleischgroßhändler nach Belgien, Holland und Polen geliefert und von da überallhin, selbst auf andere Kontinente. Von der Schlachtgarage in die große Welt also. Beliefert wurden auch kleine Supermärkte und regionale Metzgereien. Es kamen aber auch Geschäftsleute vorgefahren und deckten sich mit der Ware ein, und Großfamilien aus dem Ruhrgebiet kauften für den privaten Verzehr ein. Das Geschäft mit diesen Kühen ist für die Großhändler verlockend, denn sie zahlen für eine Kuh 100 Euro, für ein Kalb teilweise nur acht Euro. Wenn man aus dieser Kuh 300 Kilogramm verwertbares Fleisch zu fünf Euro pro Kilogramm bekommt, ist das wie eine Lizenz zum Gelddrucken. In Bad Iburg kamen Kälber an, die gerade aus dem Mutterleib gerutscht waren – da fragte ich mich, was man überhaupt aus diesen Tieren für ein Produkt herstellen kann. Tote Tiere, so vermute ich, sind sogar gratis, denn die Bauern wollen sie ja unbedingt loswerden.

Erstaunlich fand ich, dass unter den Direktkunden auch viele Betreiber orientalischer Geschäfte waren. Mein Vater hatte früher immer gesagt, in diesen Geschäften könne man beruhigt einkaufen, denn diese Leute wüssten noch, was Qualität sei. Das bezweifle ich inzwischen ganz stark. Später ging ich in solche Läden, die Fleisch aus Bad Iburg verkauften, und fragte den Besitzer, ob das Fleisch *halal* sei. »Ja, natürlich«, lautete stets die Antwort. Ich aber wusste ja, wo die Ware herkam. Wenn man sie dann mit der Wahrheit konfrontierte, behaupteten sie plötzlich, keine Ahnung zu haben. Als ich verschiedene islamische Verbände darauf ansprach, stellte sich schnell heraus, dass es sich um ein absolutes Tabuthema handelt. Keiner wollte darüber reden. Es gibt in Deutschland viel zu wenig wirklich nach muslimischen Regeln hergestellte Ware, also nimmt man offenbar sehr kreativ alles, was man bekommen kann. Viel von diesem Fleisch wird auch für die Herstellung von Döner verwendet. Ich denke, hier kommen in erster Linie die kleinen Kälber hin, die ich in Bad Iburg sah. Für die Döner-Produktion kann man selbst bei ihnen noch genug Fleisch von den Knochen kratzen. Im Übrigen ist es wichtig zu wissen, dass *halal* nicht automatisch betäubungsloses Schlachten bedeutet, es gibt da viele Abstufungen. Häufig bedeutet es nur, dass die Schlachtlinie in Richtung Mekka positioniert ist und ein islamischer Geistlicher in der Früh einmal Allah anruft. Eigentlich müsste er es bei jeder Tötung machen. Das ist aber wohl bei mehreren Hunderttausend Schlachtungen pro Tag in so manchem Betrieb etwas schwierig.

Insgesamt beobachteten versteckte Kameras fünf Wochen den Schlachthof Bad Iburg. Ich sichtete dieses Material regelmäßig – das war eine der schlimmsten Zeiten meines Lebens. Ich fuhr wie jedes Jahr zu dieser Zeit mit meiner Mutter an die Nordsee, um ein paar Tage auszuspannen. Diesmal nutzte ich die Zeit, um das Filmmaterial aus Bad Iburg zu sichten. Zwischendurch ging ich immer wieder an den Strand, um mich zu erholen; anders wäre das gar nicht auszuhalten gewesen. Ich arbeitete an zwei Monitoren gleichzeitig und schrieb auf, was ich sah: dreimal Elektroschocker im Gesicht, fünfmal am Schwanz, Tierärztin reicht die Kette einer Seilwinde an Schlachter A, Schlachter B uriniert in die Ecke und geht ohne Hygienemaßnahmen anschließend in den sauberen Verarbeitungsbereich, Schlachter C prügelt auf ein Tier ein, Schlachter D schlägt mit einer Tür auf den Kopf einer verletzten Kuh ein, die vor einer Tür liegt, bis der Kopf so weit nachgibt, dass die Tür zu öffnen ist … Die Staatsanwaltschaft bedankte sich kurze Zeit später sehr herzlich bei mir für die Arbeit. Aber mich trieb diese Auswertung wirklich fast in den Wahnsinn. Ich bin hartgesotten und ertrage vieles, was andere Leute nicht verkraften, aber die Passivität, zu der ich beim Anschauen der Bilder, die zwei oder drei Wochen vorher aufgenommen worden waren, verurteilt war, war unerträglich. Ich führte Buch über alle diese Grausamkeiten, über den ganzen Wahnsinn. Inzwischen bin ich zu der Erkenntnis gekommen, dass man für zwei Wochen Material aus einem Schlachthof sichten mindestens die doppelte Zeit Urlaub braucht, um sich wieder davon zu erholen. Das nagt unglaublich an der Energie, und nach spätestens zwei Stunden ist man innerlich wie tot. Ich habe in den vergangenen fünfundzwanzig Jahren viele Grausamkeiten auf Bildern und Filmen gesehen – und jedes dieser Bilder ist jederzeit vor meinem geistigen Auge abrufbar. Das geht niemals weg.

Ohnmächtig ist nur, wer sich ohnmächtig gibt

Mir hilft, dass ich keine Kuhmilch trinke, sondern Hafermilch; dass ich kein Fleisch esse, sondern vegane Produkte. Aber weg ist das Gesehene trotzdem nie. Wenn ich mich vegan ernähre, geht es nicht in erster Linie um meine Gesundheit. Man kann sich auch vegan ziemlich schlecht ernähren. Es geht mir hauptsächlich um die Tiere und um die Umwelt, nicht um mich. Dennoch ist es natürlich praktisch, dass man mehr Kraft hat, sich besser fühlt und die rein pflanzliche Ernährung dem Körper guttut. Wenn ich solche schrecklichen, irrsinnigen Aufnahmen wie die aus Bad Iburg sichten muss, hilft es, sich immer wieder mantraartig einzubläuen, dass man Teil der Lösung ist, nicht Teil des Problems; dass man nicht Teil von Bad Iburg oder Hohengöhren ist, und wie die anderen Orte des Grauens alle heißen. Das ist ein wichtiger Punkt, denn ich werde ja immer wieder gefragt, wie ich das alles eigentlich aushalte. Die Leute schreiben mir auf Facebook, nachdem sie wieder mal einen Bericht im Fernsehen gesehen haben: »Ich könnte jeden Tag heulen. Ich bin gestern heulend ins Bett gegangen und heute Morgen heulend wieder aufgestanden.« Diesen Menschen kann ich nur sagen: Ohnmächtig ist man nur, wenn man sich ohnmächtig gibt. Man hat die Möglichkeit, sein eigenes Leben zu gestalten und vegan zu leben. Dann agiert man nicht mehr aus der Position der Ohnmacht heraus, sondern man handelt aktiv. Ich stelle das auch auf Demos gegen Tierversuche fest, wenn siebzigjährige Frauen zu mir kommen und mir sagen: »Das ist das erste Mal in meinem Leben, dass ich für etwas demonstriere, und es fühlt sich toll an.« Genau! Nur zu Hause zu sitzen, den Horror im Fernsehen zu sehen und anschließend das Fleisch, über das gerade berichtet wurde, zu essen, als sei nichts gewesen, fühlt sich sicher nicht toll an.

Als ich mit Unterstützung einiger Helfer das Material komplett durchgesehen hatte, entschied ich, dass der Zeitpunkt zum Handeln gekommen sei. Zusätzlich wurde uns noch Material aus dem Schlachthof zugespielt, das aus den Mülltonnen des Betriebs stammte. Es handelte sich dabei um interne schriftliche Aufzeichnungen, die aber zerrissen worden waren, bevor sie im Müll gelandet waren. Schnell stellten wir fest, dass die Person, die diese Arbeit übernommen hatte, nach einem immer selben Rhythmus arbeitete, denn sie zerriss die Blätter immer genau auf die gleiche Art zweimal. Daher war es relativ einfach, die Papiere wieder zusammenzusetzen. Trotzdem dauerte es ein paar Tage, bis wir alles mit Tesafilm zusammengeklebt hatten. Aber dann hatten wir eine Fundgrube mit vielen Informationen, die wir gut gebrauchen konnten.

All diese Skandale hängen immer eng mit Menschen zusammen, die mir helfen: mit den Whistleblowern. Häufig sind es Leute, die in diesen Schlachthöfen arbeiten, die dort ein und aus gehen, schon ihr ganzes Leben Blut an den Händen haben. Das sind zwar hartgesottene Leute, die auch von dem System profitieren, aber sie sind nicht dumm und wissen genau, dass vieles, was in dieser Branche abgeht, verbrecherisch ist. Wenn man erst mal ein gewisses Vertrauensverhältnis zu einem von diesen Leuten aufgebaut hat, dann spricht es sich herum und zieht Kreise.

Aber manchmal ist es hart und erfordert von mir viel Mut und auch Abwägung. Zum Beispiel klingelte eines Tages um 21 Uhr das Telefon, und eine Stimme fragte mich, ob ich einen Schlachthof von innen sehen möchte. Dazu sollte ich in einen 200 Kilometer entfernten Ort im Norden Bayerns kommen, und zwar sofort. Da denkt man natürlich schon an das berühmte *Star Wars*-Zitat von Admiral Ackbar: »Das ist eine Falle!« – und fährt dann doch los. Meine Erfahrung ist, dass man diesen Menschen zeigen muss, dass man bereit ist, ihnen zu trauen und Risiken einzugehen. Inzwischen habe ich ein Netzwerk von ungefähr dreißig Insidern aus der Fleischbranche in ganz Deutschland, die mich mit Informationen versorgen. Dazu kommen Schlachter, Tiertransportfahrer, Futtermittelhändler, Bauern und andere, die Zugang zu Schlachthöfen haben, aber selbst gar nicht aus der Branche kommen, also zum Beispiel solche, die Maschinen reparieren oder Solarmodule installieren. Wichtig ist in jedem Fall, dass alles sehr diskret abläuft und auf absolutem Vertrauen aufbaut. Wird dieses Vertrauen zerstört, bricht so ein Netzwerk schnell zusammen. Man muss natürlich auch sehr genau einschätzen können, welche Quelle wirklich verlässlich ist und welche man mit Vorsicht behandeln muss. Es kam auch schon zu Unterwanderungsversuchen, aber die schlugen stets fehl. Auch Privatdetektive wurden schon auf uns angesetzt. Da gibt es dann regelrechte Verfolgungen, das ist wie im Krimi. Wir überprüfen Leute, die bei uns anzudocken versuchen, ziemlich genau und haben verschiedene Sicherheitskordons, die sich sehr gut bewährt haben. Nur einmal stellte ich fest, dass eine Mitarbeiterin ganz offenbar für jemand anderen arbeitete. Sie war aus dem Nichts gekommen und verschwand auch wieder im Nichts – immer ein Zeichen dafür, dass etwas nicht stimmt. Ich stellte ihr eine Falle, und sie tappte hinein. Zum Glück kann ich mit Stolz sagen, dass ich zu dem stehe, was ich tue, und auch bereit bin, mich meiner Verantwortung zu stellen. Darum ist solche Spitzelei recht wirkungslos, da man das meiste ja ohnehin später im Fernsehen sieht. Aber es war bei uns nie so wie in Österreich, wo der Staat eine Tierschutzorganisation regelrecht unterwanderte und sogar eine Liebesbeziehung inszenierte. Das erinnerte schon ziemlich an die Stasi. Die Wühlarbeit stellte sich anschließend im Gerichtsverfahren als erfolglos heraus, denn die Spitzel hatten einfach nichts Belastendes herausbekommen.

Die Fleischindustrie arbeitet mit allen Tricks

Aber klar ist, dass man immer aufmerksam sein muss, denn die Branche ist mit allen Wassern gewaschen, immerhin geht es ja um viel Geld. Sie arbeitete ja auch mit anderen schmutzigen Tricks gegen uns, über die ich noch in einem eigenen Kapitel berichten werde. Man weiß auch keineswegs immer, aus welcher Motivationen heraus Leute mit uns zusammenarbeiten. Ich bin mir sicher, dass die allermeisten nicht ihre Jobgrundlage zerstören wollen. Es gibt auch welche, die Angst davor haben, dass die Menschen irgendwann kein Fleisch mehr essen, weil die Zustände in der Fleischindustrie so schlimm sind. Sie sagen, sie wollen dabei helfen, die schlimmsten Verbrecher zu enttarnen, um die Branche insgesamt zu retten. Das ist nicht mein Anliegen, aber ich kann damit leben. Es gibt aber auch Informanten, die wirklich der Überzeugung sind, dass es so nicht mehr weitergehen kann. Wenn sie anfangen zu erzählen, komme ich mir oft vor wie in einem Beichtstuhl.

Doch zurück nach Bad Iburg. Unser Einsatz in der niedersächsischen Provinz war nicht vergeblich. Ich unterrichtete die zuständige Staatsanwaltschaft und das niedersächsische Justizministerium und überreichte ihnen unser Material. Nach unserer Anzeige fuhren zehn Polizeifahrzeuge auf dem Hof vor, und die Polizei nahm den Schlachthof auseinander. Sie machte einen tollen Job. Anderthalb Jahre sichteten bis zu fünfzehn engagierte Beamtinnen und Beamte unser Material. Diese Leute tun mir wirklich leid, das ist ein echt harter Job, wie ich aus eigener Erfahrung weiß. Manch ein Beamter ist durch solche Ermittlungen vegan geworden. Inzwischen ist der Fall Bad Iburg der größte Tierschutzprozess der deutschen Geschichte. Insgesamt gibt es über hundert Beschuldigte, der Fall wird die Gerichte lange beschäftigen, und wer weiß, vielleicht wird diesmal endlich jemand eingesperrt.

Bad Iburg war eine Initialzündung. Danach ließen wir weitere Schlachthöfe hochgehen, die Metastasen des Tumors Bad Iburg. Inzwischen ist es auch so, dass selbst die Staatsanwaltschaften schärfer vorgehen als früher. Die Fälle sind so gravierend, dass sie oder auch die zuständigen Ministerien die Verfahren nicht mehr einfach ignorieren können.

Bad Grönenbach und die Folgen

Von Bad Iburg ging es direkt weiter nach Bad Grönenbach im Allgäu. Es war ein Zufall, dass es sich erneut um einen Kurort handelte. Wenn es ein Herz der deutschen Milchwirtschaft gibt, dann schlägt es hier. Die Verbraucher denken, hier seien die Kühe gesund und lebten auf der grünen Wiese. Das Alpenvorland hat ja allgemein den Ruf, hier sei die Welt noch in Ordnung – dem kann ich nur stark widersprechen. Ich wurde durch lobende Artikel auf einen Großbetrieb in Bad Grönenbach aufmerksam. Ein örtlicher Tierschützer entmutigte mich und meinte, dass man bei dem nichts findet, der hätte so was nicht nötig. Meine Neugier blieb, und mein Gefühl sollte mich nicht täuschen. Von dem Tierschützer erhielt ich dann Bilder von einem Partnerbetrieb, und was ich sah, kam mir nach meinen bisherigen Recherchen sehr vertraut vor: Kühe, die nicht mehr laufen konnten, Kühe, die an Stahlseilen herumgezogen wurden, Kühe, die verletzt waren, überfüllte Ställe. Ich fuhr also hin. Der Hof E. ist eine der größten Milchfarmen Deutschlands mit etwa 3500 Kühen. Und das ist nur einer von mehreren Betrieben, die dem Besitzer gehören. Außerdem arbeitet er mit Bauern zusammen, deren Höfe er pachtet und die Bauern als Arbeiter anstellt. Einer der Bauern aus diesem Netzwerk hatte sich nun an den Tierschützer gewandt. Er hatte feststellen müssen, dass seine Wiesen kaputt gedüngt und das Grundwasser verseucht wurde, seitdem er bei E. war, und dass ebenso die Kühe misshandelt wurden. Er hatte mit ansehen müssen, wie Kühen aus seinem Stall Stahlseile an den Fuß gebunden und sie dann daran aus dem Stall gezogen wurden; die Kühe verletzten sich dabei schwer, die Füße konnten dabei halb abreißen. Das wollte er nicht hinnehmen. Er versuchte, E. von diesem Verhalten abzubringen – vergeblich. Er hatte auch schon ein Jahr zuvor die Polizei informiert. Die ignorierte ihn aber. Er war beim Bürgermeister gewesen und hatte ihm Bilder des Grauens gezeigt – nichts passierte. Er fuhr zum Landrat – wieder ohne Erfolg. Er erstattete Strafanzeige und ging zum Veterinäramt – alles sinnlos.

Schließlich wandte er sich an uns, und so gelang es dem örtlichen Tierschützer, versteckte Kameras auf dem Hof des Informanten zu installieren. Auf den Aufnahmen konnte man sehen, wie der Juniorchef mit einem spitzen Gegenstand einer Kuh, die nicht gehen konnte, zahlreiche Stiche verpasste, um sie zum Gehen zu bewegen. Anschließend wurde sie auf einen Transporter geschleift. Unsere Recherchen ergaben dann, dass es in dem Hauptbetrieb des Unternehmens einen kleinen Raum gab, der mit Stroh eingelegt war – und in diesem Raum wurden kranke und verletzte Kühe einfach zum Sterben abgelagert. Die Arbeiter dort nannten diesen Ort zynisch das »Paradies«. Hierher wurden Kühe aus allen E.-Betrieben gebracht, und zwar mit den bekannten brutalen Methoden. Die Tiere hatten zu wenig Wasser, aber viele kamen ohnedies gar nicht an das Wasser heran, weil sie sich nicht bewegen konnten. In diesem Raum stand man vor einem Feld halb toter Kühe. Manche schlugen in ihrem Todeskampf die Köpfe hin und her oder hyperventilierten. Sie hatten lange, entzündete Schnittwunden, die stammten von einer Greifkralle, mit der die Mitarbeiter mehrfach am Tag versuchten, die Kühe wieder auf die Beine zu zwingen. Gemolken wurden die Tiere natürlich auch nicht. Das ist der Horror für eine Kuh, die pro Tag 40 Liter Milch produziert. In einer Ecke am Rande des Stalls lag ein Kadaverhaufen, wie ich es schon kannte. Unter einem grünen Plastikvlies lagen tote Kühe. Dazwischen überall tote Kälber, auch solche ohne Ohrmarke, die also gleich nach der Geburt gestorben waren, bevor sie überhaupt gekennzeichnet werden konnten. Die Bauern warten gern die sieben Tage ab, die das Gesetz vorsieht, um die Tiere mit den Ohrmarken zu kennzeichnen. Wenn die Kälber während dieser Zeit sterben, umso besser, denn ohne Ohrmarke werden sie in keine Statistik aufgenommen – und dann besteht auch keine Gefahr, dass es zu unangenehmen Fragen kommt.

Der Umgang mit Mutterkühen und ihren Neugeborenen war, wie man auf den Aufnahmen sehen konnte, ohnedies sehr brutal. Einmal rutschte gerade ein Kalb aus einer Kuh heraus, anschließend kam eine Arbeiterin, gab der Mutter mehrere Tritte ins Gesicht, und das Kalb wurde auf eine Traktorschaufel geworfen und weggefahren. Ich muss in diesem Zusammenhang noch einmal daran erinnern, dass Kühe sehr soziale Wesen und liebevolle Mütter sind – eine Kuh, der das Kalb weggenommen wird, leidet sehr.

Die Aufnahmen von sterbenden Kühen zogen sich über Tage hin. Es gelang zudem, auch eine Kamera im Viehtransporter der Firma E. zu installieren. Die Aufnahmen wirkten auf mich als Zuschauer so, als wenn ich mitfahren würde. Man sah, wie der Wagen mit dem Hänger zu einem Stall fuhr, wie Arbeiter eine Kuh mit einem Trecker über die Brüstung hoben und mit dem Kopf voraus mit voller Wucht auf den Boden krachen ließen, oder wie eine kranke Kuh zum Schlachthof gefahren wurde, ohne dass sie legal notgeschlachtet wurde. Im Schlachthof winkte der Veterinär das Tier dann scheinbar durch. Recherchen ergaben, dass dieses Tier verarbeitet wurde.

Besonders schlimm waren Szenen, wo selbst ich mich fast übergeben musste, auch nach fünfundzwanzig Jahren, in denen ich viel Schlimmes und Unfassbares gesehen habe. Solche Momente der Ohnmacht gibt es immer mal wieder bei Recherchen. In einem Fall war es so, dass eine Mitarbeiterin, die sich offenbar gut im Betrieb auskannte, mit einem Gehilfen in den Stall ging, um eine Geburt einzuleiten. Die Mutterkuh war verletzt, ein Teil des Kalbes schaute schon aus ihr heraus. Da die Kälber selten von alleine herauskommen, werden die Geburten in der Massentierhaltung oft mit Flaschenzügen durchgeführt. In diesem Fall dauerte dieser Vorgang eine Stunde – Mutter und Kalb erlitten während dieser Stunde unglaubliche Qualen. Irgendwann, als das Kalb zur Hälfte aus dem Mutterleib heraushing, zückte der Gehilfe sein Smartphone und telefonierte, vermutlich mit seinem Chef. Kurz darauf sah man auf den Filmaufnahmen, wie die Frau dem Mann ein Bolzenschussgerät gab, mit dem dieser der Mutter in den Kopf schoss. Danach gingen die beiden einfach weg. Sie ließen die Kuh und ihr Kalb einfach verrecken. Noch einmal zur Erinnerung: Der Bolzenschuss ist keine Tötungs-, sondern nur eine Betäubungsmaßnahme. In diesem Fall bedeutete das, dass die Mutterkuh mit ihrem Kalb, das halb aus ihrem Körper heraushing, über Stunden an der Kopfverletzung gestorben ist. Und mit ihr natürlich das Kalb. Am nächsten Morgen kam ein Angestellter mit einem Traktor und riss das Kalb aus dem Körper heraus. Wir entdeckten bald, dass auf dem Kadaverhaufen mehrere Kühe lagen, die nur ein Loch im Kopf aufwiesen, aber keinen Schnitt am Hals. Der Fall, den wir heimlich gefilmt hatten, war also wohl besonders brutal, aber ganz bestimmt kein Einzelfall. Unter den vielen entsetzlichen Schicksalen, denen ich begegnet bin, ist das eines der schlimmsten. Die Schmerzen dieser Tiere kann man sich gar nicht vorstellen.

Auch in diesem Fall wandte ich wieder den Trick mit dem Veterinäramt an. Mir stellte sich natürlich die Frage, wie es sein konnte, dass dieser Horror niemals aufgefallen war. Ich schrieb also wieder einen anonymen Brief an das zuständige Amt und wies auf die Zustände hin. Am nächsten Tag kam tatsächlich die Tierärztin, empörte sich auch ganz offensichtlich und machte Fotos von den Kühen. Wir konnten das beobachten, weil die versteckten Kameras ja immer noch installiert waren. Und was geschah dann? Einige Tage später sah ich, dass die Zustände noch schlimmer waren als vorher. In der Todeszone lagen vier oder fünf sterbende Kühe. Ein Tier starb live vor der Kamera. Die Kuh hechelte nur noch und verdrehte die Augen, sodass man nur noch das Weiße sah – ein deutliches Zeichen dafür, dass es Kühen sehr schlecht geht. Das waren Szenen, die aufgenommen wurden, *nachdem* der Staat in Gestalt des Veterinäramtes von solchen Zuständen in diesem Betrieb erfahren hatte.

Ich denke, diese Szenen und Zustände waren es, die eine gewisse Zeitenwende bewirkten, nachdem wir sie in der ARD-Sendung *Report aus Mainz/Fakt* und in der *Süddeutschen Zeitung* veröffentlicht hatten. Die öffentliche Empörung wurde groß, die Berichte und Bilder verursachten eine Welle des Entsetzens in Deutschland, Europa und auf der ganzen Welt. Ich bekam Anrufe aus vielen Ländern. In den nächsten Wochen, so muss man es sagen, marschierte der Freistaat Bayern im Allgäu ein und besetzte die Gegend. Die Behörden setzten eine umfangreiche Polizeiaktion in Gang; im Hauptbetrieb und den Zweitbetrieben von E. rückten rund zweihundert Polizeibeamte und zwölf Staatsanwälte ein, ebenso bei der Tierarztpraxis. Es gab Dutzende Hausdurchsuchungen, übrigens auch bei anderen Betrieben in der Gegend. Vielen wurden Geldstrafen auferlegt, und ich bekam wütende Briefe und Mails von den Betroffenen. Sie beschwerten sich bei mir darüber, dass die Behörden jetzt plötzlich jede kleine Ansammlung von Schimmel in irgendeiner Ecke ahndeten, nachdem darüber vorher gerne mal hinweggesehen worden sei. Meine Antwort in solchen Fällen lautete: »Ihr stellt Lebensmittel her, deshalb darf es in keiner Ecke irgendeinen Schimmel geben. Und lügt hier nicht rum, denn der Schimmel in euren Ställen ist das kleinste Problem.« Jetzt merkten die Bauern im Allgäu und in Bayern endlich mal, wie es ist, wenn sich der Staat kümmert und seinen Aufgaben nachkommt. Wenn ich in meinem Garten Autoreifen verbrennen würde, kann ich auf die Uhr schauen, bis die Polizei kommt, und ich kann sicher sein, dass ich deswegen verurteilt werde. Einem Bauern, der gegen das Gesetz verstieß, passierte nichts. Wie oft habe ich schon gesehen, wie diese Landwirte ihren gesamten Unrat verheizen, folgenlos. Da ändert sich derzeit wenigstens etwas. Das lag auch am Veterinäramt, das tief in die ganze Sache verstrickt war. So kam beispielsweise heraus, dass E. immer wieder vor Kontrollen gewarnt worden war. Als ich das öffentlich behauptete, drohte mir der Landrat mit einer Klage. Ich sprach weiter öffentlich darüber – die Klage wurde bis heute nicht eingereicht.

Übrigens sah es auch unter Umweltaspekten nicht so gut aus bei E. Der Betrieb liegt ja immerhin in der Nähe eines Kurorts. Ich entdeckte hinter dem Stall drei Baggerlöcher in der Größe von Swimmingpools. Es stank bestialisch, und mir war sofort klar, dass es sich um mit Regenwasser vermischten Silagesaft handeln musste. Silage ist vergorenes Gras, mit dem die Tiere gefüttert werden. Wenn das Gras vergärt, entsteht dieser sehr übel riechende Silagesaft. Dieses Zeug wurde einfach in ausgebaggerte Teiche ohne jeden Schutz vor einer Versickerung ins Grundwasser gekippt. Sie lagen direkt am Rand eines Getreidefeldes. Keine Behörde wusste davon, aber als ich das anzeigte, kam wirklich am nächsten Tag die Polizei und ließ diese Teiche beseitigen. Natürlich hätten diese Silagesaftteiche den Behörden viel früher auffallen müssen. Ganz offensichtlich war niemals ein Behördenvertreter mal um den Stall herumgegangen, und niemals hatte sich jemand die Frage nach der Entsorgung gestellt.

Die Milchbranche hat seit Bad Iburg und Bad Grönenbach ein echtes Problem. Es ist nicht mehr weit her mit dem Heidi-Image des Allgäus und dem Bild von der glücklichen lila Kuh auf der Wiese. Die Käserei Champignon wartete mehrere Tage, bis sie ihm kündigte. Die Milch von E. tauchte dann auch mal gerne in Italien auf.

Die allermeisten Verbraucher wissen gar nicht, wie es in den Kuhställen so aussieht und was für Zustände und Gepflogenheiten dort herrschen. Ich möchte nur zwei Beispiele erwähnen. So wird den Kühen jedes Jahr ein Kalb weggenommen. Die Geburt ist wichtig, denn ohne Kälber produziert die Kuh keine Milch. Kühe aber trauern wochenlang um ihr Kalb und schreien deshalb auch oft laut, das erzählte ich schon. Aber es gibt noch einen anderen erschreckenden Aspekt: Die Frage ist nämlich, wohin mit den ganzen Kälbern, denn in Deutschland gibt es ohnehin eine große Überproduktion. Mästen kann man diese Kälber nicht, die Rasse ist auf die Produktion von Milch gezüchtet, nicht für die Fleischmast. Sie setzen also kein gutes Fleisch an. Ein Kuhstall kann sich aber auch nicht jedes Jahr verdoppeln, also wohin mit den Tieren? Da nicht alle auf mörderischen Langstreckentransporten in fremde Länder geschafft werden können, bleibt nur, die Tiere anderweitig verschwinden zu lassen. Die

Kälber werden ertränkt, erschlagen oder erstickt. Ich fand auch in Wäldern Stellen, wo umgebrachte Kälber abgelagert worden waren. Natürlich sind die Ohrmarken herausgerissen, damit der Besitzer nicht ausfindig gemacht werden kann.

Kranke Kühe, kranke Milch

Ein zweites Problem, das ich hier nur anreißen möchte: Millionen Milchkühe in Deutschland leiden an Mastitis. Das ist eine Entzündung der Milchkanäle, die vor allem durch die schlechten hygienischen Verhältnisse in den Ställen hervorgerufen wird. Das setzt sich dann in die Euter fort. Ich habe Euter gesehen, die kurz vor dem Bersten standen und knallrot waren, teilweise waren sie blutig, und es tropfte Eiter heraus. Dieses Problem tritt in praktisch jedem Stall auf, ganz gleich, ob es sich um einen konventionellen oder um einen Bio-Stall handelt.

Die Mastitis kann anhand der Zahl der somatischen Zellen im Blut gemessen werden, also die weißen Blutkörperchen. In Deutschland sind pro Milliliter zum Beispiel 100 000 bis 250 000 solcher Zellen normal. Der Grenzwert liegt bei 400 000. Ein guter Wert läge allerdings bei rund 20 000 bis 30 000. Ein Tier, das mehr als 100 000 hat, ist krank. Ist eine Kuh wirklich an Mastitis erkrankt, kann die Zahl auch in die Millionen hochschnellen. Die Zellzahl wird allerdings nicht von den einzelnen Kühen im Stall gemessen, sondern in der Molkerei, nachdem die Milch vieler Kühe zusammengegossen wurde. Es handelt sich also nur um einen Durchschnittswert. Die Molkereien pasteurisieren die Milch, aber auch dann handelt es sich immer noch um Eiter.

Man sollte also den Bauern des Vertrauens auf dem Land mal fragen, wie hoch aktuell die Zellzahl in seiner Milch ist. Jeder Bauer beschäftigt sich damit, weil alle das gleiche Problem haben. Sie messen die Zellzahl, oder besser gesagt den Eiterlevel mit Teststreifen und wissen daher darüber Bescheid, denn die Molkereien zahlen weniger, wenn die Zahl zu hoch ist. Klar, dass einige Bauern nach Tricks suchen, um diese hohe Zahl zu senken; das kann man zum Beispiel mit Chemikalien machen, nach denen die Molkerei bei der Untersuchung der Milch nicht sucht, oder man schafft sich einfach eine eigene Zentrifuge an und holt den Eiterschlamm illegal vor der Molkerei raus. Daran erkennt man, dass wir in Deutschland ein Milchseuchenproblem haben.

Ein anderes Problem ist die Blauzungenkrankheit, die durch Viren verursacht wird. Sie ist ein Grund, warum die Preise für Kälber so absurd niedrig sind. Im Herbst 2019 wurde gemeldet, dass ein Kalb nur noch so viel kostet wie acht Tüten Gummibärchen.

Ich glaube, je mehr sich solche Dinge herumsprechen, desto mehr Menschen werden auf den Verzehr von Milch verzichten. Ich bin mir sicher, dass die Milchbranche das erste Opfer des Bewusstseinswandels werden wird, der sich in der Bevölkerung vollzieht. In den USA ist der Milchkonsum in den vergangenen Jahren um 20 Prozent zurückgegangen, in Deutschland um zehn Prozent. Pflanzenmilchprodukte sind gesünder und ökologisch viel nachhaltiger. Die Milchbranche wird untergehen, und das ist auch gut so, denn hier habe ich bei all meinen Recherchen die schlimmsten Dinge gesehen. Aber diese Entwicklung braucht noch Zeit. Das zeigt auch der Großbauernbetrieb. Obwohl das Allgäu nach unseren Aufdeckungen ziemlich durchgeschüttelt wurde, existiert der größte Milchviehbetrieb Süddeutschlands in Bad Grönenbach leider immer noch. Bisher, ein Jahr nach der Aufdeckung, wurde niemand verurteilt. Die Milch, 50 000 Kilogramm pro Tag, ist immer noch in vieler Munde. In meinem allerdings nicht.

Factsheet Milch

Deutschland ist der größte Milchproduzent der EU. In etwa 70 000 Betrieben werden 4,3 Millionen Milchkühe gehalten. Pro Jahr werden mindestens vier Millionen Kälber produziert. 1,2 Millionen sind in der Anbindehaltung angekettet und können sich nicht einmal umdrehen. In Bayern und Baden-Württemberg ist diese Haltung besonders verbreitet. Besonders die kleinen, alten und Alpenbetriebe setzen nahezu ausschließlich auf Anbindehaltung. Der Trend geht allerdings zu Laufställen, die dann aber auf Massentierhaltung mit 200, 500 oder 1000 Kühen und mehr setzen müssen.

Die Kühe werden an die Haltung und den anvisierten Profit angepasst. Mehrheitlich werden heute Turbokühe der Rassen Friesisch-Holstein, die sogenannten Schwarz-Bunten, Braunvieh und Fleckvieh gehalten. Eine Urkuh gab maximal acht Liter Milch am Tag, die Menge, die für ihr Kalb reichte. Milchleistungen von 50 Kilogramm pro Tag sind nicht ungewöhnlich; und erreichte eine Kuh in den Siebzigerjahren ihre Lebensleistung von 100 000 Kilogramm noch innerhalb von fünfzehn Jahren, schafft sie das jetzt schon nach vier bis fünf Jahren. Die meisten Kühe werden allerdings vorher umgebracht, da sie den Problemen der schlechten Haltung und Überzüchtung zum Opfer fallen. Das Verstümmeln der Tiere an den Hörnern durch Ausbrennen im Kindesalter ist Standard, obwohl es sich eigentlich um einen klaren Verstoß gegen das Verstümmelungsverbot im Tierschutzgesetz handelt. Es ist ein sehr schmerzhafter Prozess, denn das Horn ist nicht vergleichbar mit einem Fingernagel, sondern ein durchblutetes und empfindungsfähiges Organ. Besonders in Anbindeställen lassen sich auch noch andere Grausamkeiten feststellen. So werden die Schwänze hochgebunden, um zu verhindern, dass Kühe bei der Jagd nach nervigen Fliegen das Euter mit Kot beschmieren. Und es gab sogar Kuhtrainer, die Kühen Stromschläge verpassen, wenn sie nicht an der »richtigen« Stelle ihre Notdurft verrichten.

Ohne Kalb keine Milch. Viele Leute denken, Kühe geben unbegrenzt Milch. Tun das menschliche Frauen? Nein. Und genauso geben auch Kühe nur Milch, wenn sie ein Kalb erwarten oder ausgetragen haben. Darum werden sie nahezu konstant schwanger gehalten. Die Geburten verlaufen häufig nicht problemfrei. In der Regel wird mit einem Flaschenzug oder ähnlich brachialem Gerät nachgeholfen, um das Kalb aus der geschwächten Turbokuh zu bekommen.

Die Kälber werden den Kühen entweder sofort nach der Geburt oder nach kurzer Zeit weggenommen, was den Kühen und Kälbern schwere psychische Schäden zufügt. Also bringt jede Kuh jedes Jahr ein Kalb zur Welt – aber kein Betrieb kann sich jedes Jahr verdoppeln. Darum werden die meisten Kälber zur Tötung weiterverkauft. Durch die verbreiteten Turborassen ergibt sich aber bei männlichen Kälbern inzwischen das gleiche Problem wie bei männlichen Hühnern in der Eierproduktion: Sie sind nicht brauchbar, um zu Fleisch gemacht zu werden. Darum liegt ihr Preis oft nur bei 25 Euro, und so mancher Bauer lässt die Tiere verschwinden, das heißt, sie werden illegal getötet.

Viele Milchkühe sind krank. Blutiges, wucherndes Fleisch durch die Mortelaro-Krankheit, infizierte eitrige Euter durch Mastitis und entzündete Gelenke sind Alltag in deutschen Ställen. Behandlungen sind teuer, und der Milchpreis ist so niedrig, dass die kranken Tier kaum einen Wert haben. Oft lassen Bauern diese sogenannten Festlieger noch lange liegen und versuchen, sie mit Gewalt aufzustellen. Die Tiere siechen in dieser Zeit einfach vor sich hin.

Bei kranken und verletzten Tieren ist eine Schlachtung rechtlich schwierig. Deswegen setzen viele Bauern auf illegale Transporte zu Schlachthöfen, die diese leidenden Tiere noch illegal zu Fleisch machen.

Innerhalb Deutschlands dürfen Kühe acht Stunden transportiert werden, international aber unbegrenzt lange, sofern der Fahrer ab und zu Pausen einlegt. Kühe werden weltweit per Lkw und Schiff transportiert. So importiert Österreich im großen Stil Kalbfleisch aus den Niederlanden und exportiert gleichzeitig 50 000 Kälber bis in den Nahen Osten.

In Sachen Umwelt ist die Rinderbranche und besonders die Milchindustrie der größte Klimakiller auf diesem Planeten. Kühe rülpsen Methan, und Methan ist ein zu 25 bis 50 Prozent schlimmerer Klimakiller als CO_2. Davon stößt eine Kuh pro Tag bis zu 300 Liter aus. So tragen die Kühe für Milch und Fleisch mehr zur globalen Erwärmung bei als weltweit alle Motoren, ob von Auto, Containerschiff oder den Kohlekraftwerken, zusammen. Dazu kommen noch etwa 30 Kilogramm Kot, 150 Liter Urin – und natürlich muss die Kuh auch fressen und trinken. Um die 100 Liter Wasser und 30 bis 40 Kilogramm Futter verschwinden täglich in der Milchmaschine des Menschen. Damit ist auch die Kuh in bester Ökohaltung schlichtweg eines: eine ökologische Katastrophe.

Papa und die Hölle
von Frau Holle

Im Jahr 2006 begann ich, mich mit einem neuen Thema zu beschäftigen: der Stopfleber. Ich arbeitete damals für eine große Tierschutzorganisation und beschloss, mich um die Stopfleberproduktion zu kümmern.

Dabei handelt es sich um ein ähnliches Thema wie die Tierversuche: Man weiß, dass es existiert – aber dass es offenbar hoffnungslos ist, dagegen zu demonstrieren. Ich kannte Bilder von Gänsen, denen Trichter in den Hals gestopft worden waren, um sie zu mästen, aber viel mehr wusste ich nicht. Neben Frankreich ist ein Zentrum dieser Industrie Ungarn, und da Frankreich schon ziemlich abgegrast war, fuhr ich dorthin. Es war auch gar nicht einfach, Informationen zu erlangen. Eine große Tierschutzorganisation behauptete beispielsweise, dass Polen zu den größten Produzenten zählt, tatsächlich aber hat das Land als eines der ersten überhaupt in den Neunzigerjahren die Produktion von Stopfleber verboten. Ein anderes mögliches Ziel wäre Spanien gewesen, aber Ungarn war von Wien, wo ich damals lebte, viel leichter zu erreichen. Ich kannte Ungarn gut von meiner Kindheit und einigen Urlauben am Balaton, war mit ungarischer Paprikawurst aufgewachsen und konnte sogar »Guten Tag« auf Ungarisch sagen. Allerdings wusste ich nicht so genau, wo ich mit meiner Recherche beginnen sollte. Ich fuhr also auf gut Glück los und hoffte, irgendwo auf Produktionsstätten zu stoßen, aber ich hatte keinen konkreten Hinweis, und irgendwie musste ich ja anfangen. Was mir aber auffiel, war die Tatsache, dass über Ungarn niemand redete, wenn es um Stopfleberproduktion ging. Es wurde immer nur über die Franzosen und ihre große Liebe zur Foie gras, also der Stopfleber, gesprochen. Erschwerend kam hinzu, dass ich in Ungarn keine Kontaktperson hatte. Es gibt in diesem Land kaum Tierschützer, mit denen man zusammenarbeiten könnte.

Ich fuhr also los – und fand zunächst einmal überhaupt gar nicht, was ich suchte. Stopfleberproduktion? Fehlanzeige. Ich startete im Westen des Landes in der Region Györ und fand nicht eine einzige Gans.

Als ich weiter ins Innere des Landes, in die Puszta fuhr, fiel mir auf, dass es überall Tunnel aus Folien gab; das waren mit Plastikfolien überdeckte Gebilde von etwa 3,5 Metern Höhe, sechs Metern Breite sowie 30 Metern Länge. Diese Folientunnel sind wie ein Überraschungsei – man weiß nie, was man darin findet. Oft handelt es sich um Gemüseanbau. Aber ich lernte, dass die Chance, auf Geflügel zu stoßen, groß ist, wenn die Folie schwarz ist. Allerdings fand ich in den Tunneln wohl Käfige, aber keine Tiere. Die Käfige waren allesamt leer. Ich hatte mehrere unschöne Begegnungen mit Pulis, das sind ungarische Hirtenhunde, die es zuhauf gab. Sie sind die Scharfschützen unter den Hunden, denn sie sind so zottelig, dass man sie als Hund gar nicht erkennt, wenn sie irgendwo im Weg liegen. Bis sie ihre großen weißen Zähne zeigen und auf den Eindringling losgehen. Zwar waren sie an langen Leinen angebunden, aber man musste sehr vorsichtig sein, um nicht in ihre Reichweite zu geraten, denn diese Hunde kennen kein Pardon.

Warum so viele Bauern sich diese Hunde halten, wurde mir später klar: In Ungarn hatten sie damals nicht so viel Angst davor, dass jemand nachts in die Ställe eindringt, um die Zustände dort zu filmen, sondern sie fürchten Diebstähle. In Ungarn sei es, habe ich mir erzählen lassen, durchaus nicht ungewöhnlich, dass in der Nacht ein Lkw angefahren kommt und mal eben einfach ein paar Hundert Gänse auflädt. Das Gleiche gilt für Äcker.

Auch dort wacht zur Erntezeit ein armer Kerl mit Knüppel auf einem Schemel.

Irgendwann traf ich auf meine ersten »Gänse«. Ich folgte wieder einmal meinem Gefühl und fuhr einen langen Feldweg von der Straße ab, bis ich auf einen Folientunnel traf. Dort gab es tatsächlich Vögel. Nur stellten sich die »Gänse« als Enten heraus. Das wurde mir aber erst klar, als ich die Bilder, die ich gemacht hatte, mit Bildern im Internet verglich. Im Übrigen ein gängiges Problem: Viele Leute können die zwei Wasservogelarten nicht auseinanderhalten. Die Faustregel lautet: Schnabel rund? Ente! Bald entdeckte ich in mehreren dieser Folientunnel Käfige mit Enten. Diese Tiere waren nicht laut, so wie man sich das von Enten eigentlich vorstellt. Sie schnatterten nicht herum, sondern sie starrten mich an, und die Schnäbel öffneten sich rhythmisch zu einem schweren Atmen. Ich wunderte mich, dass ich auf Enten und nicht auf Gänse getroffen war, und forschte im Internet nach, was das zu bedeuten hatte. Und siehe da: Ich lernte, dass die Hauptopfer der Stopfleberproduktion gar nicht Gänse sind, sondern eben Enten.

Stopfleber – eine alte Geschichte

Irgendwann im alten Ägypten hat jemand herausgefunden, dass Gänse schöne fette Lebern entwickeln, aus denen man Terrinen machen kann.

Gänse und Enten haben nämlich die Fähigkeit, sich kleine Fettlebern anzufressen, in denen sie Energie für den Flug in den Süden sichern. Das machen sich die Menschen zunutze, indem sie die Vögel mästen und eine übergroße Megafettleber erzeugen. Gänse und Enten können sich gegen dieses Stopfen nicht wehren, weil sie nicht die Fähigkeit haben, sich zu übergeben.

Wenn sie das könnten, würde das Ganze nicht funktionieren. Die gesunden Zellen der Leber werden durch die Überernährung durch Fettzellen ersetzt. Das gesunde Gewebe wird hoch krankhaft und Stück für Stück zerstört. Es ist ja klar, dass die Funktion der Leber so immer weiter eingeschränkt wird. Eigentlich ist in der EU der Verkauf von krankhaft verändertem Gewebe verboten, aber Stopflebern dürfen trotzdem verkauft werden. Die Begründung, die mir einmal dafür ein hochrangiger Vertreter der zuständigen EU-Behörde gegeben hat, lautet: Es hängen einfach zu viele Jobs dran.

Eine Gans muss etwa neun Wochen alt sein, wenn sie in die Stopfleberproduktion kommt. Während der ersten neun Wochen geht es ihr gut, sie wird in Freilandhaltung gehalten, denn sie soll möglichst kräftig und gesund in die Stopfleberproduktion kommen. Das sind auch die Bilder, die die Industrie gerne vorzeigt. Danach aber beginnt für die Tiere das Grauen. Eine Gans wird etwa drei Wochen lang zweimal am Tag zwangsernährt, und dann ist die Leber nicht mehr 80 Gramm schwer, sondern bis zu einem Kilogramm. Sie ist dann wie ein Pflasterstein im Körper des Tieres. Man hält den Vogel auf ganz engem Raum, weil er sich heftig wehrt, wenn es an die Zwangsernährung geht. Die Industrie behauptet ja gerne, die Gänse würden sich quasi anstellen, um gefüttert zu werden, aber ich habe so etwas nie gesehen, und ich weiß auch nicht, wie lange man ein Tier hungern lassen muss, bis es dazu kommt. Der Stopfer kommt bei Gänsen zweimal am Tag, bei Enten zwei-, dreimal. Er packt sich den Hals des Tieres, stößt ein Gummirohr – in Frankreich werden Metallröhren verwendet – in den Hals, drückt auf den Knopf der pneumatisches Stopfmaschine, mit der der Schlauch verbunden ist, und dann wird ein stark gesalzener Maisbrei in das Tier gepumpt. Die Dosis liegt bei bis zu 800 Gramm pro Vorgang. Der hohe Salzanteil ist wichtig, damit die Tiere durstig werden und möglichst viel trinken, denn nur durch eine große Zufuhr von Flüssigkeit kommt der Körper mit dieser Art der Ernährung einigermaßen klar. Diese Praxis ist eigentlich weltweit geächtet. Momentan gibt es so etwas noch in Ungarn, Frankreich, Spanien, Belgien, Kanada, USA, Russland und China. In Deutschland ist die Praxis verboten und wird auch nicht mehr angewendet.

Während der Zeit der Zwangsernährung verfallen die Gänse und Enten körperlich immer mehr, zumal sie sich in ihren engen Käfigen ja kaum bewegen können. Das wollen sie am Ende aber auch gar nicht mehr, wenn sich die Leber bei Gänsen um das Fünffache und bei Enten bis zum Zehnfachen vergrößert hat, denn sie nimmt natürlich dann anderen Organen Platz weg. Das ist besonders quälend, wenn die Luftbeutel der Ente zusammengedrückt werden, die etwa die Funktion einer Lunge erfüllen. Das bedeutet, dass die Tiere nicht mehr richtig atmen können. Ebenso bekommen sie durch das Stopfen Fieber, sodass sie Antibiotika bekommen müssen. Diese Tiere sind näher am Tod als am Leben. Nach zwei oder drei Wochen werden sie abtransportiert. Das muss sehr vorsichtig geschehen, denn wenn die Leber einen Schlag bekommt, stirbt das Tier. Ziel des Transports ist der Schlachthof, den die Tiere unbedingt lebend erreichen sollen.

Ich überlegte, wie ich weiter vorgehen sollte, denn es waren ja bis auf den einen Tunnel nirgends Gänse oder Enten zu finden. Schließlich fand ich heraus, dass ich in einem H5N1-Sperrgebiet suchte und dass der Tunnel, den ich entdeckt hatte, illegal betrieben worden war. Bei H5N1 handelt es sich um die Vogelgrippe, ein hoch ansteckendes Virus. In Gegenden, die davon befallen sind, müssen in der Regel alle Vögel getötet werden. Daraufhin entschied ich mich, zurück nach Wien zu fahren und in einigen Monaten, wenn die Sperre aufgehoben wäre, zurückzukehren und meine Recherchen fortzuführen.

Stopfleberproduktion in Ungarn

Als ich ein paar Monate später wieder nach Ungarn fuhr, waren die Folientunnel voll mit Gänsen und Enten. Man konnte kaum 50 Meter fahren, ohne auf einen solchen Tunnel zu stoßen. Die Zahl der Enten war deutlich größer als die der Gänse. Bei den Gänsen stellte ich fest, dass Graugänse eingesetzt werden, nicht die weißen. Das sollte später noch von Bedeutung sein. Die Grundstücke waren meistens unzugänglich. Sie waren zwar offen, aber überall gab es die Hunde. Ich wollte nicht, dass die Bauern merkten, dass jemand bei ihnen recherchierte, und ich wusste nicht, wie vorsichtig sie waren.

Dann kam mir ein glücklicher Zufall zu Hilfe, denn ich entdeckte ein Hotel mit angeschlossener Stopfleberfarm. Dort mietete ich mich ein und musste nur noch aus dem Fenster schauen, um Käfigbatterien zu sehen. Es gab zwei Hallen mit Enten, die jeweils zu dritt in einen Käfig gesperrt waren. Die Enten litten an Schnappatmung und konnten sich kaum bewegen. Praktischer konnte ich es für meine Recherchen gar nicht haben. Aber ich hatte ein Problem: Ich konnte mit den Betreibern nicht kommunizieren, denn ich sprach kein Ungarisch und diese Leute weder Deutsch noch Englisch. Der Mann wurde von allen Papa genannt, die Frau hieß Agnes. Ich rief einige Kontakte in Deutschland an und fragte, ob sie weiterhelfen könnten. Einer gab mir einen Tipp: Ich solle doch mal eine Frau mit Namen Dora kontaktieren, sie sei Ungarin. Ich rief sie an und fragte sie, ob sie Lust hätte, möglichst noch heute zu kommen, um mir bei meinen Recherchen zu helfen. Erstaunlicherweise sagte sie sofort zu. Sie kam auch aus der Tierschützerszene; ansonsten war sie natürlich völlig unvorbereitet. Aber sie stellte sich als Glücksgriff heraus.

Papa war ein älterer, hagerer Mann unbestimmbaren Alters – er kann siebzig gewesen sein, aber auch neunzig. Er hatte stets ein kleines, offenes Taschenmesser in der Hand, den Grund dafür kenne ich nicht, es machte aber auf jeden Fall einen sonderbaren Eindruck. Dora tischte ihm die Legende auf, die ich mir vorher überlegt hatte: Ich würde für eine deutsche Firma arbeiten und wolle eine Stopfleberproduktion kaufen. Deshalb reise ich durch das Land und schaue mir Betriebe an.

Das Wort »zu verkaufen, elado« ist in Ungarn sehr wichtig und öffnet viele Türen, wie ich jetzt merkte. Papa und Agnes waren begeistert und gaben uns einen Crashkurs in Stopfleberproduktion. Wir durften beim Stopfen zuschauen, und ich filmte mit meiner Videokamera ganz offen, was das Zeug hielt. Wieder funktionierte diese Taktik, den Eindruck zu erwecken, ich sei jemand, der einfach alles filme, sehr gut. Zweimal am Tag kamen etwas abgearbeitet aussehende Frauen vorbei, bei denen es sich um Lohnstopferinnen handelte, die ihren Lebensunterhalt damit verdienten, von einer Farm zur anderen zu fahren und die Tiere zu stopfen. Die kamen sicher auf 20 000 Tiere pro Tag. Sie waren ziemlich ruppig. Wenn ein Tier sich wehrte, zerrten sie es mit voller Wucht aus dem Käfig und stopften ihm brutal den Schlauch in den Rachen. Die Kippe im Mund war währenddessen geradezu obligatorisch.

Papa war erstaunlicherweise der Ansicht, das Stopfen in der EU sei verboten, was ja gar nicht stimmte. Trotzdem zog er die Sache im großen Rahmen durch. Er glaubte, die EU drücke ein Auge zu, weil die französischen Minister so gerne Stopfleber essen. So ganz unrecht hatte er damit sicher nicht, nur dass auch deutsche Minister (und viele andere) gerne kranke Lebern von Enten und Gänsen essen. Er erklärte uns auch, dass kranke Tiere Antibiotika bekommen, und zeigte uns den Sack mit der Medizin, der im Stall in einer Ecke herumlag. Er machte uns persönlich vor, wie es aussieht, wenn die Vögel keine Luft mehr bekommen, und krümmte sich dabei.

Hinter der Farm stank es erbärmlich, denn hier flossen die gesamten Exkremente der Tiere in einen Pappelhain, wie wir bei einer Nachtrecherche entdeckten. Es war ein grünlicher Fäkalsee entstanden, so tief, dass man darin hätte verschwinden können. So roch es auch, und diesen Geruch, der zu den schlimmsten Gerüchen überhaupt zählt, habe ich niemals wieder vergessen. Stopfleberfarmen riechen nach Erbrochenem, obwohl die armen Tiere sich ja gar nicht übergeben können.

Die Tiere aus Papas Betrieb kamen in einen Schlachthof ganz in der Nähe. Damals gehörte dieser Schlachthof einem Belgier, heute einem Israeli. In dem Augenblick, in dem ich erfuhr, dass es sich um einen Belgier handelte, wusste ich, dass ich aufpassen musste. Denn Westeuropäer kennen die Gefahr, die von Tierschützern ausgeht, während die Ungarn damals noch gutgläubig waren, weil es in ihrem Land nie zu irgendwelchen Aufdeckungen gekommen war. Mir war also klar, dass der Belgier nicht erfahren durfte, was wir bei Papa machten.

Am nächsten Morgen suchte ich Papa und fand ihn, als er gerade zwei in der Nacht verstorbene Enten an einem Strick aufgeknüpft hatte und nun die Lebern herausholte. Die Organe waren riesig; und Papa war begeistert. Agnes wog sie und kam auf stattliche 800 Gramm. »Wunderbar!«, rief sie erfreut und kündigte an: »Du musst von der Stopfleber probieren!« Mir war klar, dass ich das nicht vermeiden konnte – ich musste Stopfleber von den Enten essen, die in der Nacht verreckt waren, und meine Grundsätze als Veganer zurückstellen. Ich musste mit Agnes in die Küche gehen und ihr zuschauen, wie sie mir leicht angebratene, noch blutige Stopfleber auf ungarische Art zubereitete – nur mit Salz, Pfeffer und Paprika. Ich rechnete damit, dass ich mich würde übergeben müssen, aber weit gefehlt, ich muss zugeben, dass mir die Stopfleber wirklich schmeckte. Ich kann mir aber trotzdem, selbst wenn man nicht weiß, was hinter diesem Produkt steckt, nicht den Hype darum erklären, und schon gar nicht, dass man 60 Euro für eine kleine Portion davon zahlt. Ich aß so schnell ich konnte, denn ich wollte unbedingt wieder raus zu Papa, um weitere Filmaufnahmen zu machen. Agnes aber war glücklich, dass ich so zufrieden war. Kochen und essen spielt eine sehr große Rolle in Ungarn, und man kann einem Gastgeber nichts Schlimmeres antun, als ihm zu sagen, dass es einem nicht schmeckt. Eine Diskussion über meine vegane Lebensweise hätte ich in solchen Situationen natürlich niemals führen können, dann wäre ich sofort aufgeflogen. Man kann das mühsam aufgebaute Vertrauen bei diesen Leuten sehr schnell verspielen, durch einen falschen Schritt oder eine falsche Reaktion. Und das kann dann sehr unangenehm werden, wie Dora und ich auch bald feststellen sollten.

Wir filmten ziemlich viel und machten gute Aufnahmen, versteckt und offen. Damals musste ich noch ziemlich viel improvisieren, was die versteckten Kameras anging, denn die technischen Möglichkeiten der späteren Jahre gab es noch nicht. Ständig bastelte ich irgendetwas zusammen, dann ging etwas kaputt, und ich lötete es hektisch in meinem Hotelzimmer wieder zusammen. Auch für Dora entwickelte ich eine versteckte Kamera, die wir in ihrer Tasche deponierten und die durch ein Loch filmte. Aber wir schafften es trotz aller Schwierigkeiten, gute Aufnahmen zu machen.

Auf dem Schlachthof

Das ging so lange gut, bis wir trotz aller Vermeidungsstrategien mit dem Schlachthof in Berührung kamen. Ich versuchte die ganze Zeit, dem belgischen Betreiber aus dem Weg zu gehen, aber Papa und Agnes wollten uns unbedingt mit ihm bekannt machen und uns auch seinen Schlachthof zeigen. Eines Abends kam Agnes zu uns und kündigte uns an, dass sie eine Besichtigung klargemacht habe – für sofort. Ich hatte im selben Moment ein ungutes Gefühl und wies meine Begleiter – inzwischen war noch ein Bekannter aus Deutschland dazugekommen – an, vorsichtshalber alle Sache zu packen, damit wir im Notfall schnell verschwinden könnten. Wir fuhren also notgedrungen zum Schlachthof. Papa und Agnes hatten dort Zugang, weil ihre Enten ausgestallt wurden. Ich konnte das Ausstallen filmen und stellte fest, dass mit den Tieren tatsächlich recht behutsam umgegangen wurde. Jedem war ja klar, dass andernfalls zwei Wochen Stopfarbeit vergebliche Mühe gewesen wären, denn jeder Stoß bedeutet bei diesen Tieren den Tod. Trotzdem war der Anblick der Enten erbärmlich. Sie waren nicht mehr in der Lage, sich zu bewegen – und Enten sind eigentlich ziemlich quirlige Tiere. Kaum eine bewegte auch nur ihren Kopf oder schlug gar mit den Flügeln.

Der Schlachthof war durchaus modern. Als Erste kamen die sogenannten Hänger, das sind Leute, die die Tiere aus den Transportkisten holen und mit dem Kopf nach unten in eine Art Gitterstruktur einhängen. Dann wurden die Tiere in ein Wasserbad gefahren, das mit Strom durchsetzt war. Theoretisch sollen sie auf diese Weise betäubt werden, aber ich musste feststellen, dass die Enten trotz allem immer noch einen recht großen Überlebenswillen hatten. Sie sahen, dass irgendwas passieren würde, das ihren Artgenossen weiter vorne nicht guttat, und hoben ihren Kopf – mit dem Ergebnis, dass sie ohne Wasserkontakt weiterfuhren und nicht betäubt wurden. Dann fuhren sie weiter zum Anstecher. Dieser Mann hatte den schrecklichen Job, jede Sekunde einer Ente in den Hals zu stechen. Da die Enten gar nicht oder unzulänglich betäubt waren, fingen viele jetzt blutspuckend an zu flattern. Als Nächstes wurden die Tiere in ein Wachsbad getaucht, um die Federn zu lösen. Sie sollten eigentlich zu diesem Zeitpunkt tot sein, aber es kann durchaus etwas dauern, bis so eine Ente ausblutet, und hat sie diesen Zustand noch nicht erreicht, dann bekommt sie alles mit, was mit ihr geschieht. Hat eine Ente Pech, wird sie erst jetzt wirklich getötet, indem sie in dem Wachsbad erstickt.

Überall standen Kisten mit Entenköpfen und -schnäbeln herum. Sie werden nach China exportiert, wo sie beliebter sind als alles andere, was von der Ente übrig bleibt. Und das Fleisch? Man erklärte mir, dass das Fleisch nach Deutschland exportiert werde. Als ich das hörte, machte es bei mir klick im Kopf. Ich hatte die ganze Zeit überlegt, wie ich gegen das Stopfleberproblem vorgehen könnte. Stopfleber ist wie Pelz; es gibt Menschen, die werden immer Pelz tragen, obwohl sie wissen, wie es den Tieren in den Pelzfarmen ergeht. Ebenso gibt es Menschen, denen das Geschmackserlebnis von Foie gras so wichtig ist, dass sie das Elend der Tiere in Kauf nehmen. Ich glaube, dass fast jeder, der Foie gras isst, weiß, wie sie hergestellt wird – es ist diesen Leute nur einfach völlig egal. Jetzt fragte ich mich, warum dieses Fleisch nach Deutschland ging. Die Antwort lag auf der Hand, denn in Deutschland ist Geiz geil, und dieses Fleisch, so dachte ich mir, wird ziemlich billig sein. Ich wusste, dass ich hier einen Ansatzpunkt hatte.

Wir waren schließlich durch mit unserer Besichtigung und fuhren zurück zum Hotel. Um sechs Uhr am nächsten Morgen klopfte Agnes wild an unsere Tür. Sie weinte und meinte, sie hätte einen Riesenärger, denn der Belgier hatte herausgefunden, dass Papa und sie in der Nacht Deutsche mit auf den Schlachthof genommen hatten. Agnes war in Panik und in Tränen aufgelöst. Sie hatte offenbar einen furchtbaren Anschiss von dem Belgier bekommen, dem natürlich klar war, dass es nichts Gutes bedeuten kann, wenn nachts Fremde seinen Schlachthof besuchen und filmen.

Mir wiederum war klar, dass dieser Typ sehr bald bei uns aufschlagen würde. Ich versuchte, Agnes etwas zu beruhigen, und sagte ihr, wir könnten beim Frühstück alles in Ruhe besprechen. Meinen Leuten sagte ich: »Wir müssen innerhalb von fünf Minuten hier weg sein.« So kam es dann auch. Wir schnappten uns unsere bereits gepackten Sachen und liefen runter zum Auto. Agnes drückte ich Geld in die Hand, denn ohne mein Zimmer zu bezahlen, wollte ich nicht wegfahren. Ich sagte ihr, wir hätten irgendwo ein Meeting und würden bald wiederkommen – dass sie das glaubte, bezweifle ich. Dann stiegen wir ins Auto und rasten davon.

Ich rechnete damit, dass die Sache große Wellen schlagen würde, aber erst einmal passierte gar nichts. Der Besitzer des Schlachthofes zog den Kopf ein und wartete wohl ab. Wir suchten uns ganz in der Nähe ein neues Hotel und machten noch eine nächtliche Recherche bei einem anderen Stopfleberbetrieb, der schon beim Vorbeifahren besonders schlimm aussah. Hier waren die Tiere in so engen Käfigen eingepfercht, dass sie sich nicht einmal umdrehen konnten. Sie standen zwei Wochen auf einer Stelle, ohne sich bewegen zu können. Solche Käfige wurden in der EU 2011 verboten, aber diese Farm benutzt sie bis heute. Ich ging nachts in den Folientunnel und sah wirklich schockierende Bilder von gequälten Enten. Ich glaube, in dieser Nacht entdeckte ich meine besondere Liebe zu diesen Vögeln, denn eigentlich sind das ganz tolle Tiere. Plötzlich stand ein großer schwarzer Hund neben mir, der mir bis zur Hüfte reichte. Aber er war ganz friedlich, ich glaube, er war nur neugierig, und so konnte ich in aller Ruhe wieder über den Zaun klettern. Ich hatte die Aufnahmen, die ich haben wollte. Nur Gänse hatte ich bislang nicht entdeckt, immer nur Enten. Zurück in Wien, zeigte ich die Aufnahmen meinen Auftraggebern von der österreichischen Tierschutzorganisation, und sie waren begeistert.

Etikettenschwindel

Kurze Zeit später fuhr ich nach Deutschland, denn ich wollte die Aussage des Arbeiters aus dem Schlachthof überprüfen, dass das Fleisch nach Deutschland exportiert würde. Ich ging zur Recherche in verschiedene Supermärkte und stellte fest, dass praktisch das gesamte Gänse- und Entenfleisch, das dort angeboten wurde, aus Ungarn stammte. Auf den Verpackungen vieler Gänsekeulen war die Aufschrift »Aus Hafermastproduktion« aufgedruckt. Das soll bedeuten, dass die Tiere nicht gestopft wurden. Die Tiere leben angeblich in Freilandhaltung und werden nicht mit Mais, sondern mit Hafer gemästet. Ich kaufte einige Keulen und Brüste und packte sie zu Hause aus. Da fiel mir auf, dass immer wieder graue Federn an ihnen hafteten. Dass ich nicht nach kompletten Enten oder Gänsen suchen musste, sondern nach Teilen, war mir klar, denn die Leber ist so groß, dass man sie nur herausbekommt, wenn man das Tier vorher zerlegt. Die grauen Federreste – Follikel – gaben mir zu denken. Es gab nur eine Lösung: Die Bezeichnung »Aus Hafermastproduktion« war vermutlich Betrug. Diese Graugänse mussten aus Ungarn kommen, und sie stammten aus der Stopfleberproduktion.

Die Supermarktketten hatten zu der damaligen Zeit zwar schon angekündigt, keine Stopfleber mehr zu verkaufen, weil es sich um Tierquälerei handele. Aber in allen Supermarktketten fand ich diese billigen Keulen und Brüste aus Ungarn, vor allem von einer Firma aus Südungarn mit Marken, die eine Pusztaromantik wecken und besondere Güte ausdrücken sollten. Ich musste beweisen, dass es sich um Betrug handelte. Nur, wie sollte ich das machen? Die Videoaufnahmen, die ich in Ungarn gemacht hatte, waren zu dieser Zeit noch nicht veröffentlicht, wir planten das gerade mit Journalisten in Deutschland und Österreich. Die Journalisten fragen mich bei jeder Recherche, wo denn der Bezug zu Deutschland oder der zu Österreich sei, sonst haben sie kein Interesse an den Themen. So war es auch in diesem Fall. Normalerweise nervt mich diese Frage, denn den Tieren ist es egal, ob sie in Deutschland oder woanders leiden. In diesem Fall aber half mir diese Angewohnheit sehr weiter. Denn nun hatte ich einen Deutschlandbezug, mit dem ich die Journalisten locken konnte – das Fleisch wurde in Deutschland verkauft, und zwar unter falschen Angaben. Das war Betrug am Käufer. Aufgrund der grauen Federn konnte man sehr genau sagen, dass es sich um Gänse aus der Stopfleberproduktion handelte, denn für die Hafermast wird eine weiße Gänserasse verwendet.

Schwieriger war die Sache bei den Enten, denn die haben alle weiße Federn. Man konnte also den Rückschluss wie bei den Gänsen nicht führen. Doch auch hier fand ich einen Weg. Ich hatte in Ungarn gelernt, dass zur Mast eine bestimmte Rasse, die Mulardente, benutzt wird. Dabei handelt es sich um eine Kreuzung aus der Pekingente und der Barbarieente. Welche Ente für die verkaufte Ware benutzt wurde, konnte man durch einen DNA-Test erkennen. Laut Angaben auf den Verpackungen handelte es sich stets um Peking- oder Barbarieenten. Die Tests ergaben aber, dass es sich um Mulardenten handelte, also nicht um die Rasse, die angegeben war. Wenn diese Mulardenten aber wie die in den Supermärkten verkauften aus Ungarn kamen, war klar, wofür die eingesetzt worden waren: für die Stopfleberproduktion. Ich ließ auch den Fettgehalt überprüfen, und es kam heraus, dass er bei den Tieren aus Stopfmast bei bis zu 42 Prozent lag, während normale gemästete Tiere auf 12 bis 19 Prozent kamen.

Nun hatte ich genug recherchiert und rief einen Journalisten von der ARD-Sendung *Fakt* an. Ich sagte ihm, dass es in deutschen Supermärkten einen großen Betrug mit Gänsen und Enten gäbe. Das lockte ihn, und als der Beitrag in der ARD lief, verursachte er ein regelrechtes Erdbeben. Man sah die Enten in den engen

Einzelkäfigen und viele andere Aufnahmen, und auch Papa hatte seinen Auftritt, als er im Film erklärte, wie und wann den Vögeln Antibiotika gegeben wurden. Es kam in der Folge zu einer Kettenreaktion, die ich mir niemals hätte vorstellen können. Schon am nächsten Tag gab *Rewe* eine Pressemitteilung heraus, in der das Unternehmen ankündigte, alle Geflügelprodukte aus Ungarn aus dem Sortiment zu verbannen. Fast alle anderen deutschen Supermarktketten folgten in den nächsten Wochen. Entweder nahmen sie ebenfalls alle Produkte aus Ungarn aus dem Sortiment oder zumindest alle, die als Stopfleberprodukte zu identifizieren waren. Entweder waren diese Supermarktketten wirklich dumm gewesen und hatten keine Ahnung gehabt, was sie verkauften, oder sie wussten es sehr genau und wollten auf die großen Gewinnspannen nicht verzichten. Heute glaube ich, dass der Einkäufer eines großen Unternehmens, der auf Geflügelprodukte spezialisiert ist, wissen muss, um welche Art Ware es sich handelt und wie sie produziert wird. Und wenn er es wirklich nicht weiß, stellt das seiner Kompetenz sicher auch kein gutes Zeugnis aus. Wir gaben noch eine Liste mit ungarischen Unternehmen heraus, die Stopfleber produzierten. Nutznießer der Entwicklung waren übrigens die Polen, bei denen die Bestellungen aus Deutschland plötzlich in die Höhe schossen.

In Ungarn begann eine regelrechte Hetzkampagne gegen uns. Vor allem der Stopfmastkonzern aus Südungarn tat sich hervor. Schon damals zeigte sich, dass es eine unabhängige freie Presse in Ungarn kaum gab. Alle Medien des Landes widmeten sich plötzlich in großem Maße der angeblich bösen deutschen Verschwörung gegen die ungarische Geflügelindustrie. Der Verband der ungarischen Geflügelzüchter überschlug sich in Hetzreden. Ich war jetzt sehr froh über eine Idee, die ich vor dem Beginn meiner Recherche gehabt hatte: Ich hatte mir nämlich einen falschen Namen zugelegt: Marcus Müller. Unter diesem Namen wurde ich die nächsten Jahre in Ungarn durch die Gülle gezogen. Ich war zu dieser Zeit in dem Land der bekannteste Deutsche. Als 2012 durch einen von der Branche angeheuerten Privatdetektiv mein wirklicher Name bekannt wurde, war das den Medien nochmals große Schlagzeilen wert.

Der Grundtenor der Berichte war, dass die deutsche Geflügelindustrie die ungarische Konkurrenz kaputt machen wolle. Rechtsradikale Gruppen und paramilitärische Bürgerwehren griffen die Sache dankend auf und machten die Geflügelzucht zu einem Hungaricum, einem selbst ernannten nationalen Kulturerbe. Die ungarische Regierung versuchte sogar, die Stopfleber bei der UNESCO als ungarisches Kulturerbe anzumelden, zum Glück vergeblich. Die Angelegenheit eskalierte von Tag zu Tag mehr. Im Büro der Tierschutzorganisation in Budapest liefen 50 Morddrohungen auf – pro Tag. Die meisten waren auf Ungarisch verfasst. Meine Mitstreiterin Dora übersetzte mir Mails oder Briefe wie: »Ich wünsche, die Vagina deiner Mutter wäre ein Reißwolf gewesen, als du geboren wurdest. Ich wünschte, in der Gebärmutter deiner Mutter wäre ein Haifisch geschwommen.« Oder: »Wenn wir dich das nächste Mal sehen, bringen wir dich um.« »Wir köpfen dich.« Oder auch: »Du gehörst von einem Pferd vergewaltigt.« Die Absender trugen häufig Decknamen wie »Mengele«, »Heidrich« oder »Dirlewanger«, allesamt Verbrecher des Dritten Reiches. Und natürlich gab es auch viele verbale Angriffe auf unsere Mitarbeiterinnen. Das war noch mal eine Stufe kränker als die Beleidigungen, die ich von deutschen Bauern gewöhnt bin. Die Medien machten mit, und es wurden auch einfach Dinge erfunden. Um diese Behauptungen zu kontern, fuhren wir manchmal mit deutschen Journalisten nach Ungarn. Wir waren ziemlich vorsichtig, denn wir wussten ja, dass die Rechtsradikalen für ihr angebliches Hungaricum kämpften und möglicherweise kein Pardon kannten. Eine Gruppe nannte sich *Die Pfeile Ungarns*, das war zu der Zeit eine terroristische Organisation, die zum Beispiel Camps von Roma angriff oder nachts Fackeln auf ihre Häuser warf – Vorkommnisse, die mehrere Menschen das Leben kosteten. Sie veröffentlichten ein Manifest, in dem sie ankündigten, auf uns Jagd zu machen. Jahre später ließ die Polizei sie auffliegen, weil sie es dann doch übertrieben und sich sogar mit der Polizei angelegt hatten.

Besonders unangenehm war, dass die rechtsextreme Partei Jobbik ein Regionalbüro direkt in einem Haus betrieb, in dem wir bei einer Verwandten von Dora oft unterkamen. Die Nachbarin daneben stellte sich sogar als Gänserupferin heraus. Aber dazu später mehr.

Ich hatte also ziemlich viele Gegner in Ungarn, einem Land, das ich eigentlich sehr liebe. Ich will auch gar nicht über die Ungarn herziehen, obwohl mich der übersteigerte Nationalismus in diesem Land sehr stört. Aber ich habe dort tolle Menschen kennengelernt, und eines darf man ja nicht vergessen: Viele Betriebe, in denen Tiere gequält werden, sind gar nicht im Besitz von Einheimischen, sondern von Ausländern wie Deutschen, Italienern, Franzosen, Belgiern oder Israelis. Der Name des Erzfeindes in Ungarn war HunGerIt, steht für Ungarn, Deutschland, Italien. Aber für mich begann ein Versteckspiel, denn ich checkte in Hotels nicht mehr unter meinem echten Namen ein, wechselte täglich das Hotel und war stets sehr auf der Hut.

Als ich einmal mit einem Team von RTL dort war und wir zu der Stopfleberfarm fuhren, die ich bei meiner zweiten Recherche nachts besucht hatte, kam es zum denkbar schlimmsten Ernstfall. Die Farm lag an der Straße – was gut ist für den Fall, dass es mal zu einer brenzligen Situation kommt, weil man sich nach dem Motto *hit and run* schnell aus dem Staub machen kann. Wir bauten die Kameras vor dem Zaun, also auf öffentlichem Gelände, auf. Dann kam zufällig ein Romagespann vorbei, und das Filmteam war ganz begeistert von so viel Puszta-Idylle.

Mit dieser Idylle war es aber im selben Augenblick auch schon vorbei. Denn während der Kameramann die Roma filmte, tauch-

te aus der Farm ein Mann auf, der uns auf Ungarisch beschimpfte und dann wieder weglief. Mir schwante Böses. Ich schaltete
meine Kamera ein und beobachtete das Haus. Plötzlich kam der
Mann wieder aus dem Haus gelaufen, diesmal mit einer Sturm-
haube auf dem Kopf und mit einer langstieligen Axt in der Hand.
Er schrie wild herum und rannte den Zaun entlang in Richtung
unseres Autos. Ich bewegte mich in dieselbe Richtung und begann zu rennen, als er über den Zaun kletterte und axtschwin-
gend auf uns zurannte. Im Wagen wartete eine ungarische Aktivistin, und ich rief ihr zu, sie solle den Motor starten. Ich kam
zum Glück vor dem Mann am Auto an, sprang hinein, und meine Kollegin raste los. Aber es war knapp, fast hätte er uns mit
seiner Axt erwischt. Dumm war aber, dass der Kameramann
noch auf der Straße stand. Er hatte von der ganzen Sache zunächst überhaupt nichts mitbekommen, und so mussten wir ihn
retten. Er warf in Windeseile seine ganze Ausrüstung ins Auto
und sprang hinein. Um Haaresbreite entkamen wir dem Axtmann, der schon wieder auf uns zugerannt kam. Ich hatte alles
gefilmt, und so konnten wir die Aufnahmen im Fernsehen zeigen. Kurz darauf saß der Axtmann im ungarischen TV und erklärte dort, die Aufnahmen seien gefälscht. Er habe zwar tatsächlich genau den gleichen Pullover, wie dieser Mann ihn im
Film trug, und er besäße auch zufällig genau so eine Axt, und
tatsächlich wohne er auch in dem Haus – aber der Mann im Film
sei nicht er, sondern ein von den bösen Deutschen engagierter
Schauspieler, und die Aufnahmen seien eine Fälschung. Im Hintergrund sah man etwa zwanzig Leute, die sehr traurig schauten,
weil sie angeblich wegen dieses Vorfalls ihre Jobs verloren hatten. Später wurde bekannt, dass das falsch war, ebenso wie die
Behauptung von Hungerit, das Unternehmen habe zweihundert
Mitarbeiter entlassen müssen, wodurch ganze Familien in die
Armut getrieben worden seien – niemand hatte entlassen werden müssen. Aber in Ungarn schlug dieses Interview ein wie
eine Bombe. Das Ausmaß der Beleidigungen und Beschimpfun-

gen wurde noch größer; das ungarische Büro der Tierschutzorganisation musste erst mal geschlossen werden, nachdem es eine Demonstration von Bauern vor dem Gebäude gegeben hatte.

Aber der Schaden war gigantisch und auch nicht mehr gutzumachen. Der Besitzer des Konzerns klagte vor Gericht auf Schadensersatz und verlor. Bis heute sind die deutschen Supermärkte weitgehend frei von Waren aus der Stopfleberproduktion. Selbst *Wiesenhof* schwenkte um. Das deutsche Unternehmen hatte kurz zuvor zwei große Schlachthöfe in Ungarn gekauft, die auch Stopfleberproduktion im großen Stil betrieben; nun wurden sie umgebaut, und auf die Stopfleberproduktion wurde verzichtet.

Das bedeutet nicht, dass diese Stopfleberenten nicht trotzdem zumindest zum Teil auf deutschen Tellern landen, nämlich in der Gastronomie. Was dort an Fleisch verarbeitet wird, kann kaum jemand nachprüfen, weil es nicht gekennzeichnet werden muss. Wer in einem deutschen Restaurant eine Gänse- oder Entenkeule isst, läuft große Gefahr, dass es sich dabei um eine Stopfgans oder -ente handelt.

Bei lebendigem Leibe gerupft

Der Ungarneinsatz war einer meiner größten Erfolge überhaupt. Ich war in den nächsten Jahren häufig in dem Land und stellte fest, dass es noch ein anderes Thema gab, um das ich mich kümmern musste. Eines Tages standen Dora und ich mit unserem Auto im Osten des Landes an einer Kreuzung, weil wir uns auf der Suche nach einer Kaninchenfarm verfahren hatten, und trauten unseren Augen kaum: Rechts von uns lag eine eingezäunte Wiese, auf der vielleicht fünftausend Gänse herumliefen – mit blutigen Körpern und ohne Federn, denn die waren ihnen herausgerissen worden. Das war wieder typisch für mich:

Gerade noch war ich mit einem Thema beschäftigt, da rutschte ich schon in das nächste hinein. Jedenfalls wusste ich beim Anblick dieser schlimm zugerichteten Vögel, dass ich ein neues Betätigungsfeld gefunden hatte: den Lebendrupf an Gänsen.

Ich hatte bis zu diesem Augenblick geglaubt, Lebendrupf gäbe es gar nicht mehr, das sei ein längst ausgestorbenes Relikt aus den Siebzigerjahren. Ich hatte mir auch nie Gedanken gemacht, wo die Federn für die Federbetten oder Daunenjacken eigentlich herkommen. Das geht wohl den allermeisten Menschen so, die sich so etwas zulegen. Deutschland ist weltweit einer der wichtigsten Abnehmer von Federn und Daunen in Jacken und Schlafsäcken; inzwischen gibt es ja sogar Daunenjacken für den Sommer.

Die Tiere werden auf einer Farm gehalten und von reisenden Brigaden bei lebendigem Leibe gerupft. Ich hatte inzwischen in Ungarn ja schon einige Leute kennengelernt und erkundigte mich, wo man sich denn diesen Lebendrupf mal anschauen könne. Längst nicht überall trafen wir auf Zustimmung. Ein Züchter sagte mir: »Ich weiß, dass ihr das mit der Stopfleberproduktion gemacht habt. Wenn ihr das jetzt auch mit dem Rupfen macht, werde ich euch jagen und zur Strecke bringen.« Das hielt uns natürlich nicht ab. Der Mann war tatsächlich Jäger, und wir bekamen mit ihm später auch noch richtigen Ärger. Aber wir erhielten von einem anderen Kontakt den Hinweis auf eine bestimmte Farm, die ganz in der Nähe der Farm des Axtmannes lag. Auf dem Weg dorthin kam man auch an Papas Farm vorbei – solche Orientierungspunkte waren für mich wichtig, denn die langen ungarischen Ortsnamen konnte ich mir damals noch nicht merken. Einfach mal versuchen: Kiskunfelegyhaza. Spricht man dann noch von dem Geflügelschlachthof in dem Ort, hängt man nochmal Baromfifeldolgozo dran. Also Kiskunfelegyhazaibaromfifeldolgozo. Noch Fragen?

Als wir in dem Betrieb ankamen, wussten wir nur, dass dort Gänse gerupft wurden, mehr war uns nicht bekannt. Dora und ich waren mit versteckten Kameras gut ausgestattet. Das Erste, was wir sahen, war ein alter IFA-Bus aus DDR-Produktion, in dem gerade zwanzig Rupfer, eine ganze sogenannte Brigade, zu dieser Farm transportiert worden waren. Wir gingen hinein und wurden freundlich willkommen geheißen. Unsere Legende war, dass wir uns den Betrieb anschauen und auch Federn kaufen wollten. Da war es wieder, das Zauberwort »kaufen«. Wir wurden in einen kleinen Raum geführt, der mich an die Folientunnel erinnerte, aber feste Wände hatte. Es war einer der vielleicht fünf krassesten Momente in meinem Leben. Wir betraten diesen Raum – und waren in Frau Holles Hölle gelandet. Wir wateten bis zu den Knien durch Federn, die ganze Luft war voll mit Federn und Daunen; es war, als würde man in einer Art Windkanal stehen. Man hatte sofort Federn in der Nase, in den Ohren, und Daunen, die noch kleiner sind und ihren Weg überallhin finden.

Die Gänse werden in diesen Raum hineingetrieben, und ein Greifer schnappt sich immer zwei von ihnen, indem er sie am Hals packt. Er übergibt je eine einem Rupfer, der das Tier zwischen den Beinen zusammenklemmt und ihm die Füße mit einem Strick fesselt. Die Rupfer sitzen in Hufeisenform auf selbst mitgebrachten Schemeln und machen ihre blutige Arbeit. Jeder beginnt wie verrückt damit, die Federn und Daunen auszureißen. Das geht so schnell, dass Leute, die später meine Aufnahmen davon sahen, fragten, ob ich den Vorgang in Zeitraffer abgespielt hätte. Nach zwei Minuten ist die Gans nur noch ein Häufchen Elend.

Man muss dazu wissen, dass Gänse zwar einen Federwechsel, die Mauser, haben, aber sie ist bei diesen Tieren ein fließender Prozess. Das heißt, Federn werden ersetzt, wenn sie locker sind und ausfallen. Gänse verfügen also gleichzeitig über alte und neue Federn. Dieser Prozess funktioniert nicht mehr, wenn man ihnen alle Federn gleichzeitig ausreißt. Die Tiere werden dabei schwer verletzt. Bei einem Vogel war ein ganzer Hautlappen weggerissen – die Rupferin holte daraufhin aus einem Haushaltsnähset eine große Nadel heraus und nähte die Haut ohne Betäubung der Gans wieder an. Anschließend wurde dieses Tier auf den Haufen geworfen, auf dem die anderen Gänse auch schon lagen. Ich sah Vögel, die auf dem Rücken lagen und vor Panik wie eingefroren waren. Sie bewegten sich einfach nicht mehr. Andere dagegen rannten in ihrer Panik einfach gegen die Wand und wurden ohnmächtig. Sie hatten Tausende Miniverletzungen, die teilweise blutig waren und in ihrer Gesamtheit mindestens so gefährlich sind wie eine große. Viele Gänse waren übersät mit Narben, die von anderen Rupforgien stammten, denn die Tiere werden nicht nur einmal gerupft, sondern bis zu dreimal. Bei diesen Tieren handelte es sich um Graugänse, und sie hatten das wohl schlimmste Schicksal, das selbst in der Tierausbeutung droht, denn sie wurden erst lebendig gerupft und anschließend gestopft. Ich war entsetzt und wütend, musste mich aber natürlich zurückhalten.

Ich musste sogar gute Miene zum bösen Spiel machen: Ich holte den Rupfern nach Feierabend Bier und ließ mich mit ihnen fotografieren. Auf einem Foto hielt einer eine Gans in der Hand und machte das Victory-Zeichen – gruselig. Die Rupfer, die täglich pro Person bis zu zweihundert Tiere bearbeiten, hatten selbst an allen Fingern Pflaster, denn wenn man den ganzen Tag nichts anderes macht, gehen davon irgendwann auch die Hände kaputt. Sie hatten auch alle Husten und konnten nicht richtig atmen. Es handelte sich um Roma, die in Ungarn für alles herangezogen werden, was andere nicht machen wollen. Das waren herzensliebe Menschen, die zu einer schlimmen Arbeit gezwungen werden. Sie werden im Akkord bezahlt, der Verdienst ist so schlecht, dass eine Familie davon nicht leben kann. Nach ein paar Jahren sind sie kaputt und können diese Arbeit nicht mehr machen.

Trotzdem haben die Farmbesitzer einen gewissen Respekt vor ihnen und versuchen, es sich mit ihnen nicht zu verscherzen. Denn wenn sie ärgerlich sind, drücken sie einfach die Beine beim Rupfen zusammen und brechen den Gänsen so die Rippen – drei Tage später muss der Farmer feststellen, dass er hundert oder mehr tote Tiere hat. Andere Arbeiter sammeln die Federn und Daunen in riesigen Jutesäcken. Seitdem ich das alles gesehen haben, betrachte ich die Daunenjacken bei uns mit ganz anderen Augen. An Daunen klebt in fast allen Fällen Blut.

Internationale Empörung

Das Video, das ich drehte, war das erste seiner Art seit vielen Jahren. Es schlug ein wie eine Bombe, der Effekt war noch größer als bei der Stopfleber. Es lief in den USA, der Türkei, China und vielen anderen Ländern. Es hat der Branche furchtbar geschadet. Aber Daunen werden auch heute noch verkauft, auch wenn die meisten deutschen Firmen uns auf Anfrage schrieben, dass sie keine Federn oder Daunen aus Lebendrupf verwenden würden.

Um das zu überprüfen, schickten wir Dora als »Einkäuferin« los. Sie rief vom Büro eines Gänsezüchters in Ungarn, der unser Spiel mitspielte, bei allen großen deutschen Herstellern an, gab sich als Vertreterin einer ungarischen Gänsefarm aus und bot Federn und Daunen aus Lebendrupf an, natürlich schön preiswert. Und siehe da: Alle fragten nach Mustern. Am nächsten Tag war Dora nur damit beschäftigt, Muster an deutsche Firmen zu verschicken, die nach eigenen Angaben mit Lebendrupf keine Geschäfte machten. Die Reaktionen waren begeistert, denn wir hatten wirklich nur allerbeste Qualität verschickt. Wir transportierten die Ware mit einem großen Lkw nach Deutschland zu den Kunden. Den Großteil der Ware kaufte die bayerische Firma

Böhmerwald. Wir filmten das natürlich mit unserer versteckten Kamera, und die Sache wurde zu einem großen Desaster für die deutsche Daunen- und Federbranche. Als Dora die Ware überbrachte, legte der Chefeinkäufer von Böhmerwald vor der versteckten Kamera ein ungewolltes Geständnis ab. Er hielt ein Schreiben hoch, das ich ihm zuvor geschickt hatte und mit dem er versichern sollte, dass keine Federn aus Lebendrupf, sondern ausschließlich aus Totrupf verwenden würde. Er hatte es unterschrieben und sagte Dora trotzdem ins Gesicht: »Wir brauchen Lebendrupf, die Qualität ist nun mal die beste.« Man würde, wenn man gefragt würde, einfach sagen, das Material sei aus Totrupf, »dann passt die Sache.« Dieser Mann begriff gar nichts – selbst als die Journalisten des ARD-Magazins *Report Mainz* schon mit der Kamera bei ihm vor der Tür standen, rief er Dora noch an, um sie zu warnen. Er sprach davon, dass etwas schrecklich schiefgegangen wäre, sie solle nicht mit der Presse reden.

Tatsächlich gibt es viel mehr Daunen und Federn aus Tot- als aus Lebendrupf. Aber die Lebendrupfprodukte werden trotzdem verwendet, weil sie bessere Qualität bieten. Die Hersteller geben die Qualität in der Maßeinheit Cuin an, und je höher die Cuin-Zahl ist, desto wahrscheinlicher oder sicherer ist es, dass Federn aus Lebendrupf verwendet wurden. Denn die Daunen und Federn aus Totrupf stammen aus den Schlachthöfen, und dort werden die Tiere in ein Paraffinbad getaucht, wodurch alles Mögliche dem Tier entrissen wird – Haut, Blut, Federn und was weiß ich. Aus diesem Matsch müssen die Federn wieder extrahiert werden. Dafür werden viele Chemikalien verwendet, und dass dabei die Qualität auf der Strecke bleibt, liegt auf der Hand. Beim Lebendrupf hingegen kann man die Federn und Daunen am Tier ausreißen, die man am besten gebrauchen kann, und die Tiere sind auch in der Regel älter und haben damit größere Daunen als ihre Artgenossen, die im Massenentenstall noch mit dem Kükenflaum am Kopf in der engen Hitze sitzen.

Das bedeutet: Der Fetisch der Daunenindustrie mit immer wärmeren Jacken und Schlafsäcken führt genau in den Lebendrupf. Die ganzen Gütesiegel auf den Daunenprodukten kann man vergessen. Sie wurden allesamt wegen meiner Recherchen damals eingeführt und sollen die Leute einlullen. Diese Siegel sind teilweise eine ebenso dreiste Kundentäuschung wie die restlichen Bezeichnungen in dieser Branche. So las ich in Bettenläden Namen wie »nordische Daune«, »Alpendaune« oder »Polardaune« – alles frei erfundene Fantasiebegriffe, die dem Kunden eine natürliche, wilde, kühle Herkunft suggerieren sollen. In den Alpen oder am Polarkreis gibt es gar keine Gänsefarmen. Die grauen Daunen und Federn der Stopfmastgänse werden gerne als Wildgans angeboten. Ich könnte lange über solche Tricksereien erzählen, und die Erkenntnis, dass es mit der Daunenindustrie eine noch kriminellere Branche als die Fleischbranche gibt, ist schon beachtlich.

Auf Betreiben der schwedischen Regierung setzte die EU-Kommission eine Expertenkommission zum Lebendrupf ein, und ich wurde als Mitglied berufen, als einziger Tierschützer unter lauter Daunenlobbyisten. Die EU-Behörde EFSA *(European Food Safty Authority)* sollte den Vorwürfen nachgehen, und außer mir und einem der Daunenindustrie nahe stehenden steinalten Professor gab es keinen Experten, der nicht Blut von Gänsen oder Enten an den Händen hatte!

Damals hätte die EU es in der Hand gehabt, jede Art der Entnahme von Federn und Daunen von lebenden Tieren strikt zu verbieten. Aber sie vermasselte es, der Druck der Lobby war zu groß. Die Daunenindustrie erfand den Begriff »Harvesting«, der besagen soll, dass die Federn bei der Gans sanft ausgestrichen werden, wenn sich das Tier in der Mauser befindet. Mit dem bösen Lebendrupf hätte das nichts zu tun, hieß es. Obwohl ich ein ausführliches Gutachten zum Lebendrupf mit zahlreichen Beweisvideos vorlegen konnte und die Daunenindustrie nichts dergleichen über ihre angeblich so sanfte Methode hatte, lief die Sache auf EU-Ebene wie geschmiert. Als man selbst den Begriff Harvesting noch zu gruselig fand, änderte man ihn auf »Feather Gathering«. Die EU schluckte das tatsächlich. Im Endbericht der Kommission wurde dann zwar festgehalten, dass Lebendrupf verboten sei, aber Feather Gathering (was so viel wie »Federn sammeln« oder »sortieren« bedeutet) unter kontrollierten Bedingungen sei völlig okay. Die Gänsezüchter in Ungarn lachten sich krumm und schlapp darüber. Am Ende muss man sagen, dass wir der Daunen- und Federindustrie arge Probleme bereiteten und unser Einsatz daher sinnvoll und erfolgreich war. Der größte Erfolg war, dass viele Outdoorfirmen massiv auf synthetische Hohlfasern setzen und damit echte und sogar überlegene Alternativen schufen. An der rein rechtlichen Lage änderte sich aber faktisch kaum etwas. Solange Leute sich in Form von Daunenjacken, Betten oder Schlafsäcken mit fremden Federn schmücken, wird sich nichts ändern.

Factsheet Schlachtbank Deutschland

In Deutschland gibt es rund 5000 Schlachtbetriebe. Darunter sind sehr große wie der Schlachthof Rheda-Wiedenbrück von Tönnies mit einer Tötungsleistung von 25000 Schweinen pro Tag, der Rotkötter-Schlachthof Wietze mit einer Tötungsleistung von 432000 Masthühnern pro Tag und der Schlachtho Waldkraiburg von VION mit bis zu 4500 Rindern pro Woche. Einige der schlimmsten Bilder über das Leid von Tieren im Schlachthof stammen aber von den Kleinen der Branche. Der Bio-Schlachthof Fürstenfeldbruck schlachtete etwa 14 Rinder und 80 Schweine am Tag, und der Horrorschlachthof Bad Iburg tötete 200 Rinder pro Woche.

In Deutschland werden zur Produktion von Fleisch pro Jahr 790 685 270 Tiere getötet, das macht 2 169 000 am Tag. Darunter sind:
- 65 600 000 Hühner
- 57 000 000 Schweine
- 3 400 000 Rinder

Dazu kommen 2 700 000 000 000 Fische (ja, das sind Trillionen, und sie alle fühlen Schmerzen wie wir und wollten leben), und da sind die ganzen vielen weiteren Quadrillionen niederen Tiere.

Schweine werden in kleinen Schlachthöfen mit einer Elektroschockzange betäubt und dann durch Blutverlust getötet. Dabei kommt es leicht und oft zu Fehlern. Die Zange wird falsch angesetzt, trifft zum Beispiel das Auge oder ist nicht gut gewartet. Bei bis zu 40 Prozent der Tiere kommt es bei der Betäubung zu Problemen. Die nötigen Tests zur Sicherheit der Betäubung werden kaum durchgeführt.

Die Alternative ist die CO_2-Betäubung, bei der die Schweine in einer Gondel in eine mit CO_2 gefüllte Wanne fahren. Dabei erleiden die Tiere extreme Panik durch Atemnot. Das CO_2 wandelt sich auf den Schleimhäuten zu Kohlensäure um, was Schmerzen verursacht und die Panik steigert, die bis zu einer Minute dauern kann. In beiden Fällen kommt es vor, dass Tiere unbetäubt ins Brühbad kommen oder den Kehlschnitt bewusst erleben müssen.

Vögel werden ebenfalls entweder durch ein elektrisch geladenes Wasserbad oder durch CO_2 betäubt und dann aufgeschnitten. Auch hier kommt es aus vielen Gründen zu Fehlbetäubungen.

Bei Rindern wird ausschließlich der Bolzenschuss eingesetzt, wobei ein durch eine Ladung ausgelöster Bolzen die Schädeldecke durchschlägt und eine einminütige Betäubung auslösen soll. In dieser Zeit soll das Tier durch Entblutung sterben. Die Stelle, die getroffen werden muss, hat die Größe eines Zweieurostücks, aber die Tiere wehren sich heftig, die Technik versagt, und das Personal ist überfordert. Nach meiner Erfahrung erleben etwa 20 bis 30 Prozent der Rinder Teile des Schlachtvorgangs bewusst.

Warum tötet man die Tiere nicht gleich? Diese naheliegende Frage ist leicht zu beantworten: Darunter würde die Fleischqualität und die Verwertbarkeit leiden, da das Blut dann noch im Fleisch wäre.

Schlachthöfe, die mehr als tausend Großtiere im Jahr schlachten, brauchen einen anwesenden amtlichen Veterinär. Darunter findet, wenn überhaupt, nur eine kurze Sichtung des Fleisches und der Tiere statt. In großen Schlachthöfen befinden sich mehrere amtliche Veterinäre, die vom Landkreis bezahlt werden, aber normale Tierärzte sind, die diese Arbeit nebenbei machen. Ihre Hauptaufgabe ist die Lebensmittelsicherheit.

Das Halal-Siegel auf Fleisch bedeutet nicht automatisch, dass die Tiere geschächtet wurden. In der Regel werden sie genauso betäubt wie die anderen Tiere oder einer Kurzzeitbetäubung unterzogen. Echtes Schächten oder rituelles Schlachten nach muslimischer Vorschrift ohne Betäubung ist in Deutschland verboten. Es gibt in Deutschland allerdings eine bedeutende Zahl an illegalen rituellen Schlachtungen, die vor allem auf den »Bauernhöfen von nebenan« durchgeführt werden.

Bio-Branche:
Setzen, Sechs!

Nach einer Recherche zum Bio-Betrieb *Herrmannsdorfer* bekam ich eines Tages eine E-Mail von einem Professor. Darin stand in etwa: »Sehr geehrter Herr Mülln, ich habe einen Traum. Darin fahre ich in der Nacht eine Straße lang und ich sehe plötzlich ein zerschmettertes Auto, das einen Unfall hatte. Ich steige aus, gehe zu dem Wagen und sehe Sie dort sterbend in ihrem eigenen Blut am Boden liegen. Ich gehe lachend zu meinem Auto zurück, steige ein und fahre weiter.« War das nur extrem pervers und böswillig? Oder handelte es sich vielleicht um eine Morddrohung? Darüber kann man sich sicher streiten. Aus dem deutschsprachigen Raum war das die einzige Mail dieser Art, die ich jemals bekommen habe. Sie war die schlimmste, aber eine Ebene darunter erhielt ich viele andere Mails, in denen die Absender mir ihren Abscheu mitteilten.

Diese Mail war nicht von einem Massentierhalter, sondern von einem Mitglied der Bio-Szene. Das zeigt, wie aggressiv die Leute darauf reagieren, wenn man die drei Buchstaben BIO antastet. Bio ist für diese Leute immer die letzte Verteidigungslinie. Wenn man sie fragt, wie es denn so bei den von ihnen gekauften Produkten aussieht mit Massentierhaltung und -schlachtung, kommt eigentlich bei jedem reflexartig der Ausspruch: »Ich kaufe ja nur bio.« Die Häufigkeit dieser Aussage erstaunt mich immer wieder, weil ich weiß, dass der Bio-Anteil beim Fleisch in Deutschland bei gerade einmal drei Prozent liegt. Wenn ich diese Menschen reden höre, frage ich mich immer wieder, wer eigentlich die restlichen 97 Prozent konsumiert. Aber bio ist zumindest verbal in aller Munde, und immerhin hat die Branche ja gute Wachstumsquoten zu verzeichnen. Es gibt an jeder Ecke in den Städten Bio-Supermärkte, die Umsätze gehen in die Milliarden. Das liegt natürlich auch daran, dass die Waren sehr teuer sind.

Bio ist nicht gleich bio

Mich interessierte, was eigentlich genau hinter dem Begriff bio steht. Man muss wissen, dass bio längst nicht gleich bio ist. Es gibt ein Siegel der Europäischen Union, das die Mindeststandards vorgibt, und es gibt eine Reihe von Verbänden mit Vorschriften verschiedener Härtegrade. Oder auch Verrücktheitsgrade – ganz, wie man es sehen möchte. Ich denke zum Beispiel an *Bioland* und *Naturland*, die kaum besser sind als das EU-Siegel, oder *Biokreis* und *Demeter* auf der anderen Seite der Skala, die sehr strenge Richtlinien haben. Aber sie sind eben zum Teil ein wenig verrückt oder esoterisch – so fließen bei *Demeter* die Mondphasen ein, in denen man Hornspäne unter das Erdreich mischen muss, damit das Gemüse besonders gut wächst. Die Folge ist, dass bei *Demeter* nicht einmal das Gemüse vegan ist. Diese Verbände machen allesamt viel Werbung für sich und sind damit ein gefundenes Fressen für mich, denn ich fange mit meinen Recherchen gerne da an, wo Unternehmen werben. Mir fiel auf, dass *Bioland* und *Naturland* sehr stark für einen Schlachthof in Fürstenfeldbruck in der Nähe von München Werbung machten. Er nannte sich *Brucker Schlachthof*. Mir fiel ein Interview mit dem Chef auf, in dem dieser beschrieb, wie toll dieser Schlachthof doch sei und wie eng er sich an strenge Bio-Regeln halte. Er erzählte, dass er selbst früher in Großschlachthöfen gearbeitet habe und dass die Zustände dort sehr schlimm seien. Explizit betonte er, dass den Tieren dort schmerzhaft der Schwanz unter

Höllenqualen verdreht würde, um sie anzutreiben. Weil er die Methoden der Massentierschlachtung ablehne, sei er in einen kleinen Schlachthof gewechselt, eben den in Fürstenfeldbruck. Dort würden Tiere aus der Haltung von *Bioland-* und *Natur- land-*Betrieben geschlachtet. Die Bauern würden die Tiere selbst zur Schlachtbank bringen und teilweise selbst Schlachter stellen, und dann würden sie dieses Fleisch in ihren Hofläden verkaufen.

Der bei vielen Verbrauchern so beliebte Hofladen steht in der Rangfolge ja nochmals über den Bio-Supermärkten. Den Hoflä- den vertrauen die Menschen am meisten, dort also, wo der Bauer oder seine Frau selbst am zusammengezimmerten Holzstand steht und landwirtschaftliche Produkte anbietet. Die Menschen gehen automatisch davon aus, dass dieser Bauer alle Tiere auf sei- nem Hof aufgezogen und geschlachtet und dass er alle seine Wa- ren selbst produziert habe. Hier herrscht maximales Vertrauen.

Diese höchste Vertrauensstufe stand auch für den *Brucker Schlachthof,* als ich mich im Jahr 2016 an die Recherche machte. Er lieferte hauptsächlich an Bauernmärkte, Direktvermarkter (also Hofläden) und an Feinkostrestaurants, die sich dem ganz teuren Fleisch verschrieben haben. Als ich mir dann den Schlachthof anschaute, musste ich schnell feststellen, dass es dort doch etwas anders aussah, als es die Werbung und das In- terview des Schlachthof-Chefs suggerierten. Bei bio ist die Fall- höhe ja auch besonders hoch, anders als bei herkömmlichen Be- trieben der Massenschlachtung. Was ich in Fürstenfeldbruck sah, schockierte mich ziemlich, denn auch ich ließ mich durch- aus von der Werbung und der Selbstdarstellung der Bio-Branche blenden. Ich dachte: So schlimm kann es in einem Bio-Schlacht- hof ja nicht sein. Die schlachten dort wenige Tiere, sie schlach- ten selbst, die Bauern bringen die Tiere hin und werden doch sicher ein Auge darauf haben, dass alles einigermaßen human abläuft. Was sollte da also schiefgehen?

Im Fall *Brucker Schlachthof* ging einiges schief. Tatsächlich brachten die Bauern ihre Tiere, zum Teil sogar einzeln in kleinen Transportern, zur Schlachtung. Und tatsächlich stellten die wichtigen Betriebe auch ihren eigenen Schlachter. Die ganze Sache hatte etwas von einer Genossenschaft. Zum Glück gab es dort auch Leute, die das Ganze kritisch betrachteten, und so gelang es, durch einen Insider an Innenansichten aus dem vermeintlichen Musterbetrieb zu kommen.

Doch wie die mit versteckter Kamera gemachten Aufnahmen zeigten: Jeder dieser Schlachter hatte einen Elektroschocker in der Hand, und sie bogen die Schwänze der Tiere um, wenn sie nicht laufen wollten – anders als der Schlachthof-Chef behauptet hatte. Die Tiere wurden auch ziemlich brutal getreten und geschlagen. Die Schweine fingen nach der Betäubung wieder zu atmen an. Was ich sah, war teilweise sogar krasser als in den großen Schlachthöfen, wo alles sehr schnell abläuft. In diesem Schlachthof dagegen hatten die Leute Zeit, die Tiere zu quälen, weil eben nur zwanzig Rinder am Tag geschlachtet wurden. Als Tierschutzbeauftragter fungierte der Bruder des Geschäftsführers, und er ging besonders brutal mit den Tieren um, wie man deutlich auf den Filmaufnahmen sehen konnte. Auch die Haltung der Tiere in der Nacht vor der Schlachtung war ganz anders, als die Bio-Branche uns glauben machen möchte. Die Branche behauptet ja, die Tiere hätten in der Nacht vor der Schlachtung Zeit, sich vom Transport zu erholen, und würden dann am nächsten Morgen entspannt in den Tod gehen. Das ist Blödsinn. Hier waren die Räume zu eng und die Besatzdichte zu groß, die Tiere kamen nicht an die Wassertröge und bekamen kein Futter. Die Schweine, die hier untergebracht wurden, hatten die ganze Nacht Panik und bekämpften sich gegenseitig. Man konnte die ganze Nacht über die markerschütternden Schreie hören. Der Whistleblower, der uns bei dieser Recherche half, leistete wirklich gute Arbeit, und wir waren ihm sehr dankbar.

Schlimmer als im konventionellen Bereich

Als ich mir die Aufnahmen anschaute, stieß ich auf Dinge, die ich selbst im konventionellen Bereich noch nie gesehen hatte. Bio-Tiere sind in der Regel kräftiger als konventionell gehaltene, weil sie tatsächlich besser gehalten wurden als die Tiere aus den Massenställen. Das sind kräftige, muskulöse Tiere, nicht die Gerippe, die sich nur noch in den Tod schleppen. Jetzt taten sie sich natürlich besonders schwer damit, so eng eingesperrt zu sein, und wehrten sich. Ein besonders kräftiges schwarzes Rind wollte sich partout nicht zur Schlachtbank führen lassen. Also wurde es mit Elektroschockern bearbeitet, der Schwanz wurde umgebogen, und immer wieder wurde er mit einer Stahltür geschlagen. Dann kam der Tierschutzbeauftragte – ein Tierarzt war nie zu sehen –, griff sich die Starkstromzange für die Schweine mit 300 Volt und schockte das Rind damit mehrere Male. In diesem Fall gibt selbst das kräftigste Rind auf und rennt los – so wurde das Leben auch dieses Tieres beendet. Bei dem Rind handelte es sich um ein extrem teures Wagyu-Rind, bestimmt für die besten Feinkost-Restaurants, in denen sich dann Leute darüber unterhalten, dass sie ja die Tiere wertschätzen und mit 250 Euro für 1000 Gramm kein Billigfleisch essen würden. So gehen bayerische Koberinder durch die Hölle, bevor sie zu teurem Qualfleisch werden.

In anderen Filmszenen war zu sehen, dass der Kopfschlächter offensichtlich nicht schießen und vor allem nicht treffen konnte. Er brauchte bis zu vier Versuche, um die Tiere an der richtigen Stelle am Kopf zu treffen; zwischendurch fiel sein Gerät aus, blieb stecken oder musste langsam nachgeladen werden, während das Tier mit drei Kopfschüssen in der Gitterbox stand.

Als ich mit unseren Aufnahmen zu einer Fernsehjournalistin ging, erlebte ich eine Überraschung: Die Frau verstand einfach nicht, was der Skandal war. Sie kündigte zwar an, einen längeren

Beitrag zu machen – aber da schwante mir schon nichts Gutes. Denn wenn Journalisten von längeren Beiträgen reden, bedeutet das meistens, dass das Thema auf die lange Bank geschoben wird. Eine Woche vor der ursprünglich geplanten Ausstrahlung des Beitrages hatte sie mich noch immer nicht interviewt, und ich fragte bei ihr nach, wie denn der Stand der Dinge sei. Sie eröffnete mir, dass sie zwar einen Beitrag gemacht habe, aber das Material nur anonym in ein paar Schnipseln hineingeschnitten habe, denn das gäbe doch nichts her, fand sie. Ich habe viele ernüchternde Erfahrungen mit Journalistinnen und Journalisten gemacht, aber diese war eine der schlechtesten. Als der Film lief, hatte er praktisch keinen Widerhall, was mich nicht überraschte.

Ich war im ersten Augenblick konsterniert – sollte die Recherche wirklich niemanden interessieren? Unsere Pressemitteilung wendete das Blatt. Schnell hellte sich meine Stimmung wieder auf, als ich bei anderen Redaktionen anrief und diese die Brisanz des Themas erkannten. Als wir die Aufnahmen veröffentlichten, war die Bio-Branche empört. Der *Brucker Schlachthof* war das nächste Kronjuwel, das wir beschädigten. Es gab Bio-Leute, die solche Recherchen einfach strikt ablehnten; andere meinten, man könne das ja machen, aber doch bitte schön nicht öffentlich. Wenn wir solche Missstände aufdecken würden, müsse man die Sache intern regeln. Andernfalls schade man doch der ganzen Bio-Sache nach außen. Das waren genau die gleichen Diskussionen, die es in der konventionellen Fleischindustrie gibt.

Die Behörden reagierten anders: Sie machten den Schachthof erst einmal dicht und entließen alle Metzger. Viele der kleinen Hofladenbetreiber gerieten in Panik, denn sie wussten plötzlich nicht mehr, wo sie ihre Ware herbekommen sollten. Peinlich war es für sie zudem, weil sie ja stets behaupteten, ihr Fleisch komme aus eigener Schlachtung – aber wie sollten sie jetzt erklären, dass sie just nach der Schließung des Brucker Schlachthofes nichts mehr zu verkaufen hatten?

Augen auf im Hofladen!

Jetzt zeigte sich, dass es sich bei den Hofläden weitgehend um einen Werbegag handelt. Die Käufer verstehen das so: Der Hofladen hat einen eigenen kleinen Schlachtbetrieb, in den er die Tiere auf ganz sanfte Art hineinführt, auf ganz humane Art tötet und dann aus ihnen seine Bio-Schnitzel macht. »Aus eigener Schlachtung« bedeutet aber tatsächlich in der Regel nur, dass ein Bauer mit seinem Tier zum Schlachthof fährt und dort eine Lohnschlachtung machen lässt. Das Wörtchen »Lohn« lässt man aber in der Selbstdarstellung weg, denn das würde die Leute doch nur verwirren. Ich denke, ein großer Teil der Firmen, die mit dem Slogan »aus eigener Schlachtung« für sich werben, schlachten überhaupt nicht selbst. Man sollte sich als Kunde einfach einmal anschauen, wie viele verschiedene Tierarten in den kleinen Hofläden angeboten werden: Truthahn, Rebhuhn, Masthähnchen, Schwein, Rind und andere – aber wo sind die eigentlich alle auf dem Hof? Es lohnt sich, einen solchen Hofladen genau anzuschauen, bevor man gutgläubig dort Kunde wird. Ich habe dafür eigens eine Checkliste ausgearbeitet: Wo schlachten Sie? Wann schlachten Sie? Darf man zusehen? (Siehe Factsheet.) Es ist immer spannend zu sehen, wie den Betreibern bei solchen Fragen die Kinnlade herunterklappt.

Wichtig zu fragen ist auch, ob es eine eigene Zucht gibt. Bio ist nämlich nur ein Zeitfenster. Was vor diesem Zeitfenster passiert, ist oft nicht bio, und was danach passiert, ebenfalls nicht. Es gibt schlicht keinen Bio-Tiertransporter, und es gibt nur sehr wenige wirkliche Bio-Schlachthöfe. Viele, selbst große Schlachthöfe von Fleisch-Mogulen sind sogenannte Bio-zertifizierte Schlachthöfe. Das bedeutet: Sie haben die Berechtigung, Bio-Tiere zu schlachten. Aber jetzt erzählen wir mal einem ungarischen Lohnarbeiter, der für ein paar Hundert Euro im Monat zwölf Stunden am Tag in einem Schlachthof arbeitet – eigentlich also ein Lohnsklave –, dass er zwischen konventionellen und Bio-Tieren unterscheiden soll. Da stehen Hunderte Tiere an – und er soll die besonders gut behandeln, die »bio« sind? Theoretisch darf er keinen Elektroschocker einsetzen und muss das Bio-Tier deutlich schneller aufschlitzen als das konventionelle. Doch macht er in seinem alltäglichen Stress wirklich diese Unterscheidung? Wer sich das ausgedacht hat, besitzt entweder einen schrägen Humor, oder er verfügt über eine gewisse Verachtung für das ganze System.

Auf unseren heimlich gedrehten Filmaufnahmen können wir gut die Unterschiede der Tiere erkennen. Wenn zum Beispiel ein Schwein noch seinen Ringelschwanz hat oder es einer dieser alternativen Sorten angehört, wissen wir, dass es sich um ein Bio-Schwein handelt. Jedes Mal ist aber deutlich zu erkennen, dass es genauso brutal behandelt wird wie die anderen Schweine. Im Schlachthof Aschaffenburg erlebte ein Soko-Ermittler, wie Bio-Schweine statt mit dem Elektroschocker mit einer Stahlbürste gequält wurden. Denn der E-Schocker macht verräterische Blutergüsse, wenn man aber mit der Stahlbürste »über die Muschi schrappt«, wie dem Ermittler empfohlen wurde, bleibt das Fleisch unbeschädigt, und der Rest geht ja eh in die Wurst.

Das Problem mit Hofläden und übrigens auch den Bauernmärkten: Je kleiner die jeweiligen Strukturen sind, desto undurchsichtiger wird das Ganze. Der Verkäufer muss an der kleinen Theke keine Angaben machen, woher das Fleisch eigentlich kommt. Teilweise müssen selbst die Eier nicht, so wie in der konventionellen Produktion, geprintet werden. Im Supermarkt steht auf den Eiern eine Nummer, die man auf einer Seite im Internet eingeben kann, um nachzuprüfen, woher es kommt. Im Hofladen nicht. Es gibt so gut wie keine Kontrollen, denn diese kleinen Bio-Betriebe fliegen unter dem Behördenradar.

Bei all meiner Kritik gestehe ich gerne zu, dass es auch Hofläden gibt, die tatsächlich ihre Waren in ihrer eigenen Schlachterei herstellen. Es ist sehr schwierig, eine Genehmigung dafür zu bekommen. Aber kann man wirklich sicher sein, dass eine solche Hofschlachtung besser ist? Hier muss nämlich kein Veterinär ständig anwesend sein, um den Schlachtvorgang zu kontrollieren. Dadurch ist schon mal eine Kontrollinstanz weg. Das ist eindeutig ein Schwachpunkt, denn dadurch ist das Tier auf Gedeih und Verderb auf den Bauern und seine Fähigkeiten angewiesen. Ich habe auch die Erfahrung gemacht, dass es mit der Hygiene in diesen kleinen Schlachtereien sehr schlecht bestellt sein kann. Sicher, die kleinen Schlachtereien produzieren bei Weitem nicht die Masse wie die großen Schlachtbetriebe und die industrielle Massentierhaltung. Aber ich lege den Maßstab zuallererst am individuellen Tierwohl an – und da sieht es leider bei den kleinen Schlachthöfen in der Regel nicht besser aus. Ein Tier wird niemals freiwillig zur Schlachtbank gehen und sich umbringen lassen.

Bio-Eier sind keine Alternative

Nun sagen die Bio-Anhänger: Aber immerhin hatten die Tiere doch ein gutes Leben, bevor sie getötet werden. Was ist dem entgegenzuhalten? Nehmen wir das Beispiel Legehennen. Der übliche Bio-Legehennenbetrieb in Deutschland hat 12 000 Tiere. Das ist zwar weniger als ein konventioneller, der mehrere Zehntausend Hühner in seinen Ställen haben kann. Für die einzelnen Hühner ist das aber egal. Denn ein Huhn kann sich sieben bis zwölf Hühner merken, mehr nicht. In einer solchen Gruppe – Hennen sind hierarchische Tiere – kann die Hackordnung geklärt werden. Die ersten paar Tage sind stressig, bis die Rangordnung geklärt ist, aber dann geht es gewöhnlich. Wenn Hennen in einer viel größeren Masse zusammengestaucht werden, funktioniert es mit der Hackordnung aber nicht mehr. Und für sie ist es ganz egal, ob der Betrieb 12 000 oder 50 000 Tiere hat – für sie zählen die zwölf Tiere in ihrer unmittelbaren Umgebung. Das ändert sich aber ständig. Mal kommt Henne 2034 bei der Nummer 899 vorbei, dann stehen Hennen 112 und 1128 neben ihr und so weiter. So kann natürlich niemals eine Hackordnung geklärt werden, und dieses Problem tritt gleichermaßen im Bio- wie im konventionellen Betrieb auf. Das Gleiche setzt sich draußen fort, denn während im Stall immerhin die Tiere etwa in Dreitausender-Gruppen unterteilt sind, kommen draußen – ein Bio-Betrieb zeichnet sich ja dadurch aus, dass die Hennen Auslauf haben – noch viel mehr fremde Tiere zusammen. Denn hier laufen alle Hennen aus allen Stall-Untergruppen herum. Der Stress wird also noch größer. Ständig muss die Hackordnung neu geklärt werden.

Es gibt noch eine ganze Reihe weiterer vergleichbarer Probleme, auf die man als Käufer von Bio-Ware gar nicht kommen würde. Ich möchte hier noch eines erwähnen: das Problem der Rassen. Man sollte bei jedem Kauf von Eiern die Frage nach der Rasse stellen. Warum ist dieses Ei braun und das andere weiß? Was hat das zu bedeuten? Braune Hühner legen braune Eier und weiße Hühner weiße. Die Bio-Branche verwendet gerne braune Hühner, weil die Menschen in der Regel glauben, braune Eier seien besser. Das Urhuhn legt etwa zwanzig Eier pro Jahr. Das reicht natürlich nicht aus, um mit so einem Huhn gute Geschäfte zu machen, das sieht auch der Bio-Halter so. Deshalb greift er zu *Lohman* LB. Diese braune Hühnerrasse wird in den meisten Bio-Betrieben eingesetzt. Lohmann LB ist der Porsche unter den braunen Hühnern. Diese Rasse wurde vom Unternehmen Lohmann aus Cuxhaven entwickelt, dem Weltmarktführer in Sachen Hühner-Genetik. Das Unternehmen liefert in alle Teile der Welt bis ins tiefste Asien, nach Brasilien oder Südafrika. Nicht weit vom Stammsitz in Cuxhaven ist die Großelterntierhaltung (dazu gleich unten mehr) angesiedelt, und von den Brütereien des Konzerns werden die Tiere in alle Welt verschickt.

Das Problem: Es ist nicht besonders nachhaltig, wenn man mobil sein möchte und sich einen Porsche Cayenne zulegt. Mit einem solchen Auto ist man zwar tatsächlich mobil, und man kann damit auch sehr schnell fahren, aber das Fahrzeug hat seine Schattenseiten. So ist es auch bei *Lohmann* LB. Eine *Lohmann-LB*-Henne legt dreihundert Eier pro Jahr, ist relativ robust und gut für Bio-Betriebe geeignet. Allerdings kommen die Hühner aus großen industriellen Brütereien, in denen männliche Tiere gehäckselt werden. Lohmann betreibt eine solche riesige Brüterei beispielsweise in der Nähe von Frankfurt, mit einem Reißwolf, in dem jedes Jahr unzählige Tiere zerfetzt werden. Die andere Option in solchen Brütereien ist das Vergasen, das nicht so eklig aussieht, aber einen Erstickungstod bedeutet. Die Bio-Branche setzt aber trotzdem genau auf diese Rasse, auf die natürlich auch die industriellen Betriebe zurückgreifen. Durch die extrem hohe Legetätigkeit – dreihundert statt zwanzig Eier im Jahr – werden die Tiere natürlich gnadenlos heruntergewirtschaftet. Denn die Produktion jedes einzelnen Eis ist für eine Henne ein ziemlicher körperlicher Kraftakt. Nach einem Jahr sehen diese Hühner genauso schlimm aus wie in einer Legebatterie, obwohl sie doch in einem Bio-Betrieb leben. Sie sind kraftlos, haben kaum noch Federn und machen einen denkbar schlechten Gesamteindruck. Bedingt wird das auch durch diese ständigen Kämpfe um die Hackordnung, von denen ich schon schrieb. Ohnedies sind diese Zuchtsorten – es gibt auch eine weiße Lohmann-Rasse LSL – ziemlich aggressiv, weil sie wohl intelligenter sind. Am Ende werden diese Hühner, wenn sie völlig ausgelaugt sind, nach Polen transportiert und dort ganz konventionell geschlachtet – nichts mit bio.

Wenn ich mir das alles anschaue, muss ich der Bio-Branche

sagen: Setzen, Sechs! Wenn man das Bio-System wirklich durchdenkt, muss man doch von A bis Z konsequent sein und nicht von D bis F! Aber die Bio-Branche setzt Turborassen ein, sie setzt auf die Strukturen der industriellen Tierhaltung, da die Tiere aus der industriellen Brüterei kommen. Auch die Elterntierhaltung hat nichts mit bio zu tun – totale Massentierhaltung. Hinzu kommt hier noch, dass mit den Hennen auch Hähne gehalten werden, was für die weiblichen Tiere einen großen Stress bedeutet, weil die Männchen ständig auf sie draufspringen.

Es gibt auch das Problem Boden- und Freilandhaltung. Viele Verbraucher kaufen ja Eier, die mit diesen Angaben versehen sind, weil sie glauben, sie tun etwas Gutes damit. Der Begriff »Bodenhaltung« hat allerdings nicht zwangsläufig etwas mit »Boden« zu tun und schon gar nichts mit Bio-Haltung. In vielen Betrieben mit angeblicher Bodenhaltung werden die Tiere in mehreren Etagen in Volieren (die auch nichts mit »Fliegen« zu tun haben) gehalten – man müsste das also mindestens als »Multibodenhaltung« beschreiben. In solchen Anlagen herrscht ein dreidimensionales Chaos: oben Hühner, unten Hühner, in der Mitte Hühner. Die Tiere sind aufgeteilt in Stallsektionen, in jeder Sektion werden ein paar Tausend Hühner gehalten. Bei dieser Bodenhaltung gibt es ein massives Problem mit Kannibalismus. Man hat wahnsinnig viele Tiere auf engstem Raum, man hat die Turborassen, zudem gibt es eine extrem hohe Staubbelastung durch die Streu auf dem Boden, die ja in der Luft aufgewirbelt wird, aber nicht entweichen kann. Bei der Freilandhaltung wiederum handelt es sich im Prinzip um eine Bodenhaltung mit Löchern drin. Es existieren Löcher in der Wand, durch die die Tiere theoretisch in einen Freilaufbereich schlüpfen können. Ich betone das Wort »theoretisch«, denn Hühner bevorzugen Orte im Freien, die ihnen Schutz bieten. Also zum Beispiel Bäume oder hohen Mais. Darauf verzichten viele Halter aber, denn Hühner machen alles platt, sie sind genauso wie Gänse und Enten sehr destruktive Tiere. Wenn man also zu einem Betrieb mit Freilandhaltung kommt und sieht, dass der Außenbereich schön grün ist, kann man davon ausgehen, dass die Hühner nicht wirklich rauskommen. Bei schlechtem Wetter und oft den ganzen Winter hindurch werden sie ohnedies nicht rausgelassen, ebenso wenig, wenn in der Region eine Tierseuche aufgetreten ist; ein Problem, das in manchen Gegenden inzwischen fast ständig auftritt. Und sehr oft konnten wir nachweisen, dass sich die Klappen der Löcher zum Durchschlüpfen nach draußen gar nicht öffneten und die Tiere schon deshalb gar nicht rauskonnten.

Aber ganz am Anfang steht das Kernproblem: die sogenannte Großelterntierhaltung. Sie findet in einem Hochsicherheitstrakt der Firma *Lohmann* statt, dem Genpool aller Cash-Chickens. Die Tiere leben in engen Käfigen, das hat absolut nichts mit Bio-Haltung zu tun. Ihr Sperma wird manuell entnommen und die Hennen künstlich befruchtet. Wer also Bio-Eier kauft, kauft aller Wahrscheinlichkeit nach Eier von Tieren, deren Vorfahren in Käfighaltung leben müssen. Aber darüber spricht die Bio-Branche nicht, sie verweigert jedes Gespräch darüber. Es gibt ein paar Bio-Höfe, die auf alternative Rassen setzen, aber auch diese sind weit vom Urhuhn weg und auf Profit optimiert. Aufgrund des allmählichen Bewusstseinswandels, den wir in der Bevölkerung in Sachen Tierschutz erleben, lernt selbst Lohmann langsam dazu und hat eine »Bio«-Rasse entwickelt. Die Tiere legen »nur« hundertachtzig Eier im Jahr statt dreihundert und sind auch robuster und damit besser für die Bio-Haltung geeignet. Trotzdem bleibt die Bio-Branche von Lohmann und seiner industriellen Struktur abhängig, anstatt sich selbst daran zu machen, eigene Strukturen aufzubauen, die wirklich etwas mit bio zu tun haben.

Und wenn die Bio-Branche doch mal selber Strukturen aufbaut, dann endet das so wie in einer Brüterei bei Landshut. Dort hatte man sich als Pionier auf Bio-Hühner und sogenannte

Zweinutzungshühner spezialisiert. Es sollten also keine Brüder sterben. Die Recherche-Veteranin Dora, meine Kollegin aus Ungarn, arbeitete dort einige Tage undercover. Sie erlebte, dass die Schnäbel zahlloser Hennen brutal abgebrannt und sogar Zigtausende gesunde weibliche Legehennen vergast wurden, weil man regelmäßig zu viel produzierte, um Strafzahlungen bei Lieferausfällen zu vermeiden. Die Tiere wurden durch ganz Europa bis nach England gekarrt, um dort in Betrieben für Happy Eggs zu enden. Der Besitzer sagte Dora, dass sie darüber besser nicht reden sollte, denn die Sache wäre sehr heikel. Hier stoßen wir mal wieder auf die Mechanismen der Bio-Branche: schweigen, leugnen, vertuschen.

Ich beobachte einen Trend der Bio-Branche, dass sie gerne selbst zu einer Industrie werden möchte und auch auf dem besten Weg dorthin ist. Es gibt inzwischen viele Bauern, die sich ganz schlau anstellen: Sie haben eine Legebatterie (ja, die gibt's noch, nennt sich jetzt Kleingruppenhaltung), eine Bodenhaltung, eine Freilandhaltung – und einen Bio-Betrieb. Natürlich stellt sich die Frage, ob in der Eierpackstelle eigentlich immer alles ganz korrekt abgeht, wenn der Bauer mal dringend eine größere Menge Bio-Eier braucht. Er printet die Eier ja selbst, also bezeugt er selbst ihre Herkunft. An dieser Stelle ist Vertrauen gut, aber Kontrolle wäre doch wohl noch besser. Für den Verbraucher bedeutet das, dass er leider unsicher sein muss, ob überhaupt Bio-Eier in der Verpackung sind, auf der bio draufsteht. Und wenn er ein »Bio-Ei« bekommt, ist das noch lange nicht das, was er sich in seiner Gutgläubigkeit darunter vorstellt.

Bei all den Zahlen und Worten wie Leistung und Robustheit sollten wir auch nicht vergessen, dass wir hier über fühlende, wunderbare Lebewesen reden und eben nicht von Autos. Diese Hühner sind nicht unsere Legemaschinen und die Eier eigentlich auch gar nicht für uns, sondern ein Teil des Zyklus einer

Legehenne. Sie möchte auf dem Ei sitzen und es ausbrüten. Jeder Eierdiebstahl durch uns ist für die Henne ein Drama.

Ich fasse zusammen: Wie sieht die Haltungskette beim Huhn aus? Es beginnt wie gesagt mit dem Genpool der Großelterngeneration. In der Elterntierhaltung werden die Eier gelegt, aus denen die Legehennen werden, und die männlichen Küken werden in der Regel vernichtet. Das gilt übrigens auch für schwache weibliche Tiere und findet in den Bio-Brütereien genauso statt wie in den konventionellen. Nach dem Schlüpfen muss das Küken erst einmal fünf bis sechs Monate gehalten werden, bis es das erste Ei legt. Wenn es zu einem Junghuhn herangewachsen ist, legt es zunächst einmal kleine Eier der Größe S. Diese Aufzuchtbetriebe sind zum Teil krasse Massentierhaltungsbetriebe; das liegt auch daran, dass der Gesetzgeber diese Betriebe ziemlich vergessen hat. Er hat einfach übersehen, dass es noch eine Phase zwischen kleinen gelben Küken und großer Henne geben muss. Von der Aufzucht wird das Huhn dann an die Legebetriebe verkauft, wo es ein bis eineinhalb Jahre gehalten wird, bevor es als Suppenhuhn in den Schlachthof wandert. Für mich gehört die Hühnerausbeutung zu den krassesten und durchindustrialisiertesten Konstrukten, die der Mensch in der Massentierhaltung überhaupt geschaffen hat. Ich mochte früher, als ich noch kein Veganer war, das Frühstücksei, aber ich kann auch gut darauf verzichten. Es gibt im Übrigen großartige Wege, Eier in der Ernährung zu ersetzen und die gleichen Eigenschaften zum Beispiel im Kuchen zu erzielen. Keiner braucht dafür arme Hühner.

Nun erzählen mir immer wieder Menschen, sie achteten sehr genau darauf, wo die Eier herkommen, die sie konsumieren. Das ist zwar schön, bringt aber nur bedingt etwas. Denn neben dem beschriebenen Problem stellen auch die in vielen Lebensmitteln verdeckten Eier ein großes Problem dar. Sie befinden sich in allen möglichen Lebensmitteln als Eigelb, Eipulver – überall werden Eiprodukte in Lebensmittel hineingemanscht, ohne dass wir uns als Verbraucher darüber Gedanken machen. Für mich gehören Eier weder in Nudeln noch in Pizza. Ebenso findet man Eier in vielen Süßigkeiten – und die Herkunft dieser versteckten Eier muss nicht deklariert werden. Wer über eine deutsche Autobahn fährt, kann dies kaum tun, ohne mindestens einmal einen polnischen Lkw mit Eiern aus Legebatterien zu überholen. Es gibt zwei große polnische Firmen, die in riesigen Mengen Deutschland mit Eiern aus Legebatterien versorgen, die dann zu Lebensmitteln verarbeitet werden, in denen sich versteckte Eier finden. Sie verschwinden dort, ohne dass die Verbraucher etwas davon wissen oder auch nur darüber nachdenken. In Polen werden noch immer neue riesige Legebatterien gebaut.

Was kann man aber tun, wenn man auf Eier trotz alledem nicht verzichten möchte? Da bleibt nur die Möglichkeit, sich von einem Gnadenhof Hühner zu organisieren und selbst zu halten. Aber klar ist, dass das vor allem in der Stadt in der Praxis nicht möglich ist.

Bruderhähne: eine Marketingstrategie

Eine Strategie der Eierbranche, aus der Kritik um die Schredderküken herauszukommen, sind die Bruderhähne. Bruderhahn ist keine alternative Rasse, der Begriff entspringt ausschließlich einer Marketingstrategie. Tierschützer sprechen immer davon, dass die Brüder der weiblichen Hennen umgebracht werden, und deswegen wollte die Branche unbedingt den Begriff »Bruder« verwenden. Der Hintergrund: Bei den Turborassen ist das Männchen völlig sinnlos, weil es nicht gemästet werden kann, da diese Rasse ausschließlich auf das Legen von Eiern gezüchtet ist, nicht auf das Ansetzen von Fett. Beim Bruderhahn ist das immerhin zu einem gewissen Grad, wenn auch nicht besonders gut, möglich.

Selbst wenn männliche Tiere nicht mehr getötet, sondern gemästet und verkauft werden, muss ich als Veganer da mal ganz hart sagen: dann lieber schreddern. Das ist ein grausiger Vorgang, ohne Zweifel. Aber die Küken haben den Tötungsprozess in einer Viertelsekunde hinter sich. Wenn ich als Küken die Wahl hätte, würde ich diesen frühen und schnellen Tod vorziehen, anstatt noch neun Monate in engster und stressiger Umgebung gemästet zu werden, dann zu einem weit entfernten Schlachthof transportiert und dort grausam getötet zu werden. Man kann an dieser Stelle gut erkennen, wie diese Branche lügt. Eine Nachfrage für die Hähne besteht wegen der minderen Fähigkeit, Fleisch anzusetzen, praktisch nicht, denn die Tiere sind mager und teuer. Deshalb macht es auch keinen geschäftlichen Sinn, diese Bruderhähne zu halten. Die Bruderhahnstrategie mag als Marketingstrategie der Bio-Branche ganz geschickt sein, aber in der Realität verschwinden die Bruderhähne irgendwie nahezu spurlos. Ich erwarte mir aber von der Bio-Branche mehr Transparenz als von der konventionellen, keine Lügen. Ich habe bei Bruderhuhnbetrieben recherchiert. Man kann Eier, die aus solchen Betrieben stammen sollen, leicht am aufgedruckten Code identifizieren. Ich rief bei mehreren Betrieben an und fragte, ob ich diese Bruderhähne denn mal sehen könnte. Die Auskunft eines jeden einzelnen Betriebes lautete: nein. Alle hatten angeblich just zu diesem Zeitpunkt keine in ihren Ställen und wussten nicht einmal, wo solche Mastanlagen existieren. Merkwürdig, weil doch Hunderttausende von diesen Eiern aus Ställen verkauft werden, in denen die Hennen Eier legen und die Bruderhähne gemästet werden. Dann schleusten wir schließlich Dora zum Recherchieren ein. Ihr Job war es, an jedem Schlupftag alle Brüder in einem besonderen Vergasungsapparat umzubringen. Die Brüder endeten so als Futter in Zoos. Ich habe den Verdacht, dass hier geschummelt wird und man nur vorgibt, diese Brüder zu mästen, um die Konsumenten zu beruhigen, die sich über die massenhafte Tötung empören.

Als Veganer bleibt mir letztlich nur zu sagen: Nicht alles, was einem schmeckt, braucht man unbedingt. Ich persönlich mache mein Rührei aus Seidentofu/Räuchertofu und dem schwarzen Salz *kala namak*. Das schmeckt nicht jedem genauso gut wie das geliebte Frühstücksei, an das man sich vielleicht seit Jahrzehnten gewöhnt hat, aber es erspart den Tieren viel Leid. Hier gelange ich an einen Punkt, der mir wichtig ist. Ich möchte den Menschen, die auf tierische Produkte verzichten wollen, praktische Lösungen an die Hand geben. Das ist nämlich genau die Falle, in die die Bio-Branche sie lockt. Die behauptet, man müsse nur Produkte kaufen, auf denen »bio« draufsteht – und schon seien alle Probleme gelöst. Aber das ist eben falsch.

Genau deshalb habe ich auch meine Arbeit für Tierschutzorganisationen eingestellt, denn mit meiner Arbeit dort musste ich den Menschen auch solche Scheinlösungen verkaufen. Ich musste ihnen erzählen, dass es die Lösung des Problems sei, Eier aus Bio-Haltung zu kaufen, wenn sie keine Eier aus Käfighaltung mehr essen möchten. Ich kann übrigens die Bauern verstehen, wenn sie darüber wütend sind, dass ihnen die Tierschutzorganisationen vor zwanzig Jahren erzählt haben, sie müssten ihre Legebatterien abreißen und Bodenhaltungen bauen; vier Jahre später forderten sie sie auf, die Bodenhaltungen, die noch nicht einmal abbezahlt waren, abzureißen und Freilandhaltungen zu bauen, um ihnen dann weitere vier Jahre später zu sagen, dass auch diese Freilandhaltungen Mist sind und sie jetzt ein Bio-Betrieb werden müssten. Dass man als Bauer da irgendwann abschaltet, kann ich verstehen. Man sollte ihnen gegenüber von Anfang an ehrlich sein und ihnen empfehlen, einen Ausstieg aus dem System zu finden.

Eier: Es gibt Alternativen

Ich kann jedem zudem nur raten, genau auf die Verpackungen zu schauen und nachzulesen, welche Produkte mit Eiern versetzt sind. Oft stehen jeweils solche mit Ei und solche ohne im Supermarktregal direkt nebeneinander, sodass die Produkte, in denen Eier enthalten sind, gar nicht auffallen. Also: Bitte genau die Angaben auf den Verpackungen lesen! Als Nächstes sollte man sich überlegen, wo man den Verbrauch von Eiern reduzieren kann. Das geht zum Beispiel beim Backen. Nur ein Beispiel: Es gibt die große Lüge vom Pfannkuchen, der nur mit Eiern funktioniere. Die besten Pancakes, die ich kenne, werden von meiner Freundin völlig ohne Eier gemacht. Die Industrie möchte, dass wir überall Eier beimischen. Also sollte man sich stets fragen: Wo kann ich Eier ganz weglassen oder zumindest reduzieren? Welche Alternativen gibt es? Was die Haltungskette betrifft, so bitte mal wieder daran denken, dass sie von A bis Z geht, nicht von D bis F. Das bedeutet: Fast alle in Bio-Betrieben gehaltenen Tiere landen in ganz normalen konventionellen Schlachthöfen, die für die Tiere die Hölle vor dem Tod sind. Das hat mit bio einfach gar nichts zu tun – aber die Bio-Branche verschweigt das natürlich. Einige der schlimmsten Schlachthöfe, in denen wir recherchiert haben und die anschließend geschlossen wurden, haben auch Bio-Tiere geschlachtet, zwischen all den anderen Tieren, und sie konnten alle ein Bio-Siegel vorzeigen. Unterschiede bei der Behandlung wurden da aber nicht gemacht, absolut nicht. Das kann man nicht nur für die Hühnerbranche, sondern für alle anderen Branchen genauso durchdeklinieren.

Selbst bei *Demeter*, einem der strengsten Bio-Labels, dürfen die Kühe so angekettet werden, dass sie sich nicht umdrehen können, und ebenso stehen in *Demeter*-Betrieben Turbohennen von Lohmann im Stall. Die Kriterienkataloge der Bio-Labels sind voller Ausnahmen und Lücken. In Bio-Betrieben ist es auch nach wie vor gang und gäbe, dass die Tiere enthornt werden. Das

Horn aber ist ein Organ, und damit ist die Enthornung eine Verstümmelung der schlimmsten Art. Und auch in Bio-Betrieben werden Turborassen eingesetzt, und die Kühe sind nach kurzer Zeit völlig ausgelaugt. Denn auch ein Bio-Bauer freut sich, wenn eine Kuh bis zu 50 Liter Milch am Tag gibt.

Hinzu kommt: Auch Bio-Betriebe haben massive Probleme mit Krankheiten. Derzeit wird in Deutschland über eine Datenbank diskutiert, in der jeder Betrieb – hoffentlich auch die kleinen – seine Statistiken über die Krankheitsfälle in seinen Anlagen eingeben muss. Preisfrage: Wer wehrt sich am heftigsten gegen die Einführung dieser Datenbank? Genau: die Bio-Branche. Denn dann würde herauskommen, dass die durch Krankheit bedingten Verluste in dieser Branche sehr hoch sind, zum Teil höher als in den konventionellen Betrieben. Gut für den Verbraucher ist natürlich, dass die Bio-Branche nicht so viele Antibiotika einsetzen darf – es ist allerdings eine Mär, dass ihr das überhaupt verboten ist. Ein Informant erzählte mir eines Tages mal eine Geschichte über einen großen Hersteller von Babybrei. Der Informant ist ein Ungar, der in seinem Heimatland in einem Mastbetrieb für Kaninchen arbeitete. Sein Betrieb belieferte den deutschen Hersteller für dessen italienische Sparte mit Kaninchenfleisch. Es war dem Betrieb untersagt worden, Antibiotika zu verwenden. Das führte schließlich zu Verlustraten von bis zu 30 Prozent. Gerade in der Kaninchenzucht sind Antibiotika so weit verbreitet wie sonst nirgendwo. Der Gedanke, auf Antibiotika verzichten zu wollen, mag ja im Sinne der Gesundheit der Verbraucher, in diesem Fall also der Babys, gut gewesen sein. Aber die Folgen für den Betrieb und den Bestand der Tiere waren katastrophal. Ein Beispiel, das in meinen Augen zeigt, dass das ganze System der Massentierhaltung eben nicht funktioniert – egal ob konventionell oder bio oder selbst bei den angeblichen Premium-Bio-Betrieben, wie im beschaulichen bayerischen Örtchen Glonn.

So kam es dann auch zu der geschmacklosen E-Mail am Anfang des Kapitels mit dem Unfall. Ich hatte nämlich nicht nur den Brucker Schlachthof enttarnt, sondern auch ein weiteres Bio-Heiligtum, die sogenannten Herrmannsdorfer Landwerkstätten. Eine Art Bio-Wunderland, das täglich von Busladungen voller Menschen besucht wird, die sich dort mit Wurst aus der Warmschlachtung vermeintlich glücklicher Tiere vollstopfen. Nur leider blieb von der Idylle nach wenigen Tagen Ermittlungen nicht mehr viel übrig. Die Ferkelverluste der Zuchtsauen von *Herrmannsdorfer* waren über acht Jahre riesig. Nach den mir vorliegenden Originalunterlagen, die von 2015 sieben Jahre zurückreichen, starben zwischen März 2008 und September 2015 durchschnittlich 22,27% der neugeborenen Ferkel: an Krankheiten, an Schwäche, sie wurden von der Mutter zerquetscht oder starben aus anderen Gründen. Erschütternd, wenn man bedenkt, dass die Todesrate selbst in schlimmsten Massentierhaltungen kaum über 10 bis 15 Prozent wandert. In dem Stall mussten regelmäßig Notfallantibiotika eingesetzt werden, die eigentlich beim zugehörigen Bio-Verband *Biokreis* verboten waren. Ein guter Teil der Sauen hatte vielfältige Resistenzen. Im Kühlschrank stand auch das Hormon Oxytocin, und neben harten Antibiotika ruhte ein Koffer mit Homöopathie.

Der Chef des Betriebes Schweißfurth Senior und sein Sohn waren damals Medienstars und tingelten von einer Talkshow zur nächsten. Dort wiederholten sie immer wieder die Geschichte vom Saulus des Fleischkonzerns Herta, der zum Paulus bei Herrmannsdorf wurde, und zeigten die Szenen von glücklichen Schweinen in auffällig intakten Blumenwiesen. Zu der Medienpräsenz passte eine Notiz auf dem Schreibtisch im Schweinestall. »Morgen kommt das ZDF, bitte alles schön einstreuen!«, konnte man dort lesen. Dank solcher Vorbereitungen entging der Öffentlichkeit, dass der Bio-Vorzeigebetrieb seine Sauen in die gleichen Käfige einkerkerte wie die Massentierhaltungen. Sauenkäfige, von denen man sich in der öffentlichen Kommunikation natürlich strengstens distanzierte. Als die Sache rauskam, wurden schnell Inhalte auf der Homepage entfernt, und man engagierte eine harte PR-Firma, die das Entsetzen der Herrmannsdorfer Kunden auffangen sollte, indem man so tat, als wären das alles eine Verschwörung böser Veganer, Einzelfälle und Fake News. Dabei habe ich eine Szene nie veröffentlicht, die irgendwie schon sehr bezeichnend war für die sonderbare Liebe zum Schlachten, dem warmen Fleisch und der in den Büchern von Schweißfurt beschriebenen Ästhetik am Wühlen in warmen Eingeweiden. Den Schlachter, der nach der Schweineschlachtung im Herrmannsdorfer Schlachthaus onanierte und dabei unwissend in eine versteckte Kamera lächelte, habe ich der Öffentlichkeit erspart.

Die Bio-Branche hat also die gleichen Probleme wie die von ihr beschimpfte Industrie. Immerhin sind die Betriebe noch nicht so groß. Das liegt aber nicht an der höheren Einsicht der Bio-Branche, sondern daran, dass die Konsumenten noch längst nicht so viele Bio-Produkte kaufen, wie sie in Umfragen gerne behaupten. Aber die Bio-Betriebe wachsen proportional zum wachsenden Anteil der Bio-Branche am Handel. Immerhin ist bio inzwischen ja auch *best friend* von Aldi und Lidl. Der Druck auf die Preise ist aber genauso groß wie in der konventionellen Massentierhaltung, und die Folgen sind die gleichen. Die Preise werden also nach unten gedrückt. Ich frage mich, was die Bio-Konsumenten da erwarten? Selbst der engagierteste Bio-Bauer wird von diesem System zermahlen. Und auch die Bio-Branche möchte ja möglichst viel Geld verdienen.

Bio schützt weder Klima noch Umwelt

Viele Bio-Käufer kaufen die Produkte nicht nur, weil sie glauben, damit gesünder zu leben, sondern weil sie Klima und Umwelt schützen wollen. Deshalb sind – nur nebenbei bemerkt – die Hofläden ja auch immer mit Holztresen und Holzregalen ausgestattet. Aber die Bio-Kuh rülpst genauso viel Methan aus wie die Kuh aus konventioneller Massentierhaltung – unter Umständen sogar noch mehr, weil sie gesünder lebt. Das Bio-Huhn verursacht genauso viel Kot wie das aus konventioneller Tierhaltung: Kot, der den Boden verseucht und Nitrat ins Grundwasser spült. Es verbraucht genauso viel Futter, das irgendwo angebaut werden muss. Wer behauptet, ökologische Tierhaltung sei möglich, der irrt oder lügt. Es ist möglich, der Kuh ökologisch produziertes Futter zu geben, und das mag auch für die Umwelt Vorteile haben, aber der Kuh ist es total egal, ob sie Futter von *Monsanto* oder von Bio-non-plus-ultra bekommt. Die Folgen der Tierhaltung auf die Umwelt, was den Verbrauch von Wasser, die Verseuchung von Luft und Erde und anderes betrifft, sind auch bei bio enorm. Schon deshalb dürfte man eigentlich weder von »bio« reden, noch die Farbe Grün als Etikettierung verwenden. Bei Pflanzen ist das anders, hier macht der Einkauf von Bio-Produkten wirklich Sinn, weil auf diese Weise der Verbrauch von Pestiziden reduziert und nachhaltiger gewirtschaftet werden kann. Bei der Tierhaltung hat man nur ein Plus: Es ist meistens für die Tiere nicht ganz so schlimm wie in der konventionellen Massentierhaltung. Meistens. Manchmal ist es aber sogar schlimmer.

Noch ein paar Worte zum Thema »regional«. Viele Verbraucher erwähnen gerne, dass sie nicht nur »bio« einkaufen, sondern auch »regional«, dass die Produkte also in ihrer Region in kleinen Betrieben hergestellt werden. Dazu kann ich nur sagen: dann lieber zu Lidl oder den anderen Discountern.

Denn die haben erstens einen Ruf zu verlieren. Wenn ich zu

einem Journalisten gehe und ihm berichte, dass wir beim lokalen Metzger Paul etwas Schlimmes aufgedeckt haben, fragt der mich: Wer ist denn Metzger Paul? Wenn ich aber hingehe und ihm erzähle, ich habe etwas bei Aldi gefunden, dann werden alle Journalisten sofort hellhörig, denn hier sehen sie etwas, was sie immer für ihre Berichterstattung brauchen: die deutschlandweite Relevanz.

Und zweitens muss man zugestehen, dass die Kontrollen bei den Discountern in Deutschland ziemlich streng sind. Das bedeutet nicht, dass es den Tieren gut ging, die als Schnitzel im Kühlregal landen. Aber was Hygiene angeht, sind sie wirklich gut. Wenn ein Hof, der mit ihnen zusammenarbeitet, nicht den Standards entspricht und das aufgedeckt wird, fliegt er raus – und das kann das Ende für den Bauern sein. Beim Bauern des Vertrauens und beim Metzger um die Ecke sieht das anders aus. Die fliegen nicht nur unterm Radar des Medieninteresses, sondern sie unterliegen auch so gut wie gar keinen Kontrollen. Die krassesten Schummeleien habe ich in kleinen Metzgereien aufgedeckt. Da wurde Gammelfleisch mariniert und mutierte auf wundersame Weise zu Grillfleisch. Besonders skeptisch bin ich stets, wenn ein solches Geschäft zusätzlich einen Catering-Service anbietet – denn dort werden sie oft noch das in kleinen Häppchen los, was sie an der Theke nicht mehr verkaufen konnten. Mir wurden ganz eklige Tricks berichtet: Schimmel wird mit Essig vom Fleisch gewaschen, und irgendwo im Keller taut ein Stapel als »frisch« deklarierter Gänsekeulen auf, tauten, weil sie in Wahrheit tiefgefroren und aus Ungarn waren – das habe ich selbst gesehen. In den kleinen örtlichen Metzgereien wird unglaublich viel betrogen, und einige der schlimmsten Schlachthöfe, die ich gesehen habe, waren kleine Schlachthöfe. Dort sterben die Tiere zum Teil entsetzliche Tode, und Kontrollen gibt es kaum.

Das Märchen vom »guten Fleisch«

Zum Thema »Bauer um die Ecke« sage ich gerne: Warum sollte ein solcher Mensch nicht genauso gruselig sein wie irgendein Großhändler? Auch eine schlimme Massentierhaltung kann ja ein »Bauer um die Ecke« sein – das ist kein Qualitätsmerkmal, sondern eine Frage des Wohnorts.

Eine ganze Reihe dieser Intensivtierhaltungen haben sich inzwischen auf den Begriff »regional« spezialisiert – sie vermarkten ihre Produkte in der Region, weil sie erkannt haben, dass sie auf diese Weise viel bessere Preise erzielen können. Geändert hat sich bei ihnen aber nichts, außer, dass die Transportwege kürzer werden. Nur denken die Kunden automatisch, das Fleisch sei besser und die Tierhaltung sei humaner, weil auf der Verpackung das Wörtchen »regional« steht. Also: Wenn man schon beim Bauern um die Ecke kaufen möchte, dann sollte man ihn zunächst mit einem Katalog von Fragen konfrontieren (siehe Factsheet), damit man wirklich durchschaut, wie er arbeitet. Man sollte sich niemals einbilden, ein Betrieb sei nur deshalb gut, weil er klein ist.

Besonders in der Milchproduktion sind die kleinen Betriebe häufig der absolute Horror für die Tiere. Sie haben oftmals zwanzig bis fünfzig Kühe, und man denkt doch automatisch, dass dort die Welt noch in Ordnung sein müsse. Und wie sieht es dann bei genauerem Hinschauen aus: Da arbeiten zwei alte Leute, die völlig überfordert sind, nicht mehr in der Lage, den Stall zu reinigen und auszumisten oder die Ketten so anzupassen, dass sie nicht ins Fleisch der Kühe einwachsen. Das habe ich selbst häufiger gesehen, ebenso wie Tiere, die in ihrem eigenen Dreck liegen. Kurz: Beim »Bauern um die Ecke« gibt es eine ziemlich hohe Trefferquote, was Missstände angeht. Ich kann daher nur raten, immer sehr achtsam zu sein, wenn mit Floskeln wie »bio«, »regional«, »artgerecht«, »Bauer um die Ecke« oder »Metzger des Vertrauens« gearbeitet wird. Wer auf Fleisch nicht verzichten möchte, muss darauf achten, dass er auf solche Tricks nicht hereinfällt, sondern kritisch damit umgehen.

Im Supermarkt gilt, nicht zu glauben, dass das Fleisch, das dort an der Frischfleischtheke verkauft wird, besser sei als das aus dem Kühlregal und noch besser als das aus der Tiefkühltruhe. Das Fleisch in der Tiefkühltruhe ist meistens älter, denn man kann Fleisch bis zu zwei Jahre lang einfrieren. Aber ansonsten haben Tests bei Supermärkten bewiesen, dass es sich um die gleiche Ware wie an der Frischtheke handelt. Nur eben zu anderen Preisen.

Die letzte Mär ist schließlich die vom »guten Supermarkt«. Ich selbst gehöre zu den Menschen, die gerne in solchen Supermärkten einkaufen, die schön eingerichtet sind und nicht aussehen wie halbe Warenlager. Aber schön heißt nicht unbedingt gut. Was Betrügereien und Mängel beim Verbraucherschutz angeht, habe ich mehr Skandale bei *Edeka* und *Rewe* aufgedeckt als bei *Aldi* und *Lidl*. Gerade die letzten beiden sind sehr vorsichtig, weil sie viel zu verlieren haben. Dagegen muss man gerade bei *Edeka* und *Rewe* sehr aufpassen, denn die arbeiten mit einem System der selbstständigen Kaufleute. Als Kunde denkt man, man kauft bei *Edeka* oder *Rewe*. Aber der größte Teil der Läden wird von selbstständigen Kaufleuten betrieben, die nach dem Franchise-Konzept arbeiten, aber auch selbst einkaufen können. Aus diesem Grund findet man beispielsweise in *Edeka*-Läden immer mal wieder Stopfleber, obwohl das Unternehmen selbst sie gar nicht mehr verkauft.

Dazu gehört schließlich noch ein letzter Punkt: Wenn »schön« nicht gleich »gut« ist, so gilt das genauso für »teuer«. Nur weil eine Ware teuer ist, muss sie noch lange nicht besser sein als billige Ware. Billig muss nicht zwangsläufig schlecht sein, und teuer kann *sehr* schlecht sein. Es ist eine beliebte Taktik, den Preis für ein miserables Produkt gezielt zu erhöhen. Denn viele Kunden gehen automatisch davon aus, dass teures Fleisch gut ist und billiges schlecht. Vor dieser Einschätzung kann ich nur warnen. Der Kunde wird betrogen, und die Tiere haben gar nichts davon. Teuer bedeutet oftmals sogar: richtig übel. Und manchmal, dass es die schlimmste Ware überhaupt ist – siehe Stopfleber oder Kaviar.

Factsheet Bio-Fleisch

Wenn ich mit Leuten rede, kommt sehr oft der Ausspruch: »Ich kaufe ja eh nur Bio-Fleisch.« Bio ist demnach in aller Munde, macht aber in Wirklichkeit nur drei Prozent des Fleischkonsums (3,4 Prozent der Kühe, 0,5 Prozent der Schweine) aus. Die Bio-Haltung, gekennzeichnet durch das sechseckige Bio-Logo, bedeutet für die Kunden aber häufig nur teureres Essen. In Sachen Tierschutz sieht die Bilanz schlecht aus. Bio-Tiere dürfen verstümmelt werden. Nicht einmal das Ausbrennen der Hörner bei Rindern oder das Beschneiden der Schwänze oder das Abtrennen der Hoden bei Schweinen ist verboten. Bio-Hennen leben in der Regel mit sechs Artgenossen auf einem Quadratmeter im Stall, und Bio-Hähne werden als Küken genauso vergast wie ihre konventionellen Leidensgenossen.

Wenn man sich die Zahlen in Sachen Lebensraum ansieht, entstehen zu Recht Zweifel in Bezug auf den Tierschutz. Rinder dürfen zum Beispiel selbst bei den strengsten Bio-Verbänden wie Demeter angekettet werden. Ein Viertel der Bio-Kühe trifft dieses schreckliche Schicksal. Sie können sich nicht einmal umdrehen. Die Bio-Kühe werden ununterbrochen schwanger gehalten, und Kälber dürfen gleich entrissen werden. Nach spätestens fünf Jahren ist auch die Bio-Kuh nicht mehr rentabel und muss sterben. Bei Bio-Masthühnern leben zwölf Tiere pro Quadratmeter Stallfläche, bei Bio-Schweinen gibt es 2,3 Quadratmeter Platz pro Tier. Das ist die Fläche von zweieinhalb Telefonzellen. Der Auslauf ist häufig nur in der Theorie vorhanden oder nicht ohne Probleme nutzbar. In der Regel kommen in den Bio-Betrieben die gleichen Turborassen zum Einsatz wie sonst auch.

Wer denkt, dass Bio-Tiere ein langes, schönes Leben haben, der sollte sich diese Zahlen ansehen. Im Vergleich zu einem konventionellen Mastschwein lebt ein Bio-Schwein nicht länger, beim Masthuhn sind es gerade 30 Tage mehr, bis das Küken geschlachtet wird, und auch die Legehennen verbringen exakt die gleiche Zeit im Stall und sehen nach dieser Zeit auch genauso gerupft und kaputt aus wie die Hühner aus einer konventionellen Legebatterie.

Wer annimmt, Bio-Betriebe seien besonders klein und beschaulich, dem sei gesagt, dass der übliche Bestand an Legehennen in Bio-Betrieben bei mindestens 3000 Tieren pro Stall liegt. Lukrativ wird es ab 12 000. Es wurde aber nicht geregelt, wie viele solche Dreitausenderabteile es pro Farm geben darf. Bei Schweine- und Rinderbetrieben gibt es keine Obergrenzen. Das bedeutet natürlich, dass man die gleichen Probleme hat und ein Hilfsmittel einsetzen muss, das die meisten Leute bei bio als ausgeschlossen ansehen: Antibiotika. Sie werden in der Bio-Haltung massiv eingesetzt, und das ist nach den gesetzlichen Regelungen auch völlig zulässig. In der Schweinezucht kommen zum Beispiel auch Hormone zum Einsatz.

In der aktuellen Diskussion um eine Tiergesundheitsdatenbank wehrt sich die Bio-Branche vehement gegen diese Forderung. Kein Wunder: In dem Moment einer Einführung würden die hohen Zahlen von Medikamenteneinsätzen, Verletzungen und Todesraten in der Bio-Branche auffallen.

Das Leben von Bio-Tieren wird genauso wie das der konventionellen geprägt von Tiertransporten. Die EG-Ökoverordnung sieht keine Regelungen vor. Diese sind mit maximal acht Stunden innerhalb Deutschlands nicht kürzer als bei normalen Tieren und werden von denselben brutalen Firmen durchgeführt. Es sind auch dieselben Ausstallertrupps, die die Tiere in die Käfige quetschen, und es sind die gleichen Großschlachthöfe mit ihren Arbeitssklaven aus dem Osten Europas, die sie töten. Bio-Schlachthöfe gibt es kaum. Verschiedene Verbände werben mit maximal drei oder vier Stunden Transportzeit. Dazu muss man aber wissen, dass der Stress bei den Tieren vor allem beim Auf- und Abtrieb entsteht, sodass auch Kurzstreckentransporte sehr belastend sind. Dabei finden die Tiere keine Ruhe.

Liegt das tote Tier im Regal, gibt es für den Bio-Kunden massive Probleme bei der Transparenz. Dort gibt es nämlich keine Extravorschriften, und Bio-Fleisch ist genauso wie das ganz normale Fleisch nur mit dem EG-Veterinärkontrollsiegel gekennzeichnet. Das aber hat seine Tücken, denn damit wird nur der letzte schwerwiegende Veredelungsschritt gekennzeichnet. Das kann auch die Verarbeitung oder Zerlegung gewesen sein, und daher findet man häufig nicht einmal den Schlachthof heraus und hat auch keinen einfachen Weg, woher das Fleisch wirklich kommt. Nun könnte man denken, dass die Bio-Branche mit freiwilligen Kennzeichnungen und Transparenz bis zurück zum Hof punktet. Aber auch hier Fehlanzeige – es gibt keinerlei Transparenz. Bei Nachfragen stößt man schnell auf Aggression und Blockade. Das liegt auch daran, dass die Bio-Branche gerne mit Regionalität wirbt und Hausschlachtungen vortäuscht, die aber dann doch bei Großschlachthöfen in beachtlicher Entfernung durchgeführt werden.Und falls sie es noch nicht wussten: Der gößte Bio-Schlachter Deutschlands ist der Mega-Schlachtkonzern Tönnies.

Checkliste für den
Metzger des Vertrauens / Hofladen

Sicher haben manche Leser dieses Buches einen Metzger um die Ecke, einen Gastronomen im Ort oder einen Bauern des Vertrauens. Dann hat dieser Betrieb sicher kein Problem damit, diesen Fragebogen auszufüllen:

Fleisch/Milch/Geflügel

1. Können Sie die Adressen Ihrer Fleischlieferanten nennen?
2. Ist es möglich, die Mastbetriebe zu besichtigen?
3. Wie sind die Adressen der Mast- und Aufzuchtbetriebe?
4. Wurden den Schweinen die Schwänze abgeschnitten oder gekürzt?
5. Wurden den Schweinen die Hoden abgeschnitten beziehungsweise entfernt?
6. Wie viel Prozent der Lungen werden bei den geschlachteten Schweinen verworfen?
7. Wurden die Tiere bei der Kastration betäubt und, wenn ja, wie?
8. Wurden den Rindern die Hörner ausgebrannt?
9. Gibt es unter den Tierhaltern Betriebe mit Anbindehaltung der Rinder?
10. Wie viel Platz haben die Schweine in Quadratmetern?
11. Wo wurden die Tiere getötet?
12. Wie läuft die Tötung ab?
13. Ist es möglich, bei der Schlachtung zuzuschauen?
14. Wo kommt das Puten- und Hühnerfleisch her?
15. Wird bei Puten die Turborasse »Big 6« eingesetzt?
16. Bitte nennen Sie mir den Namen des Schlachtbetriebes der Hühner und Puten.

17. Wie viele Tiere werden dort am Tag geschlachtet?
18. Kann ich diese Schlachthöfe besuchen?
19. Bedeutet »aus eigener Schlachtung«, dass Lohnschlachtungen ausgeschlossen sind?
20. Um welche Zuchtrassen handelt es sich bei den angebotenen Tierarten?

Noch wichtig:
Werden für die Milch/das Fleisch Kühe angebunden?
Leben die Schweine auf Vollspaltenboden?
Wo leben die Mütter der Schweine, und kommen dort Kastenstände zum Einsatz?

Eier

21. Wurden für die Eier männliche Küken vergast bzw. geschreddert?
22. Wenn nicht, wo sind die Bruderhahnbetriebe, und kann ich sie besichtigen?
23. Wo befinden sich die Brütereien und Elterntierfarmen der Hühner?
24. Wo kommen die Eier/gekochten Eier her (Legebetrieb, Haltungsform)?
25. Wie viel Platz hat ein Tier in diesen Betrieben, und wie viele Tiere leben pro Quadratmeter?
26. Wie heisst die Rasse/Zuchtlinie der Hühner?

Wie viele Hühner leben in dem Betrieb pro Quadratmeter?
Kann ich eine Liste der Tierhaltungsbetriebe haben?

Einsatz im Reich der Mitte – blutige Märkte und der Ursprung der Bommel

Ab dem Jahr 2012 rückte ein Thema mit in den Vordergrund meiner Arbeit: das Schicksal der Tiere, die für die Pelzindustrie leiden müssen. Jahre zuvor hatte es einen Kampf gegen die Pelztierindustrie gegeben, und auch ich war dabei gewesen, vor allem in der Region, in der ich damals hauptsächlich tätig gewesen war, also in Süddeutschland. Damals war ich mit dem Thema durch. Die Farmen bei mir in der Nähe waren infolge meiner ersten Kampagnen geschlossen. Jetzt, Jahre später, fuhr ich mit Listen ehemaliger Pelzfarmen durch die Gegend und stellte fest, dass tatsächlich alle im Süden nur noch Ruinen waren.

Trotzdem gehe ich davon aus, dass heute mehr Menschen mit Pelzprodukten herumlaufen als früher. Allerdings gibt es nur noch wenige Pelzmantelträger, die gewachsene Zahl liegt daran, dass es heute viele Mäntel oder Jacken oder Mützen oder Schlüsselanhänger gibt, an denen Pelzapplikationen verarbeitet werden. Außerdem ist mit China ein neuer Lieferant auf den Markt gekommen. Die Pelzträger in Deutschland treten übrigens sehr regional unterschiedlich auf. Während in München im Winter jeder dritte Passant oder jede dritte Passantin irgendetwas mit Pelz an sich oder bei sich trägt, gibt es das in Berlin praktisch eher selten. Hamburg liegt irgendwo dazwischen. Je weiter man nach Süden kommt, desto größer wird der Anteil der Pelzträger. In Italien wird es dann ganz krass, da ist ja sogar der Vollpelzmantel noch aktuell.

Obwohl inzwischen viel Pelz aus China zu uns kommt, darf man nicht übersehen, dass China selbst ein gigantischer Markt ist. Wer in Shanghai einmal im Winter in der U-Bahn gefahren ist, weiß aus eigener Erfahrung, dass es fast unmöglich ist, nicht von einem toten Marderhund oder Fuchs berührt zu werden. Man zeigt dort auf diese Weise seinen neuen Reichtum.

Vor diesem Hintergrund entschied ich mich 2008 erstmals, nach China zu fahren, um mir die dortige Pelzindustrie anzuschauen. Ich hatte mir aber auch noch einiges mehr auf die To-do-Liste geschrieben. So wollte ich auch dem Handel mit exotischen Tieren nachspüren und bei der Stopfleberproduktion hereinschauen. Ich war überrascht, dass der große Kulturschock ausblieb. Die Menschen dort sind uns gar nicht so unähnlich; sie streben nach Wohlstand und sie sind nicht so übertrieben freundlich wie in anderen asiatischen Ländern. Das empfinde ich jedes Mal, wenn ich in China bin, als recht angenehm, denn in anderen asiatischen Ländern kann einem diese übertriebene Freundlichkeit schon mal gehörig auf die Nerven gehen. Chinesen sind nüchtern, umgänglich und gastfreundlich – dieser letzte Punkt sollte mir allerdings später noch Probleme bereiten. Was mich beeindruckte, war die große Zahl von Menschen, und was mich störte, war, dass ich als groß gewachsener rothaariger Deutscher überall sofort auffiel.

Zur Vorbereitung besorgte ich mir ein Buch, in dem erklärt wird, wie man sich in China verhält. Da standen ganz praktische Dinge drin – zum Beispiel sollte eine Visitenkarte in China nicht zurückhaltend gestaltet sein wie bei uns, sondern möglichst golden glitzernd, denn sonst erweckt man den Eindruck, als gehöre man zum Pöbel. Protzen ist in China keine Schande. Ebenso beschäftigte ich mich ein wenig mit der Sprache, allerdings nur in dem Sinne, dass ich recherchierte, in welcher Gegend welcher Dialekt gesprochen wird. Ich forschte darüber, welche Impfungen ich brauchte, wie gefährlich ein Aufenthalt in China sein kann, wie die Zollbestimmungen aussehen, ob ich mich dort würde vegan ernähren können (was ausgezeichnet funktionierte) und vieles mehr.

Als ich dort ankam, stellte ich fest, dass meine Vorbereitung diesmal ganz gut gewesen war. Worauf ich indes nicht vorbereitet war, war die Tatsache, dass man als männliche Person in China sofort verschachert wird, sobald man ein Mittelklassehotel betritt. Als ich das erste Mal zu meinem Hotelzimmer kam, klebten schon an die zwanzig Visitenkarten von Prostituierten daran. Und ständig bekam ich über das Hoteltelefon Anrufe von Damen, die mir Massagedienste anboten – bis ich schließlich genervt den Stecker zog. In meinem Hotelzimmer hatte ich dafür den Durchblick, denn einer der Sender war eine Liveschaltung in die Küche. So kann man sicher sein, dass dort nicht schmutzig gearbeitet wird. Ob es nicht ebenso eine Liveschalte aus meinem Zimmer gab, da war ich mir nicht sicher, deshalb scannte ich den Raum nach Kameras.

Von der Infrastruktur in diesem Land war ich ziemlich begeistert. Während es in Berlin manchmal schwierig ist, herauszufinden, welche U-Bahn wohin fährt, ist das in großen chinesischen Städten ziemlich einfach. Das gilt selbst, wenn die Hinweise nur mit chinesischen Schriftzeichen geschrieben sind.

Klar war mir nach meinen Indien-Erfahrungen, dass ich unbedingt einen Sprachmittler brauchte. Ich hatte mich in Wien in veganen chinesischen Restaurants umgehört, und tatsächlich wurde mir der Kontakt zu einem Einheimischen vermittelt. China ist ein repressives System, und ich wollte unbedingt vermeiden, dass die Behörden dort mitbekamen, warum ich in dem Land unterwegs war. Deshalb wollte ich meinen eigenen Übersetzer engagieren.

Chinesische Märkte

Ich flog zunächst nach Hongkong und reiste von dort weiter nach Guangzhou, wo ich mich mit dem Übersetzer traf. Guangzhou ist die Provinzhauptstadt von Guangdong, einer Region im Süden Chinas mit tropischem Klima. Es war also schön warm dort. Von irgendeiner Pelzindustrie war dort natürlich nichts zu sehen. Ich nutzte aber die Gelegenheit, um eine andere Sache zu recherchieren – den angeblich massenhaften Mord an Hunden durch Häutung bei lebendigem Leibe. Auf dem Markt sah ich tatsächlich viele Körbe mit Hunden, die mit Hammern erschlagen wurden, aber von Häutungen sah ich nichts. Dieses bei uns weit verbreitete Vorurteil sah ich also nicht bestätigt. Trotzdem war es ein grausiger Anblick, auf dem Markt überall neben toten Ziegen und auch tote Hunde hängen zu sehen, die zum Verzehr angepriesen wurden. Als ich einen toten Hund filmte, schrie die Händlerin immer wieder laut Go, Go. Ich war verunsichert, doch mein Übersetzer erklärte mir, dass sie nur *Goa, Goa* rief, also Hund, Hund, und ihre Ware anpries.

Mir wurde klar, dass die Chinesen ein ganz anderes Verständnis von Transparenz haben als wir, denn ich durfte praktisch alles filmen, was ich wollte. Allerdings gingen sie wohl davon aus, dass ich ein Tourist war, der sich für den Markt interessierte – dass ich tatsächlich etwas ganz anderes im Sinn hatte, wussten sie ja nicht. Das machte die Arbeit natürlich einfacher. Allgemein üben Märkte auf mich nicht nur im Inland, sondern natürlich speziell in fernen Ländern eine große Faszination aus. So tingelte ich von einem zum anderen und erfreute mich an den gewaltigen Mengen an Obst, Gemüse oder Tofu. Die Märkte dort nennt man »Nasse Märkte«, das bedeutet zwar auch, dass sie oft gereinigt werden und der Boden darum nass ist, aber auch, dass es dort eine Menge Gründe zum Reinigen gibt. Denn neben den Stapeln aus Kohl, Pilzen und Lauch wird geschlachtet, stapeln sich lebendige Hühner und auch mal Schildkröten oder eben Hunde. Es ist eindrucksvoll, wie sich das Bild ändert, wenn man vom wohlriechenden würzigen, fruchtigen Teil des Marktes, voll von frischem Grün und bunten Farben, in den wahrlich schmutzigen Teil der Tierprodukte eindringt. Blut am Boden, Stapel an Organen, sogenannte hundertjährige Eier und Netze mit quirlenden Meerestieren. Es stinkt, und man besudelt sich sofort die Schuhe. Ich hielt damals öfter die Luft an, wenn die Hühner oder Wachteln in den Käfigen wild flatterten und Staub aus Kot sich mit dem Blutfilm am Boden verband. Die Angst, sich dort mit etwas anzustecken, ist sicher nicht unbegründet. Speziell die sanitäre Situation ist häufig haarsträubend. Es ist nicht von der Hand zu weisen, dass diese Orte ein Seuchenrisiko darstellen. Auf der anderen Seite denke ich mir aber auch, dass man hier zumindest noch erlebt, was es heißt, ein Leben für Nahrung zu nehmen. Insofern entsprechen diese »nassen Märkte« am ehesten dem Ideal, das viele so gerne mit dem Bauern um die Ecke und der Schlachtung vor Ort verbinden. Der Trend in China geht aber seit Jahren hin zu Supermärkten. Immer mehr nasse Märkte verschwinden, und damit wird auch die Existenz von Hunderttausenden Kleinbauern zerstört, die mit abenteuerlichen Mopeds, vollgehängt mit leidenden Hühnern, aber auch wilden Konstruktionen aus Gemüse in die Städte fahren. Es ist ein zweischneidiges Schwert. Im Walmart und den gewaltigen französischen Carrefour-Märkten gibt es übrigens auch noch viel Leben zu beobachten. Schildkröten werden live an der Theke geknackt, und so mancher Einkaufsbeutelinhalt lebt. Es ist eben ein anderer Umgang mit dem Töten. Ob ich das verurteilen möchte? Eher nicht, denn wir sind Chinas Lehrmeister auf dem Weg zur perfekten Tötungsmaschinerie, die sich Massentierhaltung nennt.

Ich versuchte auch Märkte für wirklich exotische Tiere zu finden. Vieles, was wir als exotisch ansehen, ist in China ja nur einheimische Fauna. Bei fliegenden Händlern entdeckte ich Tigerkrallen und Bärentatzen, in garagenähnlichen Shops stapelten sich die Haifischflossen und auch so mancher Teil strengstens geschützter Schildkröten. Die heute im Rahmen von Corona viel zitierten Fledermäuse sah ich übrigens nie, und viele eklige Sachen wie Skorpione am Spieß sind auch in China eher ein Gag für die Selfies von Inlandstouristen als ein regulärer Snack. Damals ging die Regierung in China bereits gegen den Handel mit geschützten Wildtieren vor, und es gibt bis heute sogar ein chinesisches Äquivalent zu der amerikanischen Serie *Animal Cops*, in der chinesische Spezialeinheiten Wilderer jagen. In den einzigen Markt für lebende Wildtiere, den wir entdeckten, kamen wir nicht rein: Ausländer unerwünscht.

Wir engagierten für mehrere Tage einen Taxifahrer, der uns zu verschiedenen Märkten in der Umgebung fuhr, und überall sah ich die gleichen Bilder. Da es in dieser subtropischen Gegend offenbar keine Pelzfarmen gab, entschieden wird uns, dorthin zu fahren, wo ein ganz anderes Klima herrscht: Jilin. Das ist eine Region im Norden, die in China eigentlich für nichts steht außer Eis, Tristesse und große Strafkolonien für Regimegegner. Jilin ist das chinesische Sibirien. Das Land an der Grenze zu Nordkorea ist eine Steppe, es ist kalt und ziemlich trostlos.

Wir nahmen einen Flug dorthin. Als wir in Jilins Hauptstadt ankamen, lagen die Temperaturen bei minus 25 bis minus 30 Grad. Eine solche Kälte hatte ich zuvor noch nie erlebt. Kein Wunder, dass in dieser Stadt vieles unterirdisch angelegt ist, auch die großen Shopping-Malls. Wir deckten uns erst einmal bei Walmart mit Thermokleidung ein, denn so etwas hatten wir überhaupt nicht im Gepäck, aber ohne ging es hier überhaupt nicht.

Auf den Märkten dort warteten eindrucksvolle Erlebnisse auf mich. Ich sah, wie ein frisch zusammengebrochenes Zugpferd live zerlegt und zum Verkauf angeboten wurde. Es gab auch Pelztiere, frisch vergaste und abgezogene Nerze. Immerhin hielt die klirrende Kälte den Gestank in Grenzen. Bei uns landet so etwas im Hundefutter, hier ist es Fleisch wie jedes andere.

Rückblickend betrachtet, vor dem Hintergrund der Corona-Pandemie, waren meine Sorgen damals wohl mehr als begründet. Denn der Verkauf von Wildtieren oder zum Beispiel Pelztieren als Nahrungsmittel birgt große Gefahren. So kann es leicht passieren, dass eine sogenannte Zoonose, eine Tierkrankheit, die auch vor dem Menschen nicht haltmacht, die Artengrenze überspringt. So etwas bedeutet erst einmal lokale Gefahren – bis jemand in ein Flugzeug steigt und damit die Welt ins Chaos stürzt.

Wir begaben uns schließlich auf die Suche nach Pelzfarmen, denn wo Kadaver von Nerzen waren, konnten auch die Farmen nicht weit sein – aber wir fanden zunächst einmal gar keine. Mein Übersetzer begann zu dieser Zeit damit, Probleme zu machen. Er bekam immer mehr den Eindruck, ich würde durch China reisen, um das Land schlechtzumachen, und das gefiel ihm nicht. Er hatte zuvor wohl gewusst, dass es bei meinen Recherchen um das Thema Tierschutz gehen sollte, aber nicht, dass ich eine Art China-Tour der Grausamkeiten plante. So geriet er mehr und mehr in einen inneren Konflikt und fühlte sich als Verräter. Eines Tages sagte er mir, dass er aussteigen wolle – und das war das Ende meiner ersten China-Recherche. Ohne Übersetzer konnte ich dort nicht arbeiten, das war mir klar.

Ich flog nach Shanghai und schaute mich dort noch etwas um. Fast zufällig entdeckte ich, dass tatsächlich in der Umgebung dieser Metropole bis hin nach Peking ein Zentrum des Pelzhandels angesiedelt war. Das war gut zu wissen, denn ich plante, auf jeden Fall nach China zurückzukehren und meine Recherchen weiterzuführen. Nach zwei Wochen flog ich zurück nach Hause.

In Wien machte ich mich auf die Suche nach einem neuen Übersetzer. Diesmal legte ich Wert darauf, dass es sich um eine Person handelte, die sich vegan ernährte und gewissermaßen politisch richtig gepolt war, sich also selbst auch für den Tierschutz interessierte. Der Mann, der mir schließlich empfohlen wurde und den ich ansprach, war erfreut, dass ich ihn bat mitzumachen. Es stieß dann auch noch ein Kollege aus Deutschland dazu, Mike, ein ehemaliger Bundeswehrsoldat. Etwas später kam auch noch meine Mitstreiterin Dora nach. Sie hatte sich in Ungarn so gut bewährt, dass ich sie gerne dabeihaben wollte.

Etwa neun Monate nach meiner ersten Recherche starteten wir im Herbst ein zweites Mal nach China. Diesmal flogen wir nach Shanghai, eine internationale Stadt, die mir sehr gut gefällt und in der man sehr gut vegan essen kann. Hier ging Tierschutz wirklich über alles – selbst als eine Kakerlake auf dem Tisch an meinem Teller vorbeieilte, nahm der Kellner sie vorsichtig mit zwei Stäbchen und setzte sie an einer anderen Stelle wieder ab. Sie zu töten wäre ihm nicht in den Sinn gekommen. Schön war das nicht, aber was sollte ausgerechnet ich als Veganer dagegen sagen?

Wir besorgten uns zunächst einen Taxifahrer. Es war wichtig, einen zu finden, der sich gut auskannte und gute Verbindungen hatte, einen erfahrenen Local also. Nach einigen vergeblichen Anläufen – wieder ging es den angesprochenen Fahrern in erster Linie darum, uns zu irgendwelchen Massagesalons zu fahren – fanden wir einen Mann, der sich als hervorragende Wahl entpuppte. Man muss am Anfang immer vorsichtig sein, denn man weiß ja nicht, für wen die angesprochene Person noch so arbeitet, ob es sich also beispielsweise um einen staatlichen Spitzel handelt. China ist ein repressives System, das muss man immer in Hinterkopf haben, und man wird auch häufig darauf gestoßen. Das passiert zum Beispiel, wenn man durch eine Stadt läuft und plötzlich ganz offen einen Van mit großen Antennen sieht, der die Gespräche in der Umgebung belauscht.

Undercover auf der Suche nach Pelzfarmen

Der Taxifahrer hatte noch einen weiteren Nutzen für uns. Als wir ihm nämlich erzählten, dass wir uns auch Pelzfarmen ansehen wollten, weil wir eventuell Pelze kaufen wollten, stellte sich heraus, dass sein Schwager eine solche Farm betrieb. Bingo! Bevor wir losfuhren, kamen wir um ein paar kleine Sightseeing-Touren allerdings nicht herum. Das gehört in Ländern wie China dazu, und man muss das mitmachen, wenn man sich die Sympathie der Menschen, mit denen man zu tun hat, nicht verscherzen möchte – und ein gutes Verhältnis zu ihnen ist ungemein wichtig. Also fuhren wir beispielsweise in eine Fabrik zur Herstellung von Aphrodisiaka aus Hirschgeweihen. Solche Unternehmen gibt es in China eine ganze Reihe, denn die Menschen dort glauben an willkommene Wirkungen der verschiedensten Tiere. Bei solchen Gelegenheiten verteilte ich übrigens kleine Geschenkpackungen mit Swarowski-Produkten, die ich aus Wien mitgebracht hatte. Das kommt bei den Chinesen immer gut an, vor allem, wenn es sich um westliche Artikel handelt – am besten verpackt in glitzerndes Papier mit riesigen roten Schleifen. Das Gleiche gilt für Mozartkugeln, Bierkrüge vom Münchner Oktoberfest und deutschen Schnaps. Solche Bierkrüge habe ich übrigens schon auf vier Kontinenten verteilt, und sie kamen immer gut an.

Die Fahrt dauerte ziemlich lange, und wir mussten einen saftigen Aufpreis zahlen. Auch musste das Auto des Fahrers auf unsere Kosten repariert werden, denn es ging ganz zufällig just kaputt, als wir starten wollten.

Aber nach dieser kleinen kostspieligen Verzögerung ging es los. Unser Ziel war die Halbinsel Yantai, etwa 900 Kilometer von Shanghai entfernt. Ich schickte auf dieser Fahrt regelmäßig meine Kontaktdaten nach Deutschland, denn ich wusste ja nicht genau, wohin wir fahren würden, und so fühlte ich mich einfach sicherer in diesem von Repressionen geprägten Land. Wir erreichten schließlich ein Dorf, das ausschließlich aus Pelzfarmen bestand. In diesem Dorf wurden Marder, Füchse und Nerze gezüchtet, aber auch Erdnüsse angebaut. Wir wurden mit offenen Armen empfangen, der Dorfälteste erzählte uns bei einem Besuch, dass wir seit dem Chinesisch-Japanischen Krieg, der 1945 endete, die ersten Nichtchinesen waren, die diesen Ort besuchten. Die letzten Ausländer, die in diesem Ort waren, waren feindliche Japaner gewesen; der Dorfälteste hatte das noch persönlich erlebt. Kein Wunder, dass sich in diesem Dorf unsere Anwesenheit sehr schnell herumsprach. Natürlich suchten wir auch den Schwager unseres Taxifahrers auf.

Schnell verbreitete sich die Nachricht, dass mögliche Investoren und Käufer aus Deutschland zu Besuch waren, und wir bekamen immer mehr Einladungen. In China sollte man Einladungen möglichst nicht ablehnen, das gilt als unfreundlicher Akt. Wir fuhren unter anderem in die nächstgrößere Provinzstadt, wo uns der Gouverneur, also der Vertreter der kommunistischen Partei, eingeladen hatte. An diesem Tag ließ ich meine versteckte Kameraausrüstung in der Unterkunft, und wir fuhren mit einer Gruppe aus dem Dorf – unter anderem dem Bürgermeister und dem Chef der Pelztierfarm – in die Stadt. Jetzt stellte sich heraus, wie gut es war, dass ich Dora dabeihatte. Sie war nicht nur sehr erfahren, sondern stellte schon alleine durch ihre Erscheinung mit den langen roten Haaren eine große Attraktion für die Chinesen dar.

Zunächst lud uns der örtliche Polizeichef auf eine Rundtour mit einem Küstenboot ein. Das gefiel mir gar nicht; ich lasse mich grundsätzlich während eines Undercover-Einsatzes nur ungern aufs offene Meer locken, schon gar nicht in einem Land, in dem Menschenrechte nichts gelten. Und mir war ja keineswegs klar, was die Polizei oder die anderen Sicherheitsorgane über mich und meine Begleiter wussten. Misstrauisch bestieg ich also das Boot, und wir fuhren raus. Ich stellte aber fest, dass es nur darum ging, noch ein paar Fische für das angekündigte große Abendessen zu besorgen. Es war nun nicht so, dass die Besatzung des Küstenbootes vielleicht selbst Netze ausgelegt hätte – unser Boot rammte einfach ein Fischerboot, die Männer sprangen hinüber und beschlagnahmten den Fang der Fischer, weil er angeblich illegal war. Während wir noch auf dem Boot waren, kamen schon zwei weitere Damoklesschwerter auf uns zugeschwebt. Der Polizeichef kündigte an, dass es nach dem Essen zu einem Kalaschnikow-Schießen gehen werde. Und die zweite angekündigte Attraktion war der Besuch eines Atomkraftwerks. Mir war sofort klar, dass wir dort einer Sicherheitsüberprüfung unterzogen werden würden. Zum Glück fiel einem der Begleiter ein, dass ein Feiertag war und weder der Schießstand geöffnet hatte noch im Atomkraftwerk Besucherführungen stattfinden würden. Glück gehört halt auch dazu!

Nach unserer Rückkehr ging es dann zu dem großen Essen, das uns zu Ehren gegeben wurde. Zunächst wurden wir in einen Raum mit lebenden Tieren geführt. Dieser Raum bestand nur aus Käfigen, Aquarien und Terrarien. Es gab Kaninchen, Hühnchen, Fische, Reptilien, Amphibien. Das waren die Tiere, die wir kurz darauf essen sollten. Natürlich war das für einen Veganer wie mich kein schöner Augenblick, mir war klar, dass jeder Fingerzeig das Todesurteil für eines der Tiere bedeutete. Bewusst zeigte ich auch immer wieder demonstrativ auf das angebotene Gemüse, aber das nützte nicht viel, die Tiere mussten sterben. Mein Übersetzer war fein heraus, er behauptete einfach wieder, er sei Buddhist und könne aus religiösen Gründen kein Fleisch essen – das wird in China vorbehaltlos respektiert. Aber wenn ich das als vermeintlicher Pelzhändler gesagt hätte, wäre das sehr komisch aufgefallen und hätte die Leute misstrauisch gemacht. Als der Bürgermeister merkte, dass ich bei meiner Auswahl zögerlich war, rief er fröhlich in die Runde: »Gebt ihm einfach von allem etwas.« Die Folge war, dass ich riesige Berge Fleisch, und zwar von ganz unterschiedlichen Tieren, serviert bekam. Selbst Maden. Zu allem Überfluss wurde ich beim Essen mit den besten Fleischstücken auch noch gefüttert, denn es gehört in dieser Region zur gastlichen Tradition, dass sich ein Ehrengast damit nicht selbst die Finger schmutzig machen muss.

Im eigentlichen Essraum gab es einen riesigen Drehtisch, auf dem die Essenschalen standen mit den inzwischen zubereiteten Tieren, die ich vorhin noch lebend gesehen hatte. Während des Essens wurde hemmungslos Alkohol getrunken; alle zwei Minuten gab es einen neuen Trinkspruch. Es heißt ja immer, dass die Chinesen nicht viel Alkohol vertragen. Das mag sein, aber es hinderte sie keineswegs daran, ordentlich zuzulangen. Ich persönlich trinke keinen Alkohol, außer im »Einsatz«, wie an diesem Tag. Aber da gilt das Gleiche wie beim Essen – man muss mithalten, sonst fällt man auf. In solchen Augenblicken merkt man, dass Alkohol einen sehr verbindenden Effekt hat. Immerhin vertrage ich recht viel, was mir auch an diesem Tag half. Auch Dora konnte erstaunlich gut mithalten, sie rauchte sogar mit den Männern um die Wette.

Am Tisch saß neben einigen regionalen Politikern auch der Polizeichef des Ortes, was mir ziemlich unangenehm war. Ich befürchtete, dass ich vielleicht während des Essens heimlich und nebenbei überprüft wurde, aber es geschah zumindest nichts. Das Essen selbst lief dann, abgesehen davon, dass ich überhaupt Fleisch essen musste, einigermaßen glimpflich ab. Die Maden schmeckten einfach nur nach Papier und waren nicht eklig. Mir unterlief allerdings ein schlimmer Fehler – ich fragte in die Runde, ob es auch Hundefleisch gebe. Denn das hätte ich auf jeden Fall gemieden. Die Männer fingen an zu tuscheln, und dann erklärte mir mein Dolmetscher, dass sie berieten, ob sie den Koch rasch auf die Straße schicken sollten, um einen Hund zu besorgen. Sie waren untröstlich, dass sie dem Gast aus Deutschland keinen Hund anbieten konnten. Das konnte ich immerhin abbiegen. In diesem Fall blieb ich sogar mal bei der Wahrheit und klärte sie auf, dass Europäer grundsätzlich keine Hunde essen.

Unter den Unmengen von Speisen, die uns aufgetischt wurden, waren auch frisch gefangene Austern. Ich habe Austern noch nie gemocht, aber da musste ich jetzt durch, ein paar davon zwang ich runter. Ansonsten hielt ich mich sehr viel an die Erdnüsse, die dazu serviert wurden und die ich bis heute mit China in Verbindung bringe. Mike hatte keine Probleme mit den Austern, zumindest vor dem Verzehr nicht. Er aß so viel davon, dass er einen Darmverschluss erlitt. Das geschah ihm recht. Die Rache der Auster sozusagen.

Als wir am nächsten Morgen dann zur Pelzfarm des Schwagers fuhren, blieb Mike zurück – die Austern hatten ihn niedergestreckt. Vor Ort gab es vor allem Füchse und Nerze. Marderhunde, die ich eigentlich suchte, weil aus ihnen all die Bommel und kleinen Kragen hergestellt werden, die heute so modern sind, gab es leider nicht. Dort sah es kaum anders aus als in den Pelzfarmen in Deutschland, außer dass die Tiere noch enger zusammengepfercht waren. Der Besitzer war sehr offen und zeigte mir alles – er ging ja davon aus, dass ich kaufen wollte, weil ich mich als Pelzkäufer ausgab. Einige Meter weiter in der nächsten Farm wurde ich fündig: Marderhunde, die Hundeart, die für die dummen Kragen und Bommel sterben muss. Tatsächlich handelt es sich um Hunde, nicht um Marder – sie sehen ganz ähnlich aus wie Waschbären.

Ich durfte alles filmen, auch den Vorgang, wenn die Tiere getötet werden. So entstanden ziemlich einmalige, sehr grausige Aufnahmen. Ich kann nicht ausschließen, dass das passiert, aber ich selbst sah nicht, dass Tiere bei lebendigem Leib gehäutet wurden. Aber da die Tiere mit einem Knüppel betäubt wurden, ist es durchaus möglich, dass diese Art der Betäubung nicht bei jedem Tier wirkte. So oder so – es dauerte sehr lange, bis die Marderhunde tot waren. Es war ein quälender Prozess, und es war schrecklich für mich, tatenlos zuschauen zu müssen. Das Tier bekam zig Schläge mit dem Knüppel, und dann stellte der Farmer sich einfach mit dem Fuß auf den Hals, bis das Tier aufhörte zu zucken. Danach wurde es dann sofort aufgeschlitzt und abgepelzt – »geerntet«. Der Farmer drückte mir das blutige, noch dampfende Stück Fell in die Hand, und ich musste es hochhalten und dazu in die Kamera grinsen. Das Foto zeigt mich mit dem Pelz in der Hand, dem Bürgermeister und dem Pelzfarmer, und im Hintergrund hält noch jemand den blutigen Kadaver hoch. Wir grinsen alle ziemlich blöd, aber solche Fotos muss man machen; sie sind eine gute Referenz für eine mögliche nächste Recherche.

Was passiert mit dem Fleisch von Pelztieren?

Auf meine Frage, was denn eigentlich mit dem Rest des Tieres passiert, erhielt ich eine überraschende Antwort. Mein Übersetzer flüsterte mir zu, dass eine Frau dem Pelzfarmer riet, er solle auf keinen Fall erzählen, was mit den Kadavern passiere. Doch er rückte mit der Sprache raus: »Aus dem Fleisch werden Würstchen für die Schulkantinen hergestellt.« Ich schluckte. Und tatsächlich schien das selbst in China ein gewisses Tabu zu sein, wenn ich mir die Reaktion der Frau in Erinnerung rufe. Heute weiß man, dass sich besonders Pelztiere, gerade auch Marderhunde und Nerze, mit dem Coronavirus infizieren. Aus diesem Grund haben die Niederlande über hundert Farmen dichtgemacht, als sich die Pelzfarmer und ihre Familien mit dem Virus infizierten. Schon damals dachte ich mir, dass es eine sehr schlechte Idee ist, diese Tiere zu billiger Schulnahrung zu verarbeiten. Und heute mache ich mir oft Gedanken, ob es denn wirklich die in der chinesischen Nahrung seltene Fledermaus war, die Corona auf die Menschheit losließ, oder vielleicht doch eher Marderhund-Wienerle, die illegal an Schulkinder verfüttert wurden. Die Nutzung von Pelztieren zur menschlichen Ernährung ist selbst in China verboten, trotzdem passiert es ständig. Und auch in der Region, wo es zum Ausbruch der Pandemie kam, gibt es viele Pelzfarmen, und die Verbindungen zwischen den Branchen sind eng. Die Pelzindustrie hängt an den Abfällen der Fischindustrie. Man wird es nie herausfinden, aber die Penetranz, mit der man sich weigert, die Verbindung zwischen Corona und der Pelzindustrie zu untersuchen, zeigt mir, dass man im Westen lieber fordert, kleine Bauernmärkte zu schließen, als sich mit den eigenen gewaltigen Pelztierfabriken und ihren Risiken für unsere Gesundheit zu beschäftigen.

Man muss auch sagen, dass es in China durchaus Fortschritte gegeben hat, was die Lebensmittelhygiene angeht. Es gibt durchaus Razzien gegen Tierhändler. Aber es gibt kein Schema, nach dem gearbeitet wird. Wenn es dem Regime oder einem lokalen Chef passt, dann wird das gemacht; wenn nicht, dann eben nicht.

Statt zum Schießen ging es nach dem Essen dann zum Karaoke. Ich musste zu Madonnas »Like a virgin« singen – die Filmaufnahmen davon halte ich strikt unter Verschluss. Nach einem langen Tag wurden wir irgendwann endlich mit einer Limousine zu unserer Unterkunft gebracht. Der Polizeichef saß mit im Auto. Alle waren vollkommen besoffen, auch der Chauffeur. Er fuhr auf der falschen Seite der Schnellstraße durch die dunkle Nacht. Der Polizeichef beruhigte mich: »Kein Problem, das ist doch der Bürgermeister, der fährt.« Er wollte mir sagen, dass nichts passieren würde, wenn die Polizei uns anhalten würde, aber ich hatte davor gar keine Angst – sondern davor, dass wir alle sterben würden. Der Bürgermeister fand sein Dorf in dieser Nacht nicht mehr, und so stoppten wir an irgendeinem Hotel und übernachteten dort. Am nächsten Morgen fuhr er uns nach Hause.

Damit war unsere China-Recherche beendet. Einige Jahre später fuhr ich noch einmal zu einer weiteren Recherche hin. Damals besichtigte ich unter anderem Betriebe der Gänsehaltung sowie Entenfarmen und stellte fest, dass die Zustände teilweise besser waren als in vergleichbaren Betrieben in Europa. In den chinesischen Dörfern laufen die Tiere meistens frei herum. Ein Entenmäster mit Tausenden Enten auf einem abgegrenzten Flussabschnitt war völlig außer sich, als ich ihm erzählte, dass Enten in Europa in geschlossenen Hallen ohne Schwimmmöglichkeit gehalten werden. Natürlich bedeutet das nicht, dass sie einen schönen Tod sterben: Die Zustände in den Schlachthöfen sind grauenhaft. In China gäbe es noch sehr viel zu recherchieren, denn das Reich der Mitte ist ein Land voller Gegensätze. Aber ich habe mich entschlossen, mich dort nicht weiter zu engagieren, denn das Regime hat eine Totalüberwachung der Menschen aufgebaut. Man wird buchstäblich auf Schritt und Tritt kontrolliert und überwacht. Die Behörden wissen zu jedem Zeitpunkt, wo du bist, mit was für einem Auto du unterwegs bist und mit wem du telefonierst. Und das könnte bei meiner Arbeit gefährlich werden: zu gefährlich. China ist ein totalitäres System, das zugleich wirtschaftlich erfolgreich ist – so etwas gab es früher nicht. Die Chinesen sind auch so erfolgreich, weil sie vieles vom Westen kopieren, manches verbessern und Fehler des Westens nicht wiederholen. Das gilt leider nicht für die Massentierhaltung. Diese wird kopiert, optimiert und in voller Wucht eingesetzt. Wir in Deutschland sollten uns aber nicht hochnäsig verhalten, denn im Verhältnis zur Größe des Landes und der Bevölkerung werden nirgends weltweit mehr Tiere in Massentierhaltung gehalten und getötet als bei uns.

LPT – Siegeszug gegen das Todeslabor

M ein erster Kontakt mit Tierversuchen war die Recherche bei *Covance,* über die ich schon berichtet habe. Später, nämlich 2013, folgte eine ziemlich aufwendige Recherche beim Max-Planck-Institut für biologische Kybernetik in Tübingen. Das war das zweite Mal überhaupt und das erste Mal, dass in der voll vernetzten Zeit, also in Zeiten von Social Media, so etwas passierte. Es ging damals um invasive Hirnforschungsexperimente an Affen. Das Institut galt als der Heilige Gral der Forschungsgemeinschaft in Deutschland, daher war der Schock über das Chaos und die Grausamkeit, die wir dort aufdeckten, dann auch besonders groß. Es ging um unwissenschaftliches wie auch rechtswidriges Verhalten. Die Bilder der halbseitig gelähmten, schwer verletzten und kranken Äffin Stella gingen um die Welt.

Das Ganze wurde eine schmutzige Angelegenheit, weil sich das Max-Planck-Institut mit unlauteren Methoden zur Wehr setzte. Man versuchte, mich und meine Leute zu diskreditieren und in eine kriminelle Ecke zu schieben. Das ging so weit, dass eine hohe Angestellte des Max-Planck-Instituts einen Überfall auf sich selber vortäuschte, um ihn den Tierschützern in die Schuhe zu schieben. Zum Glück hatte die Polizei ihr Telefon abgehört, um böse Tierschützer zu erwischen, und dabei ging die Dame ins Netz. Wir ließen uns von den Provokationen nicht beirren und blieben immer friedlich. Die Recherche war sehr erfolgreich und führte dazu, dass das Institut die Affenversuche beendete. Dieser Erfolg hatte aber auch einen sehr hohen Preis, denn es dauerte fünf Jahre, acht Großdemonstrationen und mehr als dreihundert kleine Demos, bis es so weit war. Das war aufwendig und kostete uns viele Ressourcen. Danach sagte ich mir, dass es mit dem Thema Tierversuche jetzt erst einmal gut sei.

Und doch dauerte es nur drei Jahre, bis ich wieder bei diesem Thema landete. Wie so oft handelte es sich um einen Zufall. Eines Tages schickte mir eine Aktivistin der *Soko Tierschutz* eine Anzeige einer Lokalzeitung, aus der hervorging, dass das LPT-Tierversuchslabor in Mienenbüttel Mitarbeiter suchte. Diese Einrichtung war mir bestens bekannt, weil sie als das berüchtigtste Tierversuchslabor Deutschlands galt. Schon als Kind besaß ich ein Buch, in dem dargestellt wurde, was mit Tieren so alles angestellt wird – also ein Bildband des Schreckens –, und darin fand sich auch ein Bild von diesem Labor. Das Gebäude war mit NATO-Draht umzäunt und abgeschottet, und ich wusste, dass es dort schon häufiger Proteste gegeben hatte. Doch das Labor galt als absolut unzugänglich. Es testete alles Mögliche an Tieren: Medikamente, Chemikalien, Botox, aber auch Ginkgo-Extrakt und Zucker. Eine große Kampagne gegen das Labor war erst kurz zuvor erfolglos eingestellt worden. Als ich jetzt die Anzeige las, dachte ich, man sollte doch mal versuchen, dort einen Undercover-Rechercheur einzuschleusen. Es war ein Zufall, dass an eine weitere Person aus der Region, die ein Gasthaus für Billigarbeiter betrieb, von diesem Labor herangetragen wurde, dass man sehr dringend nach Mitarbeitern suche. LPT erhoffte sich durch diese Kontaktaufnahme, möglichst billig an Rumänen oder Ungarn zu kommen. Diese Person informierte mich, und so erfuhr ich zweimal binnen kurzer Zeit von den Personalnöten des LPT.

Das Problem aber war: Ich brauchte jemanden, der wie ich selbst einst bei *Covance* Lust und Zeit hatte, monatelang undercover in so einer Einrichtung zu recherchieren. Ich machte mich auf die

Suche nach einer passenden Person und kontaktierte verschiedene Organisationen. Meine alten Kollegen aus England von Cruelty free Internationals (früher BUAV) waren wieder an Bord, konnten aber bei meiner Personalnot nicht helfen. Aber das war schwierig, keiner hatte Lust, so etwas zu machen. Dann half mir erneut eine glückliche Fügung. Im Umfeld der Pension für Billigarbeiter fand ich schließlich doch jemanden, der bereit war, mitzumachen. Nennen wir ihn Lukas. Wir trafen uns erstmals in der Nähe von Hamburg auf einem Bahnhof. Mir blieb gar nichts anderes übrig, als ihm sofort reinen Wein einzuschenken. Die Bedingungen, die ich ihm anbieten konnte, waren viel besser als meine eigenen bei der *Covance*-Recherche, denn ich konnte ihm versprechen, dass wir ein Haus für ihn anmieten und ihm eine Betreuung stellen würden. Er willigte ein, und wir schrieben gemeinsam eine Bewerbung für ihn. Dann ging alles sehr schnell, schon kurze Zeit später hatte Lukas ein Bewerbungsgespräch und wurde auch ganz unkompliziert eingestellt. Das ging so rasch, dass wir Probleme hatten, rechtzeitig ein Haus oder eine Wohnung zu besorgen.

Kurzfristig mussten Lukas und ich in einer Arbeiterunterkunft leben, aber das war nicht optimal. Dann fiel mir eine Annonce auf. Jemand bot in der Nähe des Labors ein Haus für etwa ein halbes Jahr zur Zwischenmiete an – genau das, was wir suchten. Mir unterlief allerdings ein schwerer Fehler. Als ich den Anbieter das erste Mal anrief, lief nur ein Anrufbeantworter, und ich sprach meine Telefonnummer aufs Band. Dabei gab ich die Nummer der *Soko Tierschutz* an, ohne zu bedenken, dass auch da ein Anrufbeantworter lief. Als die Vermieterin zurückrief, hörte sie also die Ansage der *Soko Tierschutz*. Die Frau rief daraufhin Lukas an und fragte: »Ihr seid doch von dieser *Soko Tierschutz* – ihr wollt doch wohl nicht in dieses LPT rein, oder?« Sie kannte das Labor, denn das LPT war in der ganzen Region ein großes Politikum, und sie zählte einfach eins und eins zusammen, als sie hörte, wer das Haus mieten wollte. Das war ein GAU.

Ich fuhr ganz schnell zu dieser Dame und ihrem Mann nach Hause und stattete ihnen bei Kaffee und Kuchen einen Besuch ab. Sie beschloss dann, dass sie gar nicht so genau wissen wollte, wer ihre Mieter waren, denn sie war zumindest nicht begeistert von Tierversuchen. Aber sie sagte auch, dass sie offen dazu stehen wolle, wenn eines Tages alles herauskommen sollte. Mir fiel der größte Stein vom Herzen. Wir haben diesen Leuten zu verdanken, dass wir nicht aufflogen, bevor alles überhaupt losging.

Ich besorgte eine nagelneue, nahezu unsichtbare Kamera und fing an, Lukas zu trainieren. Ich ließ ihn testweise im Supermarkt filmen und fotografieren. Er musste ja erst einmal lernen, auch wirklich das aufzunehmen, was er haben wollte, nicht immer nur die Decke oder den Boden. Er hatte keine Erfahrung in dem Bereich. Ich erklärte ihm auch wichtige Sicherheitsregeln und erzählte ihm, wie man sich verhält, wenn man angesprochen wird. Und wir stellten im Wohnzimmer einen Tisch auf, auf dem wir all die Technik aufbauten, die er benötigen würde. Das war ein echter Crashkurs in diesem kleinen Haus. Wir hängten Decken vor die Fenster, damit uns niemand beobachten konnte. Das hatte etwas von einer konspirativen Wohnung, und natürlich fingen die Nachbarn bald an zu tuscheln. Aber dann ging es auch schon los.

Als Lukas an seinem ersten Tag im Labor ankam, konnte er sofort loslegen mit der Arbeit. Irgendwelche aufwendigen Sicherheitsüberprüfungen gab es dort nicht. Lukas' erster Tag war gleichwohl eine große Zitterpartie, vielleicht für mich noch mehr als für ihn, denn nachdem er morgens um fünf Uhr das Haus verlassen hatte, musste ich den ganzen Tag in großer Spannung untätig auf ihn warten.

Als er nach der Schicht nach Hause kam, erzählte er erst einmal, was er gesehen hatte, denn wir wussten ja eigentlich über das Labor fast gar nichts. Wir wussten, dass es dort Hunde gab, aber sonst nichts. Nun erzählte Lukas: Er habe Hunderte Hunde gesehen, Dutzende Katzen, zwei Häuser voll mit Affen. Er war entsetzt von dem groben Umgang der Mitarbeiter mit den Tieren. Er habe sich gefühlt wie in einem Gefängnis. Man merkte, dass einfach alles, was er gesehen hatte, aus ihm rausmusste, und so hörte ich mir drei oder vier Stunden lang an, was er an diesem ersten Tag gesehen hatte. Und das war ziemlich schrecklich. Er hatte zum Beispiel gleich an seinem ersten Tag Beagle-Hunde festhalten müssen, während sie eingeschläfert wurden. Dann wurden sie an einen Schlachterhaken gehängt.

Nach ein paar Tagen schickte er mir aus dem Labor ein Foto, das er mit seinem Handy aufgenommen hatte. Ich schrieb ihm zurück, ob er verrückt sei, er könne doch nicht mit seinem Smartphone dort fotografieren, aber Lukas meinte, jeder hätte sein Handy im Labor dabei. Das wäre bei *Covance* undenkbar gewesen. Also, paranoid waren die LPT-Leute sicher nicht, sie hatten offensichtlich keine Sorge, dass sie ausspioniert werden könnten.

Am Anfang musste Lukas im Wesentlichen den Kot aus den Käfigen entsorgen, aber nach kurzer Zeit wurde er auch für andere Arbeiten herangezogen. So musste er den Beagles – andere Hunde gab es nicht – und den Katzen das Maul aufhalten, wenn den Tieren Schläuche in den Magen gedrückt wurden. Lukas war ein ausgesprochener Hundeliebhaber, und so fiel es ihm sehr schwer, mit ansehen zu müssen, wie hundertfünfzig Beagles sich in ihren Käfigen die Seele aus dem Leib bellten. Jeder dieser Hunde sagte zu ihm: Hab mich lieb, beschäftige dich mit mir. Diese Hunde waren völlig unterbeschäftigt und lebten in schlimmen Verhältnissen. In den Käfigen, in denen jeweils zwei Hunde eingepfercht waren, gab es einfach nur blanke Fliesen. Die Hartplastikmatte zum Hinlegen reichte nur jeweils für einen Hund aus. Ich bat Lukas, so viel zu filmen, wie er nur konnte.

Bei seinen Kollegen handelte es sich zum größten Teil um Russlanddeutsche, Russisch war praktisch die Amtssprache. Es gab auch ein paar Deutsche, das waren Leute, die zum Teil schon seit zwanzig Jahren in diesem Labor arbeiteten, in den meisten Fällen kaputte Typen, wie ich sie auch von *Covance* kannte. Lukas machte seine Sache sehr gut. Es gelang ihm hervorragend, seine Fassade aufrechtzuerhalten. Es half natürlich sehr, dass er ganz gut Russisch sprach. Er spielte jeden Tag mit den Russen Karten und kam gut bei ihnen an.

Vor allem brachte er sehr schnell wirklich krasse Aufnahmen nach Hause. Darunter waren Fotos von Beagle-Zwingern, in denen der ganze Boden mit Blut bedeckt war; die Tiere starben in diesen Käfigen und lagen über Stunden oder auch Tage in ihrem eigenen Blut. Ihre inneren Organe wurden mutmaßlich von den Testsubstanzen, die ihnen verabreicht worden waren, zerfressen, und so starben sie, meist ohne dass sich irgendjemand um sie kümmerte.

Das LPT machte toxikologische Sicherheitstests an pharmazeutischen Substanzen und Chemikalien. Die Beagles stammten aus einem Unternehmen in den USA, in dem diese Hunderasse ausschließlich in Massentierzucht produziert wird. Diese Hunde werden in alle Welt an Labore verschickt. Besonders perfide ist, dass sie so gezüchtet werden, dass sie zwar nicht besonders intelligent sind, aber sehr lieb und auch liebebedürftig – und damit pflegeleicht. Diese Hunde, so sagte es ein Mitarbeiter, kann man an die Wand werfen, und sie freuen sich immer noch und kommen zu dem Menschen zurückgelaufen, der ihnen das angetan hat. Wenn man ihnen eine Kapsel mit irgendeiner Substanz ins Maul stecken will, dann wehren sie sich nicht oder kaum – ganz anders als beispielsweise Schäferhunde.

Laborkatzen: sinnloses Sterben und Töten

Ich drängte Lukas dann dazu, sich zu den Katzen versetzen zu lassen. Denn die letzten Aufnahmen von Katzen aus Tierversuchen stammten aus den Siebziger- und Achtzigerjahren und waren noch in Schwarz-Weiß. Katzen werden nicht oft in Tierversuchen eingesetzt, und so war es spannend zu sehen, was für Katzen dort genutzt wurden und wo sie herkamen. Es gab ja immer wieder Gerüchte über Katzenfänger, die Tiere für Labore fangen. So etwas hatte es in den Siebzigerjahren tatsächlich in Deutschland gegeben. Heute bestellt man seine Katzen aber aus Massenzuchtanlagen, und das galt auch für das LPT. Es war trotzdem verstörend, Fotos von dem Zwinger für die Katzen zu sehen. Es gab jede erdenkliche Form der Hauskatze. Man kam unmittelbar auf den Gedanken, dass diese Katze auch zu Hause bei einem selbst leben könnte, und genau diesen Gedanken hatte Lukas auch immer wieder. Das machte selbst den Mitarbeitern zu schaffen. Das zeigte sich, als eine neue Katzenstudie begonnen wurde und klar wurde, dass die Katzen nicht nur unter schlechten Bedingungen gehalten, sondern auch gequält wurden. Einige Mitarbeiter weinten und weigerten sich mitzumachen. Aber sie wurden dazu gezwungen, sonst hätten sie ihren Job verloren. Lukas musste auch lernen, dass Katzen sich ziemlich stark wehren können – er wurde mit vier Katzenbissen ins Krankenhaus eingeliefert. In dem Krankenhaus wunderte man sich gar nicht, weil regelmäßig Mitarbeiter des LPT mit Bisswunden eingeliefert wurden.

Diese Katzenstudie stellte sich als völliger Bullshit heraus, war aber ganz nach dem Geschmack der Tierversuchsindustrie. Auftraggeber war eine spanische Tierarzneimittelfirma, die sowohl Mittel für die Massentierhaltung als auch für Hunde und Katzen herstellt. Dabei sollte ein gängiges Antibiotikum mit einem neuen verglichen werden. Die beiden Mittel waren völlig identisch, allerdings hatte das neue einen Geschmack, das alte nicht. Den Hunden und Katzen wurde das Mittel einfach in den Hals gegeben, und dann wurde abgewartet, was passierte. In diesem Fall überlebten die Tiere die Studie, sie wurden aber in Einzelkäfigen gehalten, und ihnen wurde an einem Tag fünfundzwanzigmal Blut entnommen. Das war natürlich für die Tiere eine unsägliche Qual, und die Beine waren bald angeschwollen, blutig und völlig zerstochen. Die Katzen wurden nach einiger Zeit geradezu bösartig. Schlimm war auch, die vier rasierten Beine mit den Wunden sehen zu müssen.

Eines Tages kam ein Mitarbeiter eines anderen LPT-Labors vorbei – LPT betrieb in der Region Hamburg drei Labore – und meinte, er bräuchte eine Katze für einen Kreislauftest. Lukas musste eine mit ihm aussuchen, und er wusste, dass das das Todesurteil für das Tier war. Die Katze wurde dann in einem separaten Raum an ein Kreislaufsystem angeschlossen. Der Mitarbeiter meinte, eigentlich würde sie den Test problemlos überleben, aber da er nicht hygienisch genug arbeite, müsse sie anschließend eingeschläfert werden. Uns zeigte das, dass die Tiere für diese Leute nichts anderes waren als ein billiges Testobjekt, das am Ende in einen Müllsack gepackt und weggeworfen wird.

In dem Labor gab es auch ein Affenhaus, das aber völlig abgeschottet war. Lukas versuchte mit Erfolg, dorthin versetzt zu werden. Die Haltung der Tiere hier war etwas besser als bei *Covance,* aber es gab auch Räume, in denen die gleichen Käfige standen, die ich damals dort gesehen hatte. Inzwischen waren diese Käfige allerdings illegal.

Lukas wurde im Affenhaus konfrontiert mit einem Mitarbeiter namens O. Das war ein ganz brutaler Typ, dem es nach Einschätzung unseres Ermittlers Spaß machte, die Affen zu quälen. Es gab zum Beispiel Käfige, die man verkleinern konnte, und dieser Typ hatte Spaß daran, die Affen dort zwischen den Gittern zu fixieren und zu ärgern. Lukas konnte auch beobachten, wie er einen Affen, der sich wehrte, mit dem Kopf gegen eine Türkante schlug. Eine andere Mitarbeiterin – die einzige ausgebildete Tierpflegerin im ganzen Labor, sonst arbeiteten hier Metzger, Lkw-Fahrer und ein Militärmusikant – erzählte Lukas, dass O. zu den Affen versetzt worden sei, weil er immer wieder Hunde gequält habe. Getan hatte gegen diese Quälereien aber niemand etwas, Beschwerden bei der Leitung seien sinnlos, sie hätte es versucht, erzählte die Pflegerin.

Gefälschte Tierversuche

Irgendwann kam Lukas nach der Arbeit zu mir und meinte, in dem Affenhaus stimme irgendetwas nicht. Ihm war aufgefallen, dass ein Affe auf der Brust eine andere Tätowierungsnummer zur Kennzeichnung hatte als die, die an seinem Käfig angebracht war. Das fand ich spannend. Im Sprachgebrauch der Mitarbeiter wurden die Affen nach ihren letzten drei Ziffern benannt. Dieser Affe hieß seiner Tätowierung entsprechend 31M.

Ich bat Lukas, unauffällig herauszufinden, was es mit diesen Affen auf sich habe. Er fragte die Tierpflegerin, mit der er sich in der Zwischenzeit ein wenig angefreundet hatte. Sie äußerte sich öfter unzufrieden über die Zustände im Labor. Sie erzählte ihm, der ursprüngliche Affe sei vor einigen Monaten an einem Mastdarmvorfall verstorben. Da sich niemand um ihn kümmern mochte, starb er langsam und grausam, vermutlich an einer Mischung aus Verhungern und Blutvergiftung. Er hatte sich in einer Studie für einen südkoreanischen Pharmakonzern befunden, die über viele Monate ging – eine sehr teure Angelegenheit. Sein Tod war für das Labor eine peinliche Sache, zumal er ja auch noch durch das Stümpertum des Labors draufgegangen war. Das korrekte Verhalten wäre gewesen, die Sache dem Auftraggeber zu melden, denn durch den Tod dieses Affen funktionierte die ganze Studie nicht mehr. Man hätte eigentlich einen neuen Affen nehmen und die ganze Studie von Neuem beginnen müssen. Das aber hätte Geld und Zeit gekostet, zumal ja auch die nachfolgenden Studien an Menschen hätten verschoben werden müssen. Das LPT setzte seine Studie daher einfach fort und ersetzte den toten Affen durch eine neuen. Es tat also so, als sei 31M niemals gestorben.

Das ist natürlich der Super-GAU des ganzen Systems, denn es handelt sich um eine Manipulation der Ergebnisse und der Dokumente: um eine schlichte Fälschung. Und immerhin könnte so ein Mastdarmvorfall ja eine Nebenwirkung des Medikaments sein und später auch Menschen drohen. Von diesem Zeitpunkt an bat ich Lukas, er solle alle Informationen über 31M sammeln, an die er herankommen könne. Er fragte viele der Mitarbeiter unauffällig aus und fertigte Gedächtnisprotokolle an. Die Mitarbeiter bestätigten ihm, dass solche Verfälschungen immer wieder vorkämen. Als er seine Chefin darauf ansprach, breitete sich sofort eine unangenehme Kälte im Raum aus. Lukas erkannte, dass er eine Landmine angefasst hatte, und mir wurde klar, dass wir mit 31M eine Chance hatten, das LPT zu Fall zu bringen. So kam es dann auch.

Ich war in dieser Zeit für Lukas Putzfrau, Koch und Seelenpfleger, und ich kümmerte mich um die Technik. Sein Einsatz nahm ihn psychisch sehr mit, und nach ein paar Monaten war er ein echtes Wrack. Lukas ging inzwischen auf dem Zahnfleisch und war auch nicht mehr mit selbst gebackenem Kuchen bei Laune zu halten. All die Dinge, die er sah und erlebte, das Elend der Tiere, nahmen ihn stark mit. Er begann die Tage zu zählen, bis er mit seinem Job durch war. Mir war klar, dass ich ihn schützen musste, auch vor sich selbst. Dann sagte ich ihm schließlich, dass er kündigen solle. Und so stieg er aus, ohne erwischt zu werden, obwohl er in diesen letzten Tagen noch viel filmte und fotografierte.

Auch ansonsten drohten Gefahren. Einmal erwischte mich ein Briefträger beim Löten im karg eingerichteten Wohnzimmer. Eine Aktivistin, die zu der Zeit bei uns war, hatte ihm die Tür geöffnet, und er war einfach mit seinem Paket reingekommen und sah mich da: Mit Stirnlampe am Kopf im Wohnzimmer, dessen Fenster mit Decken abgehängt waren und in dem es keinerlei Möbel gab, beim Löten an elektronischen Geräten. Danach herrschte tagelang schlechte Stimmung und Angst unter uns, dass er herumerzählen könnte, was er gesehen hatte. Immerhin hätte er auf den Gedanken kommen können, eine Bombenwerkstatt entdeckt zu haben, denn die sieht kaum anders aus.

Nach Lukas' Ausstieg begann für mich der anstrengende Teil, denn ich musste monatelang, zum Teil mit Unterstützung von Experten, die Aufnahmen durchsehen, katalogisieren und bewerten. Lukas hatte unglaublich erfolgreich gearbeitet, das war wirklich toll. Er hatte sehr viel Beweismaterial herangeschafft. Dann kam der große Tag – wir wollten an die Öffentlichkeit gehen. Das war zu dieser Zeit nicht ganz einfach, denn die Medien hatten alle nur ein Thema im Blick: den Brexit. Ohne Resonanz in den Medien aber, das wussten wir, wäre unsere Arbeit weitgehend umsonst gewesen. Doch es gelang uns, Journalisten zu finden, die sich für das Thema interessierten, und so lief im Magazin *Fakt* in der ARD der erste Bericht. Er löste sofort einen riesigen Knall aus; so etwas hatte ich noch nicht erlebt. Innerhalb weniger Tage gingen die Bilder vom LPT rund um den Globus bis nach Kolumbien, Aserbeidschan, Japan, China, Südkorea, Neuseeland, Russland und in viele andere Länder.

Ich hatte aber eine Sorge: dass es wieder zu so einem langen Zermürbungskampf kommen würde, wie wir ihn gegen das Max-Planck-Institut geführt hatten. Auf so etwas wollten wir uns dieses Mal auf keinen Fall einlassen. Wir wussten nicht, wie das LPT, das ein Familienunternehmen ist, reagieren würde. Es war nicht klar, was der Patriarch des Unternehmens tun würde.

Tatsächlich reagierte er gar nicht. Die Wucht war so gewaltig, dass wir das LPT schon in den ersten Wochen besiegten. Wir organisierten eine große Demonstration vor dem LPT-Hauptsitz in Neugraben, zu der auf Anhieb 8000 Teilnehmer kamen. Wir organisierten eine Mahnwache mit fast 1000 Menschen vor dem Labor. Ein beeindruckendes Kerzenmeer und eine Stimmung, die ich nie vergessen werde, prägten diese Mahnwache. Ein paar Wochen später riefen wir zur großen Demonstration in Hamburg auf – das wurde mit 15 000 Teilnehmern die größte Tierschutzdemo der deutschen Geschichte. Dazu organisierten Tierschützer Online-Petitionen, die innerhalb weniger Wochen die Grenze von einer Million Unterschriften erreichten. Ich bin zwar kein Freund dieser meist sinnlosen Petitionen, die auch zum Datensammeln missbraucht werden, aber das war gigantisch. Was mich besonders freute, war die Reaktion der LPT-Nachbarschaft, denn wir wurden mit offenen Armen empfangen. Die Nachbarn machten eine Mahnwache, die mehr als 30 Tage rund um die Uhr vor dem Labor kampierte. Alles verlief völlig friedlich, ohne Übergriffe und Gewalt. Selbst die Polizei war auf unserer Seite und legte uns keinerlei Steine in den Weg. Fantastisch! Es gab Journalisten, die vor Erleichterung weinten, dass es endlich Fakten und Bilder über und aus dem LPT gab.

Sieg gegen LPT

Und dann kam die Nachricht, das LPT Mienenbüttel, wo unsere Recherche stattgefunden hatte, wolle freiwillig aufgeben. Darin sahen wir eine Hinhaltetaktik, und so drängten wir darauf, dass die Behörden einschritten. Die zuständigen niedersächsischen

Behörden machten einen sehr guten Job. Dutzende Polizisten durchsuchten alle drei LPT-Labore, es wurde sehr viel Beweismaterial gefunden. Am Ende wurde das LPT Mienenbüttel geschlossen. Zu diesem Zeitpunkt befanden sich noch knapp 150 Hunde, 200 Affen und 49 Katzen in diesem Labor. Es stellte sich die Frage, was mit ihnen geschehen sollte. Es geschah das Unfassbare, das LPT gab die Hunde und Katzen frei. Viele dieser Tiere konnten wir an Menschen vermitteln, bei denen sie jetzt in Freiheit und Glück leben können. Das sind Momente, die ich mir niemals zu erträumen gewagt hätte, denn normalerweise werden die Tiere getötet, wenn es uns gelingt, eine Einrichtung schließen zu lassen. Einen Beagle-Hund in den Armen halten zu können, der einem die Hand ableckt und einen mit seinen großen Augen anschaut, und man weiß, dass dieses Tier eigentlich hätte vergiftet werden sollen – so etwas stellt einen großen Glücksmoment dar. Die Affen hatten allerdings ein deutlich schlimmeres Schicksal, denn sie wurden an andere Labore im Ausland verkauft. Sie sind natürlich viel schwerer zu halten als Hunde, und außerdem kostet ein Affe rund 4000 Euro, deshalb verkaufte das LPT sie weiter. Es gelang uns also leider nicht – trotz großer Unterstützung zum Beispiel durch den Tierschutzbund –, diese Tiere zu retten.

Wir dachten, da wir nun das LPT Mienenbüttel erledigt hatten, könnten wir uns auch gleich das mit ihm sehr eng vernetzte LPT-Hauptquartier in Neugraben bei Hamburg vorknöpfen. Dabei handelte es sich um einen Todesstern für Versuchstiere mit bis zu 12 000 Ratten, Mäusen und Kaninchen, Meerschweinchen und Fischen. Hilfreich war, dass sich hier gleich drei ehemalige Mitarbeiter meldeten, die von teils jahrelangen Fälschungen an Studien berichteten. Dabei soll auch der Verdacht auf eine Krebs auslösende Wirkung bei einem Alltagsmedikament unter den Tisch gefallen sein. Mitte Februar 2020 untersagten die Behörden auch diesem Labor die Erlaubnis, Tiere zu halten.

Rund 1000 Tiere konnten gerettet werden – auch das waren schöne Momente. Es war toll, mit diesen schönen und klugen kleinen Tieren im Auto durch Deutschland zu fahren und zu wissen, dass sie nie mehr Angst und Schmerzen empfinden würden.

Schon nach wenigen Monaten war es uns also gelungen, zwei LPT-Labore dichtzumachen. Ein drittes ist noch übrig, in Löhndorf in Schleswig-Holstein. Dieses LPT ist auf Tests mit giftigen Chemikalien spezialisiert. Die Opfer sind Minischweine und Nager. Leider muss man sagen, dass die Behörden in der strukturschwachen Region offensichtlich auf der Seite des LPT stehen. Es ist schon erstaunlich, dass in Schleswig-Holstein so ein Labor noch arbeiten darf, in Niedersachsen und Hamburg aber nicht mehr. Denn warum sollte der Chef, der in zwei Bundesländern als Gefahr für Tier und Mensch eingestuft wird, an der Küste besser sein? Zumal wir auch für dieses Labor eine belastbare Zeugenaussage haben, nach der hier Studienergebnisse verfälscht wurden, weil Ratten während einer Studienphase elendig starben und einfach ersetzt wurden. Obwohl die Staatsanwaltschaft Ermittlungen aufnahm, scheint die Pharmaunternehmen, die diese Studien in Auftrag gaben, das nicht zu interessieren. Sie haben wohl eher die Befürchtung, dass sie Produkte vom Markt nehmen müssen, die auf der Basis gefälschter Tests entwickelt und zugelassen wurden – das wäre ein großer finanzieller Verlust. Auch die Erkenntnis, dass Glyphosat, das unter Krebsverdacht stehende Ackergift, im Rahmen von vierundzwanzig Tierversuchsstudien am LPT, wahrscheinlich in der Regel in Löhndorf, getestet worden war, erschütterte zwar die Menschen, aber nicht die Politik.

Inzwischen gibt es Pläne, das LPT in Neugraben wieder zu eröffnen. Es hatte einen Erfolg vor Gericht gegen die Stadt Hamburg, und leider entscheiden Gerichte in Deutschland häufig im Zweifel für die Tierquäler. Es ist also noch nicht vorbei. Wie immer im Tierschutz haben auch Erfolge oft einen bitteren Nachgeschmack, und manchmal gibt es Rückschläge. Entscheidend ist aber, dass es im Endeffekt vorangeht und man das Ziel nie aus den Augen verliert.

Mit dem Namen LPT ist einer der größten Erfolge verbunden, die wir jemals hatte. Lukas konnte seinen Erfolg gar nicht fassen, es ist wirklich beneidenswert. Aber der Erfolg zeigt eben auch: Die Zeiten haben sich geändert. Die Angst in der Branche der Tierversuchsunternehmen, wer als Nächster dran ist, ist größer denn je.

Schmutzkampagne gegen die *Soko Tierschutz* – Transparenz als Waffe

Im Jahr 2012 hatte ich bereits einige Jahre für eine große Tier-schutzorganisation gearbeitet und viele Recherchen für sie ge-macht. Nach diesen Jahren aber war ich ziemlich frustriert. Eigentlich hatte ich erfolgreich gearbeitet und war gegen die Produktion von Stopfleber, Lebendrupf und andere Probleme vorgegangen. Doch ich wurde ständig ausgebremst. Ich wurde gemaßregelt, wenn ich Gegner zu hart anfasste, vor allem auch dann, wenn es Gegner waren, die ein gewisses Prestige im Land besaßen. Ich wurde zurückgepfiffen, meine Pressemitteilun-gen – ich machte jahrelang die Öffentlichkeitsarbeit für meine Kampagnen – wurden redigiert, kritisiert und klammheimlich gelöscht. In Österreich ist es wichtig, den Schein zu wahren. In diesem Land, in dem ich damals lebte und arbeitete, wird vieles in Hinterzimmern beim Schnapseln geklärt, viel mehr noch als in Deutschland. Es gibt keine offene Streit- und Diskussionskul-tur. Das war immer ein Problem für mich. Ich hatte mir zudem eine eigene Bubble gebastelt mit eigenen Mitstreitern wie der Ungarin Dora, mit der ich gerne und gut zusammenarbeitete. Auch in Polen beispielsweise kannte ich gute Leute, mit denen ich gerne gemeinsame Projekte anging. Doch immer schwebte über mir das Damoklesschwert, denn meine Themen und die Tiere, für die ich kämpfte, waren nicht so gut in Sachen Spenden. Ich wollte zum Beispiel dringend etwas für Truthähne tun – aber Truthähne interessieren die Menschen nicht so sehr, weil sie für viele Menschen weder schön noch niedlich sind, und daher versprach sich die Organisation auch keine Spenden von einem solchen Einsatz. Auch das Thema Jagd war nicht angesagt, was mich ärgerte. Zusätzlich waren wir durch meine Arbeit in zwei große Prozesse um Schadensersatz verwickelt. Wir gewannen zwar beide, aber die Kollegen bekamen dennoch kalte Füße. Es war ein Minenfeld, in dem ich mich bewegte. Zudem nervte mich auch gehörig die Bürokratie in einer solchen Organisation mit vielen Mitarbeitern. Und es gab diese Philosophie: Je größer die Organisation wurde, desto besser. Wachstum an sich wurde als etwas Gutes angesehen. Aber wer wächst, braucht mehr Mitarbeiter, und mehr Mitarbeiter kosten mehr Geld. Das bedeutet, dass man mehr Spenden braucht. Man benötigt mehr Helfer, die einen unterstützen, die dann aber auch mitreden wollen. Das kann zu einem Teufelskreis werden.

Meine Hoffnung, diese Organisation modernisieren und ihr neue Wege aufzeigen zu können, gab ich nach einigen Jahren auf. 2012 war für mich Schluss, denn man wollte, dass ich anstatt der Themen für Nutztiere immer öfter zu den spendenträchtigen Hundewelpen arbeiten sollte. Ich schaute mich nach einer anderen Organisation um, stellte aber fest, dass mir die eine zu begrenzt ausgerichtet war, die andere zu groß und wiederum andere zu sehr auf Effekthascherei setzten. So entschloss ich mich, um solchen Problemen künftig aus dem Weg zu gehen, mich selbstständig zu machen. Mein Ziel war, eine kleine Organisation zu gründen, die nur wenige Mitarbeiter hat, sehr flexibel agieren kann und nicht so viele Rücksichten nehmen muss. So gründete ich die *Soko Tierschutz*. Der Name war abgeleitet von einem großen Polizeieinsatz in Österreich gegen die Tierschutzszene, der von einer eigens gegründeten *Soko Tierschutz* durchgeführt worden war. Der Name ist also eigentlich ein kleiner Scherz. Ein paar Kollegen sahen die ganze Sache so wie ich und machten mit. Weihnachten 2012 kündigte ich. Das war ein bewusst gesetztes Datum, denn die Organisation verriet damals gerade alles, wofür ich jahrelang gekämpft hatte, und liebäugelte mit einem Gütesiegel für Daunen. Weihnachten schien mir ein guter Anlass zu sein, ein Zeichen für Gänse und Enten zu setzen. Ich hatte aber gar nicht geplant, im großen Streit auseinanderzugehen.

Leider kam es dann doch dazu. Der Hintergrund war der Tod meiner damaligen Freundin, mit der ich auch im Tierschutz eng zusammenarbeitete. Sie war auf einem Gnadenhof aus dem Umfeld unserer Organisation eingesetzt worden und kam dabei ums Leben. Es handelte sich um einen Unfall, aber er wäre sicher vermeidbar gewesen, wenn die Bedingungen des Arbeitsschutzes besser gewesen wären. Sie fiel eine Treppe hinunter, und möglicherweise kam es dazu, weil die Stelle nicht ordentlich abgesichert war. Aber der einzige Zeuge, der dazu hätte aussagen können, verstarb ebenfalls bald darauf, auch bei einem Einsatz für die Organisation. Kurz darauf verunglückten weitere Menschen; zwei Jugendliche und ein Mitarbeiter verloren ihr Leben. Eine erschütternde Zeit, und ich war froh, dieser Organisation den Rücken gekehrt zu haben.

Man hat meine Freundin damals schlicht verheizt, ohne Rücksicht auf ihre eigenen Bedürfnisse und Schutzinteressen. Das ist kein Einzelfall in der Tierschutzszene. Ich halte das sogar für ein ganz großes Problem, aber natürlich ist es zugleich ein absolutes Tabuthema. Man hatte kein Interesse an einer Aufarbeitung, und ich wurde plötzlich als Feind wahrgenommen, weil ich der Sache auf den Grund gehen wollte. So eskalierte die Sache zu einer regelrechten Schlammschlacht. Klar ist, dass bei einem Einsatz ein Unfall passieren kann, aber man muss dann damit offen und ehrlich umgehen. Die Organisation wollte diese Offenheit nicht. Vom Tod meiner Freundin wurde auf der Homepage und in den Veröffentlichungen der Organisation nie berichtet. Ich rastete förmlich aus, als mich der Chef der Organisation aufforderte, doch ein Wording zu ihrem Tod zu vereinbaren und die Kommunikation entsprechend zu führen. Wie kann man nur so kalt und berechnend sein? Es kam zu einem Gerichtsprozess, der aber nichts erbrachte, außer dass die Fronten noch mehr aufrissen und aus Freunden Feinde wurden. Ich litt psychisch sehr stark unter der Situation, und es dauerte lange, bis ich mich einigermaßen davon erholte, was man auch daran sieht, dass ich in dieser Zeit 20 Kilogramm abnahm.

Soko Tierschutz wird gegründet

Es gab Momente, in denen mich der Hass und die Wut zu zerfressen drohten. Aber so etwas bringt überhaupt nichts, man leidet selbst am meisten darunter. Also versuchte ich, meine negativen Energien in etwas Positives umzuwandeln, und stürzte mich in die Arbeit für die neue *Soko Tierschutz*. Denn meine Freundin, die das Logo der Organisation, die Eule mit dem Stück Stacheldraht, gezeichnet hatte, konnte ich am besten ehren, indem ich für ihre Schützlinge kämpfte: für die Tiere.

Ich schaffte es schließlich, die Kurve zu kriegen. Im ersten Jahr recherchierte ich zu zwei Themen: Nerzöl und *Wiesenhof* – das ist wichtig, weil später die Frage aufkam, wer uns warum angriff. Nerzöl sind ausgequetschte Nerzkadaver, die zu Shampoo sowohl für Hunde als auch für Menschen verarbeitet werden, weil das Öl Haar und Fell glänzen lässt. Trotzdem glaubte ich, dass es viele Leute anekeln würde, wenn sie davon wüssten, denn die Tatsache, dass Nerzöl verarbeitet wird, ist völlig unbekannt. Die Kunden denken, es handele sich um synthetisch hergestelltes Material. Wir waren mit unserem ersten Anliegen äußerst erfolgreich – innerhalb von einem halben Jahr war Deutschlands Einzelhandel frei von Nerzöl. Wir mussten nicht viel recherchieren, es reichte, in der Öffentlichkeit darauf hinzuweisen und dazu Bilder aus Nerzfarmen zu zeigen, die ich ja aus China und anderen Ländern hatte. Die erste Veröffentlichung war vier Monate nach unserer Gründung bei RTL *Punkt 12,* und kurz danach war jegliches Nerzöl vom Markt verschwunden. Wenn wir uns mit einem plastinierten Nerzkadaver, den ich mir hatte anfertigen lassen, vor die Filiale einer Drogeriekette stellten, waren die Leute so angewidert, dass sie nicht mehr daran dachten, jemals wieder Nerzöl zu kaufen. Das begriffen die Händler auch sehr schnell. Eine Kette nach der anderen nahm es aus dem Programm. Dem Unternehmen, das das Produkt anbot, tat das sehr weh, weil es überhaupt nur vier Produkte im Angebot hatte. Und eines, wahrscheinlich das wichtigste, fiel jetzt weg.

Dass die *Soko Tierschutz* hinter der Anti-Nerzöl-Kampagne steckte, bekam eigentlich kaum jemand mit, weil alles so schnell ging und so unspektakulär war. Das wurde danach schnell anders. Denn anschließend begannen unsere Aufdeckungen zu *Wiesenhof,* über die ich ja schon berichtet habe. *Wiesenhof* war von der Serie von Aufdeckungen ordentlich durchgeschüttelt und ganz schön verwirrt von dem neuen Mitspieler, der doch irgendwie auch ein alter Bekannter war – in neuem Gewand.

Angriff im Internet

Irgendwann bemerkte ich, dass wir von außen angegriffen wurden. Das dauerte eine ganze Weile, es war anfangs eher so eine Ahnung im Unterbewusstsein. Ich war ziemlich beschäftigt und achtete gar nicht so genau darauf, was eigentlich um mich herum geschah. Eines Tages kam ein Bekannter zu mir und fragte mich, ob mir denn gar nicht aufgefallen sei, dass in verschiedenen Tierschutzforen regelmäßig die *Soko Tierschutz* schlechtgemacht werde. Nein, das war mir nicht aufgefallen. Dass in Foren schlecht über einen geschrieben wird, ist ohnedies Alltag. Es war auch damals schon eine Mischung aus Neid und Frust. Viele Leute sprechen viel von Tierschutz, fallen aber über jeden anderen Tierschützer her, sobald ihnen etwas nicht passt. Dennoch schaute ich mir die Sache an und musste tatsächlich feststellen, dass mein Bekannter recht hatte. Mehr noch, ich entdeckte sogar, dass es auf Facebook eine Fakeseite zur *Soko Tierschutz* gab. Sie hieß ebenfalls *Soko Tierschutz* und hatte einen Geier als Logo – wir haben ja eine Schleiereule als Symbol. Ich nahm meine Entdeckung nicht weiter ernst, denn die Seite hatte nur sehr wenige Likes. Aber das war ein Fehler. Ende des Jahres wies mich dann eine Freundin auf eine Presseerklärung im Internet hin, die unter meinem Namen veröffentlicht worden war. »Das liest sich aber sehr komisch«, meinte sie. Ich sah mir den Text an und musste ihr recht geben. Der Text war überhaupt nicht von uns, irgendjemand hatte ihn unter unserem Namen veröffentlicht. Es ging um das Leid der Weihnachtsenten.

Auch wenn die Sache gut getarnt war, stand in dem Text ziemlicher Blödsinn.

Wer ihn oberflächlich las, konnte wirklich auf den Gedanken kommen, da beschwere sich irgendeine Tierschutzorganisation über das Leid der Enten. Aber es fanden sich auch Behauptungen, nach denen wir mit Scripted Reality arbeiteten und unsere Aufnahmen bei Landwirten drehen könnten, die uns ihre Ställe zur Verfügung stellten. Das war natürlich Quatsch – es handelte sich um versteckten Schmutz, der uns in den Augen der Leser diskreditieren sollte. Darauf forschte ich im Internet nach, was eigentlich so alles über die *Soko Tierschutz* im Umlauf war – und mir gingen die Augen über. Jetzt wurde mir klar, dass ich mich den Einträgen über uns in den verschiedenen Foren doch früher hätte widmen sollen. Überall fand ich Kommentareinträge, die sich auffällig mit dem Inhalt der gefälschten Presseerklärung überschnitten. Das ging immer so, dass ein User oder eine Userin schrieb, er oder sie habe da von einer coolen neuen Organisation gehört mit dem Namen *Soko Tierschutz*. Es wurde stets die Frage in die Runde gestellt, was die anderen denn davon halten würden, schließlich seien doch so viele unseriöse Organisationen unterwegs, die die Gutgläubigen nur abzocken wollten. Daraufhin antwortete ein anderer User, bei der *Soko Tierschutz* müsse man vorsichtig sein, die seien schon in viele Skandale verwickelt gewesen. Aufpassen, Abzocker! Ein Dritter riet ebenfalls zur Vorsicht, und so ging es immer weiter. Uns wurde vorgeworfen, dass wir Spenden hinterzogen, Bilder fälschten, Bauern dafür bezahlten, dass sie Tiere quälten, und anderes mehr. Oft wurden wir mit PETA verglichen, und es schien mir so, dass die angeblichen User sich nicht so recht entscheiden konnten, wer denn nun schlimmer sei – die *Soko Tierschutz* oder PETA. Oder war die Kampagne erst gegen PETA geplant gewesen und dann schnell auf die neue Bedrohung, also uns, umgemünzt worden? PETA hatte nämlich erst kurz zuvor überraschend seine Aktionen gegen *Wiesenhof* beendet.

Bald kam auch schon die nächste Pressemitteilung, die angeblich von uns, tatsächlich aber eine Fälschung war. Sie wurde über so eine Dreckschleuder verbreitet, das sind unseriöse Agenturen, die einfach alles verbreiten, was ihnen angeboten wird, völlig ohne jegliche Prüfung des Inhalts. Also nicht vergleichbar mit dem Service *ots* von der *Deutschen Presseagentur* beispielsweise, die seriös arbeitet. Hier wurde nun die Mitteilung verbreitet: »*Soko Tierschutz* distanziert sich von den Vorwürfen.« Dann wurden zwölf Punkte aufgelistet, aber zu jedem einzelnen Punkt gab diese Erklärung eigentlich zu, dass der jeweilige Vorwurf doch irgendwie zutreffe. Am schönsten war vielleicht die Behauptung, dass ich massiv in Benzindiebstahl verwickelt sei – und ich »gestand« in dieser Pressemitteilung, dass ich nicht ganz ausschließen könne, dass es in Bezug auf die *Soko Tierschutz* tatsächlich solche Vorfälle gegeben habe. Ich bekam immer stärker den Eindruck, dass es irgendjemanden gab, der im Geheimen eine Parallelorganisation zu uns steuerte. Das Prinzip war ebenso einfach wie tricky: Erst schrieben sie irgendwelche völlig falschen Behauptungen auf, dann verfassten sie eine Pressemitteilung, die den Vorwürfen auf den ersten Blick widersprach, aber sie letztlich doch einräumte. Mir wurde klar, dass ich das bekämpfen musste. Ich rief bei der Agentur an, die die Mitteilungen verteilte. Aber dort zog man sich auf den Datenschutz zurück. Wenn ich wissen wolle, wer die Meldung einschicke und für die Verteilung zahlte, müsse ich die Staatsanwaltschaft einschalten.

Ich fragte mich natürlich, wer hinter der Sache steckte. Da gab es mehrere Möglichkeiten: meine frühere Organisation, das Unternehmen, das ich mit der Nerzölkampagne geschädigt hatte, und natürlich *Wiesenhof*. Ich kam aber nicht weiter und musste zusehen, wie das anonyme Vorgehen gegen uns von Woche zu Woche schlimmer wurde. Jede Woche mindestens einmal kam eine neue Fakemeldung dazu. Plötzlich gab es auch eine doppelte Homepage der *Soko Tierschutz*, nämlich neben unserer offiziellen Seite *soko-tierschutz.de* auch *sokotier-schutz.info*. Dabei handelte es sich einfach um einen Nachbau unserer Seite, die aber unglaublichen Dreck über uns ausschüttete. War die Kampagne bis dahin hinterhältig, aber nicht ungeschickt gewesen, so glitt sie nun doch ins Absurde ab. Sie versuchte, uns ins Lächerliche zu ziehen, zum Beispiel mit Fotomontagen, auf denen ich mit Geldscheinen abgebildet war, die auf mich niedersegelten. Die Hinterleute konnten sich offensichtlich nicht darauf einigen, ob ich ein kleiner bettelarmer Benzindieb war oder doch eher ein Multimillionär und Spendenabzocker.

Dann wurde die Sache heftig. Der Hintergrund war, dass die einstmals sehr angesehene, aber inzwischen eingestellte Seite *charitywatch* angeblich wieder online ging. Die Seite war ursprünglich von einem investigativen Journalisten aus Rosenheim ins Leben gerufen worden, der sich zum Ziel gesetzt hatte, unseriöse NGOs zu durchleuchten. Ich fand diese Arbeit toll, denn es gibt ja durchaus Organisationen, auf die der Vorwurf zutrifft, es gehe ihnen nur oder zumindest in erster Linie nur ums Geld und nicht um die Sache. Er hatte an NGOs aus verschiedenen Tätigkeitsbereichen Fragebogen verschickt, in denen er nach der Spendentransparenz, nach den Einsätzen und Gehältern der Mitarbeiter und anderes mehr fragte. Er handelte sich im Rekordtempo sehr viele Klagen ein, und ein Buch, das er geschrieben hatte, musste eingestampft werden. Irgendwann gab er auf und schickte *charitywatch* offline. Das sahen unsere Angreifer als Chance in ihrem perfiden Kampf gegen uns – sie erschufen *charitywatch* einfach neu, erstellten eine Homepage *charitywatch.info* und gaben sich wirklich viel Mühe damit. Im Impressum stand sogar die Adresse des ursprünglichen Betreibers, der jedoch mit dieser Seite überhaupt nichts zu tun hatte. Auf den ersten Blick wirkte die Seite so, als durchleuchte sie viele Organisationen, aber ausführlich ging es natürlich nur gegen uns. Der Rest war Fassade, das ganze Ding war ein reines Kampfinstrument gegen die *Soko Tierschutz*.

Auch die neue *charitywatch* fing nun an, Pressemitteilungen zu verschicken: »Warnung vor *Soko Tierschutz*«, »Vorsicht: Spendenabzocke« und so weiter. Witzig war, dass wir zum damaligen Zeitpunkt gar nicht über Geld verfügten. Meine Honorare, die ich bei der alten Organisation erhalten hatte, waren durchaus nicht schlecht gewesen, und ich hatte schon seit Längerem für die Zeit nach dem Ausstieg gespart. Doch das war mein privates Geld, das ich nun in die *Soko Tierschutz* steckte. Was wollte man mir vorwerfen? Wegen unserer Kampagne gegen *Wiesenhof* kamen dann im ersten Jahr ein paar Tausend Euro Spenden herein, aber damit konnten wir natürlich keine großen Sprünge machen. Also konnte man uns irgendeine Abzocke oder Unterschlagung gar nicht vorwerfen.

Aber es ist interessant, und das gilt auch heute noch, dass es bei Angriffen gegen uns fast immer um Geld geht. Fast immer glauben beispielsweise Bauern, die sich gegen uns wenden, dass Geld unsere Antriebskraft sei. Man behauptet, wir würden horrende Gelder von TV-Sendern bekommen, obwohl diese dafür viel zu geizig sind und wir unser Material grundsätzlich kostenlos abgeben. Daran erkennt man in erster Linie, in welcher Welt diese Leute selbst leben, denn sie kommen gar nicht von selbst darauf, dass es Aktivisten wie uns wirklich um das Wohl von Tieren geht.

Durch *charitywatch.info* wurde die Angelegenheit noch einmal auf eine neue Stufe gehoben, denn die ursprüngliche Seite kannten auch viele Journalisten, und so schauten sie auch jetzt wieder darauf, weil sie ja dachten, sie sei wieder online gegangen. Die meisten fragten anschließend bei uns nach, und ich erklärte ihnen die Hintergründe der Schmutzkampagne. Sie wollten aber nicht darüber berichten und sagten uns immer, wir sollten uns melden, wenn wir wüssten, wer dahinterstecke. Sie glaubten nicht, dass es sich um eine organisierte Kampagne handelte.

Tatsächlich aber fiel bald ein Journalist doch auf die Fälscher herein. Als ich die Kampagne gegen das Max-Planck-Institut startete, in der es um eine Undercover-Recherche in deren Affenversuchslabor ging, verlinkte das Labor auf seiner Seite die Hinweise auf *charitywatch.info*, um zu zeigen, wie unseriös wir seien. Auch die Wissenschaftler verlinkten die Seite in offenen Briefen gegen uns – ein beredtes Zeichen dafür, wie sie ihre Arbeit verstehen. Denn sollten nicht gerade Wissenschaftler grundsätzlich sehr sauber und sorgsam mit ihren Quellen umgehen? Die renommierte *Frankfurter Allgemeine Zeitung* tat sich ebenfalls nicht gerade positiv hervor. Sie veröffentlichte den Gastbeitrag eines Autors, der dem Institut nahestand, aber eigentlich überhaupt keine Ahnung hatte. Auch er bezog sich dezidiert auf die Schmutzkampagne. Der gute Mann behauptete, es sei ja wohl allgemein bekannt, dass Friedrich Mülln ein Spendenbetrüger sei. Die *FAZ* handelte sich damit einen sogenannten Hinweis, die Vorstufe einer Rüge des Presserates ein, dass ihr Vorgehen nicht korrekt gewesen sei. Es war aber das einzige Mal, dass diese ganze Schmutzkampagne wirklich in den Medien gefruchtet hat.

Im Internet jedoch zeigte sie Wirkung, und so machte ich mich daran, gezielt die Avatare zu stalken, die in den Kommentaren über uns herzogen. Auch auf Facebook gab es inzwischen eine ganze Reihe davon. Ich fand heraus, dass deren Fotos zum Teil aus amerikanischen Bibelbroschüren geklaut waren oder von Werbeagenturen stammten. Die Leute, die hinter den Avataren steckten, versuchten inzwischen gezielt, sich in meinen Freundeskreis einzuschleichen, indem sie Freundschaftsanfragen versandten, Tierschutzprofile erstellten und so weiter. Teilweise gelang ihnen das sogar. Es war klar, dass ein Muster dahintersteckte. Unklar blieb aber, ob dahinter ein ganzes Team von Leuten steckte oder doch eher eine Person mit starkem Hang zur Schizophrenie. Zum Teil waren die Dinge, die da produziert wurden, geradezu exzellent gemacht, wie die gefälschten Pressemitteilungen, zum Teil aber auch total dilettantisch, dumm und lächerlich. So gab es zum Beispiel ein Video auf YouTube, in dem Szenen aus Pornos mit Sequenzen aus Videos von mir verschnitten waren. Das sollte suggerieren, dass ich irgendwo als Sextourist unterwegs sei. Ob Team oder schizophrene Einzelperson, weiß ich bis heute nicht sicher, aber ich gehe eher davon aus, dass es sich um ein Team gehandelt haben muss.

Natürlich konnte ich trotz meiner Nachforschungen alleine nicht viel ausrichten gegen diese anonymen Angreifer. Ich schaltete einen Anwalt ein, der Abmahnungen und Unterlassungserklärungen an die Verteilagentur verschickte. Immerhin waren manche dieser Mitteilungen auf mehr als hundert Seiten im Internet gespiegelt. Das waren Seiten, die in South Carolina, Neuseeland oder in der Ukraine gehostet waren, es war also sehr schwierig, die Betreiber zum Löschen zu veranlassen. Auch gab es Seiten darunter, die sich auf neonazistische Inhalte spezialisiert hatten. Das war eine sehr anstrengende und intensive Arbeit. Manchmal machte ich tagelang nichts anderes, als nach diesen Fakemitteilungen zu forschen. Der Schwerpunkt der Hetzkampagne ging über zwei Jahre, aber Überreste kann man noch immer im Netz finden, und sie werden wohl auch immer dort stehen bleiben.

Ich schaltete auch die Staatsanwaltschaft Augsburg ein, die über eine Cybercrime Division verfügt. Hinter diesem coolen Namen steckt in der Realität ein einzelner Mensch hinter einem miefigen Schreibtisch, aber der gab sich immerhin viel Mühe. Und er war sogar erfolgreich, er deckte nämlich schließlich einen Hintermann der ganzen Kampagne auf. Ihm fiel auf, dass dieser Mann bei der allererstern Mitteilung, die er geschrieben hatte, eine sogenannte Rescue-E-Mail-Adresse hinterlassen hatte. So etwas richtet man ein, um im Notfall wieder Zugriff auf die Seite zu bekommen. Es war zwar eine falsche Adresse, aber sie war bei *Yahoo* auf einen Klarnamen registriert. Das führte zu einer PR-Firma in der Schweiz, die sich auf sogenanntes Reputationsmanagement spezialisiert hatte. Dieser Typ hatte inzwischen eine Reihe weitere Domains geschaffen wie *sokotierschutzbetrug.com* oder *friedrich-muelln-steuerbetrüger-spendenabzocker.com* – es wurde völlig absurd. Ein MDR-*Fakt*-Journalist, der Recherchen aufnahm, fand heraus, dass diese Firma ein ganzes Netzwerk betrieb und auch eine Zweigstelle in Frankfurt am Main hatte, und er berichtete darüber. Die Polizei machte wieder einmal einen guten Job, aber die Staatsanwaltschaft stellte das Verfahren wegen angeblichen mangelnden öffentlichen Interesses ein. Das war für mich ein harter Brocken – immerhin hatten ARD, ZDF und die *FAZ* über die Sache berichtet. Kein öffentliches Interesse?

Noch immer wusste ich also nicht, wer denn nun ganz am Anfang der Kampagne stand, wer der Urheber war. Ich setzte eine Belohnung für Hinweise aus, eine Art Kopfgeld in Höhe von mehreren Tausend Euro. Denn ich wollte die Hintergründe wissen, schon, um solche Fälle in Zukunft verhindern zu können. Immerhin hielt mich die lästige Sache zeitweilig sehr von meiner eigentlichen Arbeit ab. Ich bekam auch sehr viele Hinweise. Alle zeigten in Richtung Tierhaltungsindustrie, und die meisten davon auf die Geflügelindustrie. Es meldete sich sogar ein verrückter Hacker, der uns anbot, das Geheimnis auf illegale Art und Weise zu ergründen. Auf solche Honigfallen gehe ich aber nicht ein. Der Blick ging natürlich auch zu *Wiesenhof,* die wir so sehr geärgert hatten. Der Juniorchef beteuerte mir gegenüber aber hoch und heilig, sein Unternehmen habe mit der Sache nichts zu tun. Die Hinweise dazu hebe ich für die Zukunft trotzdem gut auf ...

Ich fuhr in die Schweiz und nahm den Unternehmer unter die Lupe. Ich setzte mich sogar nachts mit einem Nachtsichtgerät vor sein Haus in unverbaubarer Bestlage am See und spielte mit dem Gedanken einer längeren Observierung – über die technischen Möglichkeiten dafür hätte ich verfügt. Dann entschied ich mich dagegen. Denn das Ziel solcher Leute ist ja, dass man entweder kaputtgeht oder, wenn das nicht funktioniert wie in meinem Fall, dass man sich nur noch mit ihrer Kampagne beschäftigt und so keine Zeit mehr für seine eigentlichen Aktivitäten hat. Genau das ist ja auch der Hintergrund von Shitstorms. Meine Kolleginnen und Kollegen entschieden dann mit mir gemeinsam, es einfach dabei zu belassen. Ohnedies ließ die Schmutzkampagne schlagartig in dem Moment nach, als ein ARD-Team mit der Kamera bei ihm vor der Tür stand. Für den Kampf gegen uns war dieser Mensch verbrannt, als klar war, dass er es war, der ihn führte.

Mir ist wichtig, dass die *Soko Tierschutz* vollkommen transparent arbeitet. Jeder kann auf unserer Homepage einsehen, wie viel Geld wir einnehmen und wofür wir es ausgeben. Man kann sehen, wer bei uns arbeitet und wie viel Gehalt gezahlt wird. Transparenz ist eine Waffe gegen solche Schmutzkampagnen. Wir nahmen unsere Aktivitäten wieder auf, und im Prinzip haben wir durch unsere Arbeit in den folgenden Jahren jeden hart getroffen, der hinter der Kampagne hätte stecken können. So gesehen steckten wir alle in den Sack, schlugen drauf – und trafen sicher auch den Richtigen. Es hat seitdem auch niemand mehr versucht, eine vergleichbare Kampagne gegen uns zu fahren. Folgen hatte die Sache für unser Ansehen auch nicht. Damals hatten wir knapp 20 000 Euro Spendeneinnahmen auf dem Konto, Ende 2019 waren es fast über eine Million Euro.

Ansonsten halte ich es längst so, dass ich diesen Dreck, der im Internet über uns manchmal veröffentlicht wird, einfach nicht mehr lese. Ich lasse mich nicht zum Gefangenen solcher Leute machen. Allerdings sind wir inzwischen gut gewappnet gegen den Fall, dass es eines Tages wieder zu einer solchen gezielten Kampagne kommen sollte, und haben feste Abläufe mit einer viel härteren juristischen Gegenwehr installiert, die sofort einsetzen. Ich finde es immer wieder schön, wenn irgendein Tierhalter, der den alten Mist aus der Schmutzkampagne findet und teilt, mit 1000 Euro Abmahnung dabei ist. Das Geld fehlt ihm dann woanders …

Bullshit-Bingo

So nennt man das, was einem passiert, wenn man sich mit den Zusammenhängen der Tierausbeutung beschäftigt und persönliche Konsequenzen zieht, die anderen nicht schmecken. Ich bekomme häufig Fragen gestellt – hier ein Leitfaden aus siebenundzwanzig Jahren Bullshit-Bingo mit Fleischfreunden.

Frage: Willst du den Löwen auch zum Veganer machen?
Antwort: Nein, er ist Fleischesser und Wildtier. Du bist Mensch und im Supermarkt. Du hast die Wahl und bist KEIN Löwe.

Frage: Der Regenwald wird für euer Soja abgebrannt!
Antwort: Der Regenwald wird für das Futter für die Massentierhaltung abgeholzt und abgebrannt. Unser Soja stammt überwiegend aus Europa, und Veganer sind sehr sensibel für Umwelt und Nachhaltigkeit.

Frage: Warum muss dein Essen wie Wurst aussehen?
Antwort: Warum sieht deine Wurst nicht wie ein ermordetes Tier aus? Deine Wurst ist ein schlechtes Plagiat der Banane. Warum soll ich auf Gewohnheiten und Praktisches verzichten? Ich möchte nur nicht, dass Tiere leiden.

Frage: Wo bekommst du dein Protein her?
Antwort: Wo es die Tiere, die du isst, auch herbekommen: von Hülsenfrüchten (Linsen, Erbsen, Soja), Vollkornbrot, Nüssen und Seitan.

Frage: Du musst aber dieses Vitamin B12 nehmen!
Antwort: Ja, richtig, und das weißt du sicher von einem Veganer. Wir beschäftigen uns mit unserer Ernährung und nehmen, was

wir brauchen, lieber direkt auf. Die Tiere erhalten die B12-Pillen und viele weitere künstliche Nahrungsergänzungsmittel im Futter. Was glaubst du, für wen sind noch mal diese riesigen Vitaminregale im Supermarkt? Für die paar Veganer?

Behauptung: Wenn das Fleisch nicht hier konsumiert wird, dann geht es in den Export ins Ausland!
Antwort: Das passiert jetzt schon massenhaft, und zum Glück beschäftigen sich die Menschen weltweit mit ihrer Ernährung und den Folgen. Darum heißt es: lokal handeln, global verändern.

Frage: Was kann man denn dann noch essen?
Antwort: Tausende verschiedene Pflanzen, Pilze, Obstsorten und Nüsse. Daraus entstehen Pflanzenmilch, Joghurt, Schokolade, Käse und Fleisch – ganz ohne Tierleid.

Frage: Ist das vegane Zeug nicht voll von Chemie?
Antwort: Also, Chemie ist erst mal alles. Auch Wasser. Eine Banane ist ein regelrechter Chemiecocktail. Aber abgesehen davon gibt es wie bei jeder Ernährung Produkte, die mehr oder weniger industriell verarbeitet sind. Da kann man frei entscheiden. Veganes Fast Food und Süßigkeiten sind nicht gesund und haben auch oft ähnlich viele Inhaltsstoffe wie ihre Verwandten aus Tierprodukten. Aber sie sind lecker und töten eben keine Tiere. Natürlich sollte man nicht nur von veganem Mamba und Pommes leben!

Behauptung: Ohne Fleisch wären wir nicht da, wo wir heute sind.
Antwort: Mag sein – aber ohne Folter, Krieg und Ausbeutung armer Länder auch nicht. Fakt ist: Jetzt und in Zukunft brauchen wir Fleisch nicht. Vielleicht wären wir aber ohne Fleisch auch viel weiter und könnten auch noch in hundert Jahren weiter kommen.

Behauptung: Vegan ist zu extrem.
Antwort: Alles, was in diesem Buch beschrieben wird, ist extrem. Aber die Tiere, die Umwelt und uns alle zu schützen, das ist nicht extrem, sondern vernünftig.

Behauptung: Pflanzen haben auch Gefühle.
Antwort: Dann sollte man erst recht nicht Milliarden davon an Tiere verfüttern, um diese dann essen zu können. Evolutionär würde Schmerzempfindung bei Pflanzen keinen Sinn machen, da sie nicht reagieren beziehungsweise fliehen können. Die Pflanzen haben da andere Methoden: Stacheln, Gift etc. Warum werden Fleischesser in der Diskussion mit uns eigentlich immer so extreme Pflanzenrechtler, obwohl ihre Tiere Unmengen davon verschlingen?

Frage: Wenn du allein auf einer Insel bist, auf der es nur Schweine gibt – würdest du dann Fleisch essen?
Antwort: Ja, das ist Bullshit-Bingo. Stell dir vor, du bist auf dem Mond. Nur du und ein Würfel Tofu ...

Behauptung: Ich esse eh nur bio.
Antwort: Wer das Bio-Kapitel dieses Buches gelesen hat, weiß, dass der Bingopartner wahrscheinlich gerade irrt oder lügt.

Frage: Warum tust du nichts für Kinder, Afrika ...
Antwort: Was tust du für Afrika? Du zerstörst deren lokale Märkt mit deinen Geflügelabfällen. Du schürst den Welthunger, indem du wertvolles Protein aus der Dritten Welt in die Hühnermast steckst und den Menschen den Fisch vor der Nase wegfangen lässt.

Frage: Was machen wir dann mit den ganzen Flächen?
Antwort: Wir geben Sie der Natur und damit uns zurück. Wald hilft uns, die Zukunft zu überleben. Kulturlandschaften zu erhalten schafft gute Jobs für ehemalige Tierausbeuter.

Frage: Dein Palmöl und deine Avocados machen alles kaputt.
Antwort: Völlig richtig – beides sind problematische Produkte. Aber wenn du schon wie wir gelernt hast, auf Inhaltsstoffe zu achten, dann ist es einfach, hier zu handeln, und VeganerInnen sind bei diesen Themen sensibler als normale Konsumenten.

Frage: Wo hin mit den Tieren, wenn man sie nicht isst?
Antwort: Sie werden nicht mehr existieren, da sie künstlich vermehrt werden und wild lebend gar nicht lebensfähig sind. Niemand wird ein Turbohuhn vermissen, das nach vierzig Tagen nicht mehr laufen kann. Nicht einmal das Huhn selber wird dieses Leben vermissen.

Behauptung: Hitler war Vegetarier.
Antwort: Hitler aß gerne Tauben und Kaviar und versuchte, weniger Fleisch zu essen, weil er davon Magen-Darm-Probleme bekam. Stalin, Mao, Napoleon waren übrigens Fleischesser.

Behauptung: Eine Veganerin hat ihr Kind verhungern lassen.
Antwort: Interessant. Millionen Menschen lassen ihre Kinder verwahrlosen, ihre Zähne vergammeln und machen sie fettleibig, aber wenn eine Person, die zufällig auch noch vegan lebt, so etwas macht, erfahren wir es, selbst wenn es in Australien passiert ist, als Schlagzeile. Hey, Veganer sind nicht Jesus, sie bauen auch mal Mist, und es gibt sogar einige richtige Verbrecher unter ihnen.

Schluss:
Der Kampf geht weiter

it Gegnern muss man leben. Das gilt insbesondere dann, wenn man sich regelmäßig mit einer ganzen Branche anlegt, in der viel Geld verdient wird. Sehr viel Geld. Das war die erste Lektion, die ich lernen musste. Die wichtigste Erkenntnis aber, die ich aus meiner inzwischen jahrzehntelangen Arbeit für die Tierrechte gezogen habe, lautet: Man muss Geduld haben und Geradlinigkeit beweisen. Geduld ist einfach das Wichtigste. Gleich danach kommt die Fähigkeit zur Reflexion. Und dann darf man trotz allem niemals eine Fähigkeit verlieren: die zum Optimismus. Wenn man diese drei Qualifikationen nicht hat, wird man bei einer Arbeit, wie wir sie bei der *Soko Tierschutz* machen, schnell zugrunde gehen.

Warum Geduld? Jeder, der sich für den Schutz und das Wohl von Tieren und gegen die industrielle Massentierhaltung einsetzt, muss sich darüber im Klaren sein, dass dieser Kampf lange dauert. Wir kämpfen gegen gesellschaftliche Traditionen und Gewohnheiten und politische Strukturen an, die sich in Jahrzehnten und Jahrhunderten entwickelt haben – die können wir nicht binnen weniger Monate oder auch nur Jahre beseitigen. Das ist übrigens auf allen gesellschaftlichen oder politischen Feldern so, man schaue sich doch nur den Kampf der Suffragetten um die Wende vom 19. zum 20. Jahrhundert für die Gleichberechtigung der Frauen an. Heute sind wir da schon sehr weit gekommen, aber noch immer ist nicht alles erreicht. Man sollte daher auf keinen Fall auf irgendeinen schnellen Erfolg zu sehr hinfiebern.

Das ist ein Fehler, den viele Gutwillige machen, die sich für Tierschutz und Tierrechte einsetzen. Sie hoffen oft, dass der Erfolg sehr bald kommt – und tritt er dann nicht ein, sind sie enttäuscht und frustriert. Sie geben im schlimmsten Fall wieder auf oder entwickeln Hass. Ohnedies sage ich mir nach jedem Einsatz, ganz gleich, wie er ausgegangen ist: Du hast es versucht, das ist schon mal sehr viel wert. Wenn ich erfolgreich war, freue ich mich; wenn nicht, habe ich es immerhin versucht und vielleicht für das nächste Mal etwas gelernt. Man muss eine gesunde Balance zwischen Euphorie und Enttäuschung finden.

Warum Reflexion? Es ist doch ganz einfach so: Wenn man mit dem Kopf nicht durch die Wand kommt, kommt man mit dem Kopf eben nicht durch die Wand. Will sagen: Bei jedem neuen Projekt und vor allem nach Misserfolgen muss man sich immer wieder überlegen, wie man etwas anders machen kann, besser; welche neue Wege man gehen kann. Ich liebe diese Puzzlearbeit, die mich immer wieder fordert, aber auch häufig eiskalt klarstellt, dass ich auf dem gewohnten oder ersehnten Weg nicht weiterkomme. *Schließlich: Warum Optimismus?* Wenn man nicht daran glaubt, dass man gewinnen kann, dann gewinnt man auch nicht. Das ist eine alte Kriegslehre, trifft aber beispielsweise auch im Sport zu.

Ich gebe zu, dass ich manchmal ehrlichen Hass in mir fühle, wenn ich sehe, wie wehrlose Tiere brutal gequält werden, oder wenn ich mal wieder den Bescheid einer Staatsanwaltschaft über die Einstellung eines Verfahrens gegen einen Tierschänder erhalte. Aber diese Gefühle bringen nichts, damit treibt man sich nur in die Verzweiflung. Wichtiger ist, dass wir im Lauf der Zeit eine immer größere Zahl von Menschen hinter unser Ziel bringen. Das gilt für das allgemeine Ziel der Tierrechte genauso wie für einzelne Projekte. Wenn mich User auf Facebook, drei Wochen nachdem wir das erste Mal einen Bericht des Grauens über ein Tierversuchslabor gebracht haben, empört fragen, warum dieses Labor von den Behörden noch immer nicht geschlossen wurde, dann muss ich sie grundsätzlich daran erinnern, dass noch niemals in ganz Europa ein solches Labor geschlossen wurde. Das Tierversuchslabor LPT war Anfang 2020 das erste, das seine Arbeit einstellen musste. Das ist ein Riesenerfolg! Aber man muss auch realisieren, dass man verlieren kann. Und oft liegt das Ergebnis irgendwo zwischen Sieg und Niederlage. Es gibt Teilerfolge, die etwas bringen, aber eben auch nicht der eine große Sieg sind. Man darf sich bei unserer Arbeit nicht von Emotionen leiten lassen, so schwer das auch sein mag.

Streng legal

Ungesetzliche Mittel lehne ich grundsätzlich ab. Als ich dreizehn oder vierzehn Jahre alt war, hätte ich am liebsten jede einzelne Legebatterie niedergebrannt. Ich verstand aber schon früh, dass ein solches Vorgehen nur zu Eskalation führt, zu Angst und Gegengewalt. Übrigens hat auch der schlimmste Tierversuchsforscher eine Familie und Angst um sie – das hat niemand verdient. Leider nimmt vor allem in den sozialen Medien die Empörung oft überhand, und ich komme mir manchmal fast wie ein Priester vor, der Gewaltfreiheit predigt. Der Grundsatz ist klar: Keine Gewalt! Es gibt gute Gründe, warum es in einem Rechtsstaat wie Deutschland ein Gewaltmonopol des Staates gibt. Ich sehe in der Tendenz, dass wütende Tierschützer das Vertrauen in unsere Demokratie verlieren, eine ganz gefährliche Entwicklung, vor der ich nur eindringlich warnen kann. Wer so reagiert, läuft Gefahr, irgendwelchen Rattenfängern ins Netz zu gehen, die den Tierschutz nur vor sich hertragen, in Wirklichkeit aber ganz andere Ziele haben. Früher hat das mal die NPD versucht, heute macht das ziemlich massiv die AfD.

Wer auf die Behörden schimpft, sollte sich immer auch bewusst machen, in welcher Situation sie sich befinden. Die Polizei macht in Sachen Tierschutz meiner Meinung nach einen guten Job. Die Staatsanwaltschaften und auch die Gerichte dagegen haben extrem viel Aufholbedarf. Sie hinken der Polizei weit hinterher, was aus meiner Sicht an politischen Rücksichtnahmen liegt. Außerdem muss ganz einfach ein Generationenwechsel her, der aber ja auch schon in vollem Gange ist. Doch machen wir uns nichts vor: Verwaltungen reagieren häufig nur auf Druck, und diesen Druck müssen wir aufrechterhalten. Aber manchen engagierten Tierschützern muss ich zurufen, dass es dabei nicht um Hass gehen darf. Hasst nicht »die Polizei« – die gibt es nämlich gar nicht. Es gibt Polizeibeamte und Polizeibeamtinnen, die sich vollkommen vegan ernähren, ebenso wie solche, die politisch rechts oder links stehen. Man muss da differenzieren. Es sind Menschen, die ihren Job machen, und so, wie man sie behandelt, so behandeln sie einen zu einem Stück weit auch. Also: Widerstand gegen Fehlentscheidungen der Behörden leisten und sie unter Druck setzen, aber auch realisieren, dass Behörden mit Mechanismen arbeiten, die Zeit brauchen. Eine Behörde kann nun mal nicht einfach einen Schalter umlegen und ein Tierversuchslabor oder einen Kuhstall von heute auf morgen dichtmachen. In einem Rechtsstaat haben beide Seite Rechte, die geachtet werden müssen – das gilt auch für den Massentierhalter oder einen Schlachthof. Sie haben genau die gleichen Rechte, sich gegen den Verwaltungsakt einer Behörde zur Wehr zu setzen, wie die Tierschützer. Und das ist auch gut so, denn sonst hätten wir einen Willkürstaat für Tiere. Wir wollen aber einen Staat, der auf faire Weise dem Schutz von Tieren und der Umwelt Recht und Geltung verschafft.

Im Übrigen sollte sich jeder, der sich für den Schutz von Tieren einsetzen möchte, über eines klar sein: Tierschutz beginnt zu Hause und im eigenen Alltag. Man kann sehr viel tun, ohne dass man nachts heimlich um Ställe herumschleicht. Jeder kann mitmachen, und jeder kann für seine Familie, seine Freunde und seine Kollegen ein Vorbild sein. Wie? Ganz einfach: Man muss Tierschutz nur leben. Mir ist jeder, der beim Einkauf im Supermarkt darauf achtet, tierfreundlich produzierte Lebensmittel zu kaufen, tausendmal lieber als jemand, der auf einer Tierschutzdemo ausrastet oder gar irgendwelche Anschläge verübt. Nein – Tierschutz leben, das ist das Wichtigste. Eine Arbeit, wie meine Kollegen und ich sie machen, können ohnedies nur ganz wenige bewerkstelligen. Man muss die Kapazitäten dafür haben, und über die verfügen die allermeisten Menschen ja in ihrem Alltag überhaupt nicht. Nicht zuletzt braucht es sicher auch gewisse Qualitäten und Fähigkeiten. Ich kenne nicht wenige Aktivisten, die an dieser Aufgabe gescheitert sind. Es gibt aber auch andere Felder, auf denen man sich engagieren kann, und sei es die Kunst, die sich mit Tierschutz beschäftigt. Niemand wird gezwungen, durchs Gebüsch zu robben oder durch stinkende Gülleseen zu waten – aber wer das unbedingt machen möchte, der kann sich gerne bei uns melden und mitarbeiten. Bitte vergesst aber auch nicht, dass rechtswidrige Aktivitäten, wie das Eindringen in Farmen, nicht nur für euch, andere Menschen, sondern auch für die Tiere und auch unsere Arbeit gefährlich sein können.

Doch mein Blick geht nicht nur zu den einzelnen Menschen, sondern auch zur Politik. Die Politik muss Tiere endlich ernst nehmen. Sie muss das existierende Tierschutzgesetz anwenden und nutzen. Wenn das passieren würde, wäre ein großer Teil der heutigen Massentierhaltung bald am Ende. Einmal abgesehen davon, dass das deutsche Tierschutzgesetz Tiere zu nutzbaren Kreaturen macht, ist es eigentlich gar nicht so schlecht, es müsste nur konsequent angewandt werden. Es ist beispielsweise ausdrücklich verboten, Tiere zu verstümmeln. Damit wäre die Schweine- und die Putenmast eigentlich schon erledigt, denn solche Verstümmelungen geschehen dort täglich massenhaft. Es ist ebenso ausdrücklich festgelegt, dass Tiere artgemäß gehalten werden müssen – damit ist doch schon klar, dass ein Quadratmeter für ein Schwein nicht möglich ist.

Die Politik braucht den Mut, sich gegen die mächtige Agrar- und Bauernlobby durchzusetzen. Diesen Mut hat sie aber leider nicht. Leider ist klar, wer noch immer die größten Verlierer in unserer Gesellschaft sind: die Tiere.

Druck auf die Politik

Ich glaube allerdings, dass sich das jetzt allmählich – Stichwort Geduld! – ändern wird, weil der ökologische Druck auf die Politik aus der Gesellschaft heraus wächst. Wenn die Politik nicht reagiert, besiegelt sie damit irgendwann unseren Untergang, denn all die ökologischen Debatten, die jetzt um den Klimaschutz geführt werden, zeigen ja, wie eng der Tierschutz mit der Rettung des Klimas zusammenhängt. Tierschutz ist immer auch Klimaschutz, und das wird langsam immer mehr Menschen klar. Ich selbst bin als Jugendlicher in erster Linie aus ökologischen Gründen zum Veganer geworden, nicht, weil für mich der Schutz der Umwelt im Vordergrund stand. Menschenschutz und Tierschutz gehören untrennbar zusammen. Der einfachste Weg, den Klimawandel einzudämmen – verhindern kann man ihn meiner Meinung nach nicht mehr – und ihn so zu gestalten, dass nicht Millionen oder Milliarden Menschen schreckliches Leid dadurch erfahren, ist, dass jeder Einzelne seine Ernährung umstellt. Wenn mich Menschen fragen, was man meiner Ansicht nach denn gegen den Klimawandel tun könne, antworte ich immer: Auf Mobilität völlig zu verzichten ist unmöglich, und selbst ich möchte nicht auf meinen Urlaub verzichten. Aber ein Veggiesteak kaufen statt eines Schweinesteaks oder sich viel stärker von Obst und Gemüse ernähren, das kann jeder relativ unkompliziert machen. Es ist gigantisch, was auf diesem Weg für das Klima erreicht werden kann.

Konsumverhalten

Es gibt drei Varianten, wie man sich als Konsument verhalten kann. Davon sind zwei konstant und eine ist im Fluss.

Variante 1: Man lebt ausschließlich vegan. Damit wären viele Probleme gelöst, wenn auch nicht alle. Veganer sind nicht allen Zwängen der Welt enthoben, aber eine vegane Lebensweise verursacht nur einen minimalen ökologischen Fußabdruck, ist einfach zu handhaben, gesund, und in den meisten Fällen ist vegane Ernährung auch lecker.

Variante 2: Die konventionelle Lebensweise. Man kann dazu stehen und sagen, dass einem alles egal ist und man nicht herumheucheln möchte. Man kauft nur die billigsten Lebensmittel, ist desinteressiert am Schicksal der Tiere und sorgt dafür, dass die Erde möglichst schnell von der Menschheit befreit wird. Das ist ehrlich. Ich fühle mich manchmal wohler, wenn ich mit solchen Menschen diskutiere, als wenn ich mit Leuten rede, die davon erzählen, wie unglaublich ökologisch sie leben, es in Wahrheit aber gar nicht tun. Das sind die beiden konstanten Varianten.

Variante 3 ist die, die im Fluss ist. Diese Menschen liegen zwischen 1 und 2. Das sind Menschen, die eigentlich das Beste im Sinn haben und sich überlegen, ob sie von Tierprodukten allmählich wegkommen, nach dem Motto *reduce, refine, replace*. Dafür muss man sich mit den Lebensmitteln beschäftigen, die man konsumiert. Man muss sich genau ansehen, welche Inhaltsstoffe drin sind, und man muss sich dafür interessieren, wie es den Tieren geht. Und zwar nicht nur von der Mast zur Schlachtung, sondern von A bis Z, also die ganze Kette, die das Tier durchläuft. Und da spielen halt auch wahrscheinlich bisher unbekannte Worte wie Elterntierhaltung, Brüterei oder Ausstallertrupp eine Rolle. Wer sich solches Wissen aneignet, wird entweder bald zur Variante 1 wechseln, oder er kann alles, was er nun weiß, mit seinem Gewissen vereinbaren. Es sind sehr viele Menschen, die sich derzeit in diesem Fluss befinden. Und das sind genau die Menschen, mit denen ich arbeite, die ich zu überzeugen versuche. Das sind Menschen, die ich nicht verloren gebe, denen ich die Informationen verschaffen möchte, die sie brauchen, um ihre Konsumweise zu ändern und den Fluss in die richtige Richtung zu lenken. Deshalb fahre ich nicht gleich jedem über den Mund, der behauptet, er würde nur Bio-Produkte kaufen, sondern ich versuche ihm klarzumachen, dass das nicht die Lösung sein kann, und erkläre ihm, was hinter Bio-Fleisch steckt.

Mir ist klar, dass es für viele Menschen ein langwieriger und schwieriger Prozess ist, von einer konventionellen zu einer veganen Lebensweise zu kommen. Fleisch zu essen ist tief verankert in unserer Kultur. Man geht gerne gut essen und freut sich an Weihnachten über den Gänsebraten. Der Mensch ist ein Gewohnheitstier, er schafft sich seine Komfortzonen und schottet sich ab. Dazu wird man auch noch geschickt von der Werbung eingelullt. Inzwischen gewinnt man ja durch die Werbung den Eindruck, dass 90 Prozent aller Kühe lachend auf grünen Wiesen stehen und sich ihres Lebens freuen. Im Internet werden die Menschen wiederum überschüttet von Horrormeldungen. Letztlich werden sie mit all den Informationen und Fehlinformationen ziemlich alleine gelassen. Mich erinnert, wie ich schon erwähnte, die heutige Diskussion über vegane Lebensweisen an die Suffragetten, die um die Wende vom 19. zum 20. Jahrhundert für die Frauenemanzipation stritten. Es war damals völlig normal, dass Männer über das Schicksal der Frauen bestimmten, in allen Bereichen des Lebens. So wie es heute völlig normal ist, dass die Menschen in einen Supermarkt gehen und ein ermordetes Tier kaufen. Die Suffragetten begannen, dagegen anzugehen, und anfangs wurden sie sogar dafür geschlagen oder eingesperrt.

Heute gibt es Menschen wie mich, die für die vegane Lebensweise streiten. Es freut mich zu sehen, dass es heute gute vegane Restaurants gibt oder Restaurants, die zumindest vegane Gerichte anbieten, sodass die unterschiedlichen Essgewohnheiten Freunde nicht mehr daran hindern, einen netten gemeinsamen Abend im Restaurant zu verbringen. Inzwischen gibt es sogar Sterneköche, die vegan kochen, und ich kann an Weihnachten meine vegane Ente essen, die gar keine richtige Ente ist, sondern nur so aussieht und so ähnlich schmeckt – tatsächlich ist sie aus Weizen hergestellt. Denn auch ich esse an Weihnachten gerne mit der Familie Ente mit Knödel und Rotkraut, schließlich bin auch ich ein Gewohnheitstier. Dieser Kampf um die Ausbreitung der veganen Lebensweise ist ein Wechselbad der Gefühle. Manchmal habe ich den Eindruck, es geht gar nicht voran, und dann bin ich wieder sehr optimistisch.

Was die Preise angeht, so muss man übrigens durchaus auch in der Veganbranche eine Fehlentwicklung feststellen. Es gibt Produzenten, die den dreifachen Preis verlangen, weil in ihrer Ware weniger enthalten ist als in herkömmlichen Lebensmitteln, nämlich kein Fleisch. Zurzeit werden die Kunden von manchen Herstellern veganer Waren gnadenlos abgezockt – anders kann man das gar nicht ausdrücken. Man kann aber mit ein wenig Einsatz überhöhte Preise umgehen. Ich stelle beispielsweise den Seitan, den ich für eine Reihe von Mahlzeiten benötige, selbst her. Dafür kaufe ich mir zweimal im Jahr preiswerte Fünf-Kilo-Boxen. Ich kann mir natürlich auch 100 Gramm im Ökoladen für acht Euro kaufen. Solche Preise sind eine Unverschämtheit, aber sie werden verlangt und gezahlt.

Zudem haben viele vegane Unternehmer offenbar noch nicht verstanden, dass man auch bei veganen Produkten auf Qualität achten muss. Bei manchen Produkten wird einfach irgendetwas zusammengemanscht – Hauptsache, es ist pflanzlich. Ich habe schon so manche vegane Wurst weggeworfen, weil sie wirklich ungenießbar war. Aber ich bin mir sicher, das ist Ihnen auch schon bei Tierprodukten passiert und Sie haben diesen danach nicht wegen eines Misserfolgs für immer abgeschworen. Ich glaube, es wird noch ein Konsolidierungsprozess stattfinden. Im Moment springen viele auf den Zug auf, die das schnelle Geschäft machen wollen. Es ist geradezu ein Glück, dass jetzt auch die großen Fleischhersteller in das Vegangeschäft einsteigen, denn sie verfügen über das nötige Know-how, wie Mortadella aussehen muss, und sie bekommen es auch hin, dass vegane Mortadella gut schmeckt. Bleibt zu hoffen, dass diese Mortadella dann der Fuß in der Tür ist, der diese Unternehmen Schritt für Schritt aus der unter Druck geratenen Tierausbeutung herausträgt.

Wir sollten uns übrigens auch von der Illusion befreien, dass nicht auch die vegane Lebensweise Probleme verursachen wird. Eines der großen Probleme ist die Überbevölkerung, und die können wir zwar mit veganer Lebensweise ausbremsen und uns Zeit erkaufen, aber die Ressourcen der Welt, auch die pflanzlichen, sind endlich. Die Menschheit wird es niemals schaffen, *keinen* Fußabdruck zu hinterlassen, sondern es geht darum, das Maximum herauszuholen, ohne dass wir unseren Lebensstandard dafür völlig über Bord werfen müssen. Wir müssen mit realistischen Vorstellungen leben, nicht mit Utopien.

Wir können viel erreichen

Für mich persönlich wäre es undenkbar, nichts zu tun gegen die Ausbeutung wehrloser Tiere. Ich würde buchstäblich irgendwann daran sterben. Man muss sich befreien von dem Denken, dass man alleine nichts sei und keine Chance habe, etwas zu verändern. Wie oft habe ich beim Sammeln von Unterschriften den Spruch gehört: »Ach, das müssen doch die Politiker oder die oberen Zehntausend unter sich ausmachen. Ich kann doch gar nichts tun.« Aber das ist falsch, viele Menschen unterschätzen, was sie tatsächlich erreichen können, wenn sie bereit sind, sich zu engagieren. Man kann wahnsinnig viel erreichen und verändern, wenn man bereit ist, mehr zu tun als der untätige Rest. Meine eigene Arbeit ist ein schlagender Beweis dafür, und meine Startbedingungen als Jugendlicher waren ja nun wirklich nicht die besten. Ich hatte kaum finanzielle Möglichkeiten und lebte auf dem Land – aber ich war engagiert, motiviert und brachte sicher auch ein paar Fähigkeiten mit, die man braucht: Kreativität, Mut, Kampfgeist und eine gute Portion Geduld und Starrsinn. Ich kann also aufgrund meiner eigenen Erfahrungen wirklich nur sagen: Leute, macht was.

Jedes Rädchen im System eines Widerstandes gegen Unrecht ist gleich relevant. Denn was bringt es, wenn jemand nachts in eine Pelzfarm einsteigt und Fotos macht, wenn es niemanden gibt, der am Infostand in der Fußgängerzone den Passanten diese Bilder zeigt. Oder der einen Vortrag darüber hält oder auch nur in seinem Verwandten- und Freundeskreis darüber spricht. Wie wichtig waren die Menschen, die nach dem Skandal in dem Tierversuchslabor LPT bei Hamburg im Herbst 2019 viele Stunden schweigend vor dem Tor des Labors standen! Die Stille, die sie umgab, war mächtiger als jeder Pflasterstein, der auf das Gebäude geworfen worden wäre. Zum Glück ist die Tierschutzbewegung heute sehr viel friedlicher und disziplinierter als vor zwanzig Jahren. Zwar gibt es immer noch Leute, die Hochsitze absägen. Dagegen kann ich nichts machen. Aber ich halte es für eine gefährliche Mischung aus Energieverschwendung und Risikobereitschaft.

Ich denke, dass ich meinen Teil zu der Entwicklung hin zur Gewaltlosigkeit beigetragen habe, und bin auch stolz darauf. Ich halte auch Vorträge zu diesem Thema. Es ist einfach so: Man kann ein Tierversuchslabor auch schließen, ohne dass man es niederbrennt. Um genau zu sein, kann man es *nur* schließen, wenn man friedlich bleibt. Das habe ich bisher zweimal bewiesen. Das ist zweimal mehr, als das mit Gewalt bisher gelungen wäre. Und man muss dann auch nicht jeden Morgen Angst haben, dass Beamte an der Tür klingeln und eine Hausdurchsuchung machen. Stattdessen kann man darauf hinarbeiten, dass der Schweine- und der Hühnerquäler ins Gefängnis kommt. Bis dahin ist es noch ein langer, steiniger Weg, aber die Entwicklung des Rechtsstaates zu einem Rechtsstaat, der auch Tiere schützt, geht voran. Auch die ersten Bauern testen schon die ausgestaltete Käfighaltung.

Mein Dreisatz lautet also: Erstens: Tu was. Zweitens: Bleib absolut gewaltfrei. Drittens: Jeder findet die Aktivität, die zu ihm passt.

Meinen Kampf für die Rechte der Tiere, den ich schon als Junge begonnen habe, möchte ich so lange weiterführen, bis ich eines Tages hoffentlich nicht mehr gebraucht werde. Ich bin da durchaus optimistisch und glaube, dass es durch die Fakten, die die globale Erwärmung schafft, in zwanzig Jahren eine Tierausbeutung, wie wir sie heute noch kennen, nicht mehr geben wird. Der ethische Wandel, der sich in unserer Gesellschaft vollzieht, wird dazu ebenfalls einen Beitrag leisten. Zugegeben, es gibt manchmal Momente, in denen ich darüber nachdenke, etwas ganz anderes zu machen – Silberschmied zu werden oder Pilzzüchter, zum Beispiel. Aber wenn ich ehrlich bin, wird es dazu wohl nicht kommen, denn ich habe meine Lebensaufgabe gefunden und werde nicht lockerlassen.

Ich möchte ausdrücklich erwähnen, dass es sich dabei nicht um meine alleinigen Erfolge handelt. Es gibt eine Reihe von ganz tollen Menschen, die mich unterstützt haben und unterstützen, die aber zum Beispiel ihr Gesicht in der Öffentlichkeit nicht zeigen können, weil sie dann verbrannt wären. Ohne diese Mitstreiter wäre ich niemals so weit gekommen, wie ich heute bin. Ich bin diesen Menschen zu allergrößtem Dank verpflichtet. Schon das bestärkt mich in meiner Arbeit, und so gibt es für mich keinen Zweifel: Wir werden gewinnen, für Erde, Mensch und Tier.

25 Regeln für einen erfolgreichen Tierrechtsaktivismus

1. Führe eine Kampagne nur, wenn du sie gewinnen kannst.
2. Setz dir klare Ziele und verzettele dich nicht. Sei kreativ und denk um die Ecke.
3. Erstelle einen Arbeits- und einen Zeitplan.
4. Such dir fähige Mitarbeiter und Verbündete mit demselben Ziel.
5. Sei misstrauisch – hüte dich vor falschen Freunden. Sei auf der Hut vor Neid und Missgunst.
6. Sorge für ausreichende finanzielle Mittel.
7. Fühl dich persönlich stark genug für die schwierige Aufgabe. Sorge für den nötigen Ausgleich, um deine Kraft zu erhalten.
8. Stell vor der eigentlichen Vor-Ort-Recherche Nachforschungen an. Sonst kannst du böse Überraschungen erleben.
9. Stell sicher, dass du gute Bilder vom Einsatz mitbringst. Ohne Filmmaterial oder Fotos ist deine Arbeit wertlos.
10. Nutze die modernsten Technologien bei deinem Einsatz und beherrsche sie.
11. Stell Kontakt zu Medien her, die über deine Ergebnisse berichten.
12. Wende niemals Gewalt an. Hass frisst dich selbst auf – nicht deine Gegner.
13. Kenne deine Gegner und unterschätze sie niemals.
14. Es ist gut, wenn deine Gegner dich unterschätzen. Bleib flexibel und für deine Gegner unberechenbar.
15. Sei bereit für eine juristische Konfrontation und such dir eine(n) gute(n) Anwalt/Anwältin.
16. Ernähre dich ethisch korrekt und sei ein Vorbild.

17. Vergiss nie: Polizisten sind auch nur Menschen. Bleib im Umgang mit Behörden stets freundlich. Druck erzeugt Gegendruck.

18. Wird auf dich Druck ausgeübt, setz dich zur Wehr. Kenne deine Rechte.

19. Verweigere die Aussage, wenn du verhaftet wurdest. Vergiss nie: Es gibt das Rollenspiel »böser Cop, guter Cop«.

20. Rede immer so, wie du es auch öffentlich tun würdest. *Big Brother is listening.*

21. Mach, was du machst, mit Freude und Humor, Verbissenheit schwächt.

22. Sei psychisch und physisch auf Ärger vorbereitet.

23. Sei offen und ehrlich zu deinen Verbündeten. Verrate sie niemals, sonst bist auch du verraten. Mach nicht das, was alle machen, sondern setze eigene kreative Akzente.

24. Beende eine Recherche/Kampagne, wenn du merkst, dass sie nicht erfolgreich sein wird.

25. Versuche legale Spielräume voll auszuschöpfen, du wirst dich wundern, was alles geht. Kenne die rote Linie!

Dank

Mein Dank gilt meinen Wegbegleiter*Innen.

Meinen Eltern, meinen Freunden, ganz besonders Paprika, Kobold, dem Künstler, Otto und Marille, der Optikerin und ihrem Mann und meiner Lebensgefährtin.

Mein besonderer Dank geht an Armin Fuhrer für die Unterstützung bei der Erarbeitung des Textes.

Friedrich Mülln,
im Frühjahr 2021